U0320578

脱硫石膏晶须制备与稳定化一体技术

汪 潇　王宇斌　杨留栓　著

北 京
冶 金 工 业 出 版 社
2017

内 容 提 要

本书详细阐述了脱硫石膏的深加工技术，将矿物材料与固废资源的高效开发利用紧密结合，既有脱硫石膏制备硫酸钙晶须的技术，又有硫酸钙晶须的稳定化处理技术，其内容主要包括：脱硫石膏的性质、脱硫石膏的提纯、脱硫石膏制备硫酸钙晶须、硫酸钙晶须水化过程及影响因素、硫酸钙晶须稳定化处理、硫酸钙晶须制备稳定一体化研究等。

本书可供从事环境工程、固体废弃物二次资源化、矿物材料及相关领域的科研人员、工程技术人员和管理人员阅读，也可供大专院校有关专业师生参考。

图书在版编目(CIP)数据

脱硫石膏晶须制备与稳定化一体技术/汪潇，王宇斌，杨留栓著. —北京：冶金工业出版社，2017.10

ISBN 978-7-5024-7620-5

Ⅰ.①脱… Ⅱ.①汪… ②王… ③杨… Ⅲ.①脱硫—石膏—单晶纤维—制备 Ⅳ.①TQ177.3

中国版本图书馆 CIP 数据核字（2017）第 240485 号

出 版 人　谭学余
地　　址　北京市东城区嵩祝院北巷 39 号　邮编　100009　电话　(010)64027926
网　　址　www.cnmip.com.cn　电子信箱　yjcbs@cnmip.com.cn
责任编辑　刘晓飞　美术编辑　彭子赫　版式设计　孙跃红
责任校对　卿文春　责任印制　李玉山
ISBN 978-7-5024-7620-5
冶金工业出版社出版发行；各地新华书店经销；固安华明印业有限公司印刷
2017 年 10 月第 1 版，2017 年 10 月第 1 次印刷
169mm×239mm；15.75 印张；305 千字；240 页
65.00 元

冶金工业出版社　投稿电话　(010)64027932　投稿信箱　tougao@cnmip.com.cn
冶金工业出版社营销中心　电话　(010)64044283　传真　(010)64027893
冶金书店　地址　北京市东四西大街 46 号(100010)　电话　(010)65289081(兼传真)
冶金工业出版社天猫旗舰店　yjgycbs.tmall.com

（本书如有印装质量问题，本社营销中心负责退换）

前　言

随着环境保护意识的进一步增强和石膏矿开采成本的上升，各国都将脱硫石膏作为重要的石膏资源之一加以利用。由于我国目前排放的脱硫石膏品质较差，主要应用于水泥工业、建筑石膏板材、石膏砌块等传统建筑材料行业，因而其产品附加值和技术含量相对较低。石膏晶须是石膏的一种深加工产品，其尺寸比较稳定，具有耐高温、抗腐蚀、韧性好、强度高等优点，但其价格却仅为碳化硅晶须的1/300~1/200，具有较强的市场竞争能力。

由于脱硫石膏与天然石膏原料的性质差异，导致以天然石膏为原料、水热制备硫酸钙晶须的现有工艺，不能直接应用于脱硫石膏制备硫酸钙晶须，因此新的脱硫石膏晶须制备工艺尚需深入研究。此外，在石膏晶须的应用过程中，需要根据其应用目的的不同来调整其水化速率及过程，因此掌握其水化特点和水化影响因素极为重要。作者针对这两个问题进行了系统研究，并根据多年来的研究成果撰写成本书，以期促进脱硫石膏晶须制备方面的研究与发展。

本书以脱硫石膏的性质、提纯、合成硫酸钙晶须研究为切入点，并结合其水化性能和稳定化处理研究，系统介绍了相关研究成果。本书内容主要包括两部分：第一部分介绍了脱硫石膏的预处理，脱硫石膏合成硫酸钙晶须，媒晶剂的筛选及其作用规律和媒晶剂作用下硫酸钙晶须生长机制等内容；第二部分介绍了硫酸钙晶须水化过程及影响因素，煅烧对硫酸钙晶须稳定性能的影响，稳定剂对硫酸钙晶须稳定性能的影响和硫酸钙晶须制备稳定一体化技术等内容。

本书主要由西安建筑科技大学王宇斌，河南城建学院汪潇、杨留栓等著。在本书的写作和成稿过程中，研究生文堪对部分图表和资料进行了绘制整理，张鲁、王望泊、彭祥玉、李帅、张小波等进行了文字录入及校对工作，王宇斌副教授负责全书的修改定稿。在此过程中，西安建筑科技大学陈畅副教授、李慧讲师、王森讲师等也给予了热忱帮助，在此深表感谢！

本书的出版得到了国家自然科学基金、西安建筑科技大学重点学科建设基金等的大力支持和资助，在此一并表示衷心的感谢！同时，对书中所引用文献资料的中外作者致以诚挚的谢意！

由于矿物材料是一门新兴学科，涉及知识面极为广泛，加上作者水平有限，书中难免有不足之处，恳请广大读者多加指正。

作 者

2017 年 7 月

目　　录

1 绪 论

1.1 国内大量脱硫石膏资源急需高效利用

脱硫石膏（FGD gypsum）主要来自于电力、石化、钢铁等行业烟气脱硫所形成的工业废渣。据国家环境保护部门统计，2000 年全国火电装机容量达 2.38 亿千瓦，消耗煤炭 5.8 亿吨；2005 年，火电装机容量达到 5.08 亿千瓦，消耗煤炭 11.1 亿吨；2010 年，火电装机容量已达 7.0 亿千瓦，消耗煤炭约 20 亿吨。以平均含硫量 1.0%计算，火电生产每消耗 1 亿吨煤炭将排放约 100 万吨二氧化硫。若以当前烟气脱硫技术计算，每处理 1t 二氧化硫将产生脱硫石膏 2.7t。另据统计，2016 年国内火电装机容量为 10.5 亿千瓦，产生的二氧化硫达到了 3200 万吨左右，完全处理将产生 8500 万吨左右的脱硫石膏。

在欧美等发达国家，通常实际排放的脱硫石膏中 DH（二水石膏）的含量不小于 95%，但我国通常约为 90%，甚至更低。与国外相比，我国脱硫石膏排放量巨大，且品质稳定性差，利用率较低（仅 67%），导致其大量堆积，严重污染环境。

随着环境保护的加强和石膏矿开采成本的上升，各国都将脱硫石膏作为重要的石膏资源之一加以利用。不同行业对石膏品质有不同的要求。由于我国目前排放的脱硫石膏品质较差，使其应用受限，主要用于水泥工业、建筑石膏板材、石膏砌块等建筑材料。总体而言，产品附加值和技术含量相对较低。

由此可见，要想提高脱硫石膏的利用率和产品附加值，一方面要提高其品质，以满足更多行业对脱硫石膏品质的要求；另一方面要不断开拓新的脱硫石膏应用领域，从而实现脱硫石膏的资源化综合利用。

近年来，一些科研人员开始探索脱硫石膏新的应用领域，制备硫酸钙晶须就是其一种新的应用形式。硫酸钙具有耐高温、抗拉强度高、高弹性模量等优异的性能，被广泛应用于塑料、橡胶、沥青、摩擦材料、密封材料、废水处理等工业中。目前硫酸钙的制备主要以高品质天然石膏为原料，采用水热法合成。由于脱硫石膏与天然石膏主要化学组成相同，均为 DH，因此，如果能够利用脱硫石膏制备硫酸钙晶须，既可以实现其资源化，又可以提高其产品附加值。

1.2 石膏晶须制备工艺逐渐成熟

石膏（硫酸钙）晶须的制备研究起源于 20 世纪 70 年代。1974 年，国外的 Eberl 等采用水热压法首次制备了硫酸钙晶须；随后，日本工业技术院公害资源研究所也报道了水热压法制备硫酸钙晶须的研究成果。然而，以水热压法制备硫酸钙晶须时，二水石膏悬浮液浓度很小（2.0 %以下），且生产设备比较复杂，故无法满足工业应用要求。

对此，科研人员不断探索硫酸钙晶须的其他制备方法。1978 年，前苏联科研人员在盐酸溶液中制备出了纤维状硫酸钙晶须。与水热压法相比，该方法实现了常压下硫酸钙晶须的制备，同时还允许将二水石膏悬浮液的浓度提高到 10%~15%。与此同时，Imahashi、Marinkovi、Oner 等先后利用常压盐溶液法制备了硫酸钙晶须。从此以后，各国科研人员对硫酸钙晶须的制备研究不断深入，逐渐形成了多种制备方法。目前，其制备方法主要集中于水热法、常压盐溶液法、有机媒介法、离子交换法等。

需要指出的是，由于国外高品位石膏相对匮乏，加之湿法生产磷酸时产生大量的磷石膏，因此，国外对石膏晶须的制备研究，主要集中于磷石膏。Sahil 等分别制备了磷石膏晶须，并对磷石膏晶须的晶体结构和生长机理进行了研究。AbdelAal 与 Rashad 等系统地研究了磷石膏的产生及其结晶机制、过饱和度、温度等因素对石膏结晶过程与形貌的影响。然而，国外对磷石膏晶须的制备研究，多以制备棱柱状或粗大板状晶须为目标，以解决磷酸生产中过滤性差的问题，因此，所制备的晶须品质较差，难以满足市场需求。

与国外研究相比，我国对石膏晶须的研究起步较晚，但发展迅速。目前国内硫酸钙晶须的制备主要以天然石膏为原料，采用水热法合成。韩跃新等系统研究了料浆质量分数、原料粒度、反应温度和时间、溶液 pH 值、搅拌速度等因素对硫酸钙的水热合成及其显微结构的影响。研究结果表明：料浆质量分数过低时，不利于硫酸钙成核，过高则导致硫酸钙过度生长。当料浆质量分数一定时，随原料粒度的下降，晶须直径逐渐减小，长径比增大；随 pH 的增加，石膏晶须的平均直径近似呈直线下降，在 pH=9.8~10.1 时达到最小，此时晶须的长径比达到最大，以后随 pH 值的增大其直径基本保持不变。经过系统研究分析，优化工艺参数后，利用生石膏为原料，在反应温度 120℃、料浆初始 pH=9.8~10.1、料浆浓度 5.0%、原料粒度 18.1μm 的条件下，制备出了平均长径比为 98 的超细硫酸钙晶须。

此外，王力等也以天然石膏为原料，$MgCl_2 \cdot 6H_2O$ 为晶须助长剂，控制料浆质量分数为 3%，在 $n(Ca):n(Mg)=1:3$，反应温度为 130℃，反应时间在9~10h 条件下，采用水热法合成了硫酸钙晶须，其长径比为 50~60。李胜利等也以天然石膏为原料，在固液质量比为 1∶5，反应压力在 0.16~0.20MPa，反应时间在 0.75~8h 的条件下，制备出了纯度在 98%以上的石膏晶须。

1.3 脱硫石膏晶须制备工艺已有初步探索

脱硫石膏的主要成分为二水石膏，与天然石膏相似。由于高品质天然石膏资源的不可再生性，以及采矿成本升高和环境保护意识的加强，利用脱硫石膏代替高品质天然石膏制备硫酸钙晶须，不仅可以扩大脱硫石膏的利用量，还可以提高其产品附加值。因此，近年来一些研究工作者已进行了初步探索研究。

国内的史培阳等以脱硫石膏为原料，初步研究了水热反应条件对脱硫石膏晶须合成的影响，重点探索了 pH 值对脱硫石膏晶须生长行为的影响。他们在原料粒度为 1.36μm，固液比为 1∶10，pH=5，加入 0.2%的十二烷基苯磺酸钠为添加剂的条件下，于 140℃保温 2h，制备出了平均长径比为 82.57 的硫酸钙晶须，并研究了硫酸镁晶型助长剂对硫酸钙晶须合成的影响。

Xu 等也以脱硫石膏为原料，在 850℃煅烧 2h，将原料中的 $CaCO_3$分解为 CaO 后，加入 H_2SO_4（30%）并以 300r/min 搅拌 0.5h，以除去原料中的 $CaCO_3$，料浆经清洗、过滤后，再配置成质量浓度为 3%~10%的料浆，在 110~150℃反应 1~6h，冷却至室温后用蒸馏水洗涤，于 108℃干燥 2h 制备了硫酸钙晶须。他们还认为在 135~140℃反应 3~6h 制备的硫酸钙晶须相对较好，其直径 1~5μm，长度 40~20μm。

吴晓琴等则采用常压盐溶液法，将质量浓度为 1%~8%的脱硫石膏、水和质量浓度为 5%~20%的媒晶剂充分混合，形成悬浊液后，在常压、100~128℃、搅拌速率为 120~210r/min 的条件下搅拌 1~3h，再加入质量为 0.5%~1.0%的硫酸钙晶须悬浊液作为晶种，反应 1~3h，分别制备出了三种不同类型的硫酸钙晶须。

以上研究表明，尽管以脱硫石膏为原料制备硫酸钙晶须已有一定的研究，但仍存在很大不足，如理论基础研究薄弱，小型试验指标好、工业应用难度大等。总的来说，脱硫石膏晶须的制备目前仍处于试验室探索阶段，并且制备的晶须品质较低，距大规模工业生产仍有很大的距离。

1.4 脱硫石膏晶须的制备工艺有待进一步完善

目前脱硫石膏制备硫酸钙晶须的研究中，主要存在以下问题：

（1）由于脱硫石膏与天然石膏原料的差异，以天然石膏为原料水热制备硫酸钙晶须的现有工艺，不能直接应用于脱硫石膏制备硫酸钙晶须，必须建立新的工艺，而目前的研究仍处于探索阶段，尚需深入研究。

（2）脱硫石膏品质很不稳定，杂质存在多样化，使其应用范围受到限制，难以满足高附加值石膏制品对原料品质的要求，如以脱硫石膏为原料制备的硫酸钙晶须，形貌多样，表面粗糙，蚀坑、沟槽发育，长径比较低，品质较差，难以达到晶须定义的要求。因此，脱硫石膏品质的稳定、杂质含量的降低、DH 含量的提高，是扩大其利用途径和实现其高附加值利用的基础。

（3）目前对脱硫石膏晶须结晶形貌控制研究以有机试剂为主，其作用机理较为清晰，即有机试剂中特有的官能团选择性吸附于石膏晶体不同晶面，从而改变石膏晶体的结晶形貌；而以无机试剂控制晶须结晶的研究，尚处于起步阶段。由于无机试剂并不具有有机试剂特有的官能团，因此其作用机理仍待探索；同时，在无机试剂作用下晶须的结晶机制也有待深入研究。

1.5 石膏晶须的水化特点及稳定化处理研究急需解决

脱硫石膏晶须作为一种高性能、无毒害的新兴石膏深加工产品，有着广阔的应用前景，它的工业化生产无疑对我国脱硫石膏资源的高效利用有着重要的意义。但是半水（脱硫）石膏晶须和无水可溶（脱硫）石膏晶须具有较大比表面积和很高的表面能，本身处于热力学不稳定状态，在水中容易发生水化，最终失去晶须特有的性能。无水死烧石膏晶须虽然不水化，但其生产成本很高，不利于它的工业扩大化生产。目前关于石膏晶须水化过程的研究鲜见报道，已有研究多围绕于半水硫酸钙与二水硫酸钙的相互转化进行，这些研究成果对石膏晶须的水化研究有一定的参考意义。

国外最早进行这项研究的应首推 S. G. Novdengren 的工作，其研究结果是做出了 $CaSO_4$-H_3PO_4-H_2O 三元系统相图。此后，Dahlgren 把硫酸钙水合结晶之间的转化平衡与溶液的蒸汽分压联系起来，得到了半水硫酸钙和二水硫酸钙转化过程的热力学热平衡曲线。前苏联肥料及杀虫剂研究所 Таперова 和 Щулъгцна 从研究不同硫酸钙水合结晶在磷酸溶液中的溶解度入手，也建立了 $CaSO_4$-H_3PO_4-H_2O 三元系统平衡图，并全面地阐述了不同硫酸钙水合结晶之间的相互转化关系。池野亮当、敬治及津田保等还研究了在磷酸及硫酸的混合酸中半水硫酸钙和二水硫酸钙之间转化过程的平衡温度。此后，Statava V. 的研究表明二水硫酸钙转变为半水硫酸钙的初期，按局部化学反应机理进行，而后期则按溶解析晶机理进行；A. 彼列捷尔则认为二水硫酸钙先分解为无水硫酸钙和游离水，当后来结合水分子时才生成粗大、密实的结晶半水硫酸钙。国内的吴佩芝在进行半水-二水硫酸钙再结晶流程时研究时发现：在温度恒定的条件下，四元系统中的二水硫酸钙和半水硫酸钙转化过程的平衡点轨迹呈线性，并且可以用直线方程式计算有关参数。

此外，许多学者还对半水石膏水化过程的水化热、水化速度、水化动力学等进行了较深入的研究，并在此基础上对它们的水化机理进行了分析，认为半水石膏水化机理有两种，即溶解析晶理论和胶体理论。

由于石膏晶须与石膏物理化学性质的不同，导致它们的水化过程及特点也有不同。在已有研究的基础上，深入研究半水（脱硫）石膏晶须的水化特点及稳定化处理，对实现（脱硫）石膏晶须的工业扩大化生产有着重要的意义，同时对我国（脱硫）石膏行业向深加工、高科技、高附加值方向转变，提高经济效益也有着重要的借鉴意义。

2 脱硫石膏的预处理

石膏作为一种常见的工业原料，应用非常广泛，各国不同行业对石膏质量均有明确要求。如前苏联对不同行业使用的石膏中 DH 含量要求为：(1) 建筑石膏应不小于 85%；(2) 硅酸盐水泥外加剂不小于 97%，氧化镁和碱含量小于 2%，氯化钠含量小于 1%；(3) 造纸填料不小于 95%~96%；(4) 医用石膏含量为 93%~95%。

随着环境保护的加强和脱硫石膏应用研究的不断深入，脱硫石膏的应用不断扩大，尤其是在水泥、石膏板、砌块、建筑石膏粉等建材中应用越来越广。然而，由于脱硫石膏产生过程中受诸多因素影响，使其品质很不稳定。欧洲石膏协会技术协议《烟气脱硫石膏指标和分析方法》(VGB Powertech) 规定，DH 含量应大于 95%，但我国目前排放的脱硫石膏中 DH 含量普遍偏低，约 90% 甚至更低。

近年来，一些科研工作者在脱硫石膏制备高性能先进材料方面进行了初步探索，试图替代高品质天然石膏，但由于脱硫石膏的品质问题，结果大都很不理想，从而限制了其应用。因此，只有提高脱硫石膏中 DH 含量和粉末特性，减少其杂质含量，才有可能代替天然石膏原料，进一步扩大其应用领域。

目前对脱硫石膏的提纯，主要采用物理、化学、选矿等方式进行。Rogers 和 Grone 等采取多级水力旋流器和细颗粒多级分离工艺进行脱硫石膏浆液的提纯，属于传统的、单纯的物理提纯方式，无法满足高品质脱硫石膏提纯的要求。沈晓林等采用粗选、精选和深选的多级浮选工艺，以单纯的选矿方式对脱硫石膏进行提纯。该工艺提纯脱硫石膏时，部分位于脱硫石膏粉体芯部的 $CaCO_3$ 难以除去，而另一部分未反应的 $CaCO_3$ 随杂质一起分离而不能转化为 $CaSO_4$，减少了可有效利用的 $CaSO_4$ 含量。施利毅等采用化学方法对脱硫石膏进行提纯，即酸洗后加热，趁热固液分离去除杂质，将液相于较低温度下冷却重结晶、再固液分离，将滤饼水洗、烘干。该技术处理脱硫石膏时，需要对母液加热至 80~100℃，然后再冷却至 10~30℃，能耗较大。可以说，目前尚没有一种恰当而有效的除去脱硫石膏中杂质、获得高品质石膏的方法。

鉴于此，通过对脱硫石膏原料特性，尤其是对杂质形成原因、组成与特性进行分析，有针对性地开展脱硫石膏纯化技术研究，具有重要的应用价值。

2.1 脱硫石膏杂质成因分析及预处理方案设计

随着脱硫石膏资源化研究的不断深入，对脱硫石膏进行提纯处理的研究也逐渐增多，但如前所述，目前对脱硫石膏的纯化处理技术仍然存在诸多问题，尚缺乏一种能耗较低、提纯后产品纯度较高、品质稳定的脱硫石膏预处理技术。鉴于脱硫石膏中杂质的复杂性和采用单一的处理技术难以实现脱硫石膏原料高品质化的现状，针对不同杂质的存在形式，采取相应的处理技术，并综合利用多种处理技术，才有可能探索出一条行之有效的脱硫石膏纯化处理技术，实现脱硫石膏的提纯处理。因此，探明脱硫石膏中杂质的特性及其形成原因是十分必要的。

2.1.1 脱硫石膏杂质成因分析

由脱硫石膏的颗粒特性分析可知，其主要杂质为 $CaCO_3$ 和 Al、Si 质化合物。其中，$CaCO_3$ 主要存在于圆片状颗粒中，而 Al、Si 质化合物则主要存在于球状颗粒和无规则状颗粒中。结合现有湿法脱硫工艺特点，根据杂质的成因，可将脱硫石膏中杂质分为以下几类。

（1）反应不完全产物。脱硫石膏是在喷淋雾化装置中由石灰石浆料与烟气接触，吸收烟气后经快速氧化而形成的。石灰石颗粒表面与烟气流相遇首先发生脱硫反应，从而在石灰石颗粒表面形成半水亚硫酸钙膜层，并逐渐向颗粒芯部扩展；与此同时，半水亚硫酸钙膜层与氧和水反应，形成二水石膏膜层，也由颗粒表面向颗粒芯部扩展，即整个脱硫反应过程是由浆料中石灰石颗粒表面开始，由表及里逐渐反应。整个反应过程如式（2-1）、式（2-2）所示。

$$CaCO_3 + SO_2 + 0.5H_2O \longrightarrow CaSO_3 \cdot 0.5H_2O + CO_2 \uparrow \qquad (2\text{-}1)$$

$$2CaSO_3 \cdot 0.5H_2O + O_2 + 3H_2O \longrightarrow 2CaSO_4 \cdot 2H_2O \qquad (2\text{-}2)$$

随着反应的进行，半水亚硫酸钙膜层和二水石膏膜层厚度逐渐增加，对整个原料颗粒形成了“包覆”，二水石膏结晶越充分，这种“包覆”将越严密，这使得脱硫与氧化反应逐渐困难，导致石灰石颗粒芯部难以完全反应，其整个反应过程和产物如图 2.1 所示。

实际生产中，为了完全将 SO_2脱去，往往加入过量的石灰石粉，这是产生 $CaCO_3$的重要原因之一。此外，脱硫石膏的形成受诸多工艺环节影响，加之反应时间较短，导致整个反应难以彻底进行。由于亚硫酸钙的氧化反应较为容易，随着“包覆”层被打破，可以在环境中逐渐氧化，最终形成二水石膏，因此，由于反应不完全而产生的杂质主要是位于脱硫石膏颗粒芯部的 $CaCO_3$。

（2）烟气流混入杂质。湿法脱硫过程中，烟气流中往往会混入少量的粉煤灰，这使脱硫石膏中不可避免的含有少量的粉煤灰杂质。已有的研究表明：该类杂质的化学成分主要是 SiO_2和 Al_2O_3，并含有少量的 Fe_2O_3、CaO、MgO、K_2O、

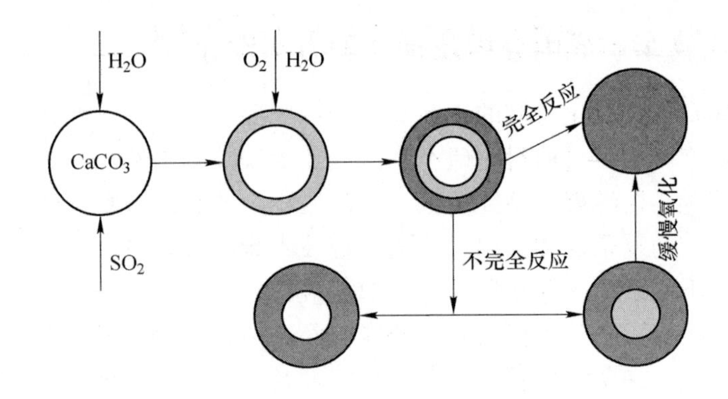

图 2.1 脱硫石膏产生过程示意图

Na_2O 等，其矿物组成主要是石英砂粒、莫来石、β-硅酸二钙、钙长石、磁铁矿、赤铁矿、石灰石和少量碳粒，但以结晶相单独存在的矿物极其少见，大多被玻璃相包裹。球状颗粒主要由硅铝质玻璃相和莫来石组成，并含有少量磁性微珠，而玻璃相大多呈不规则形状，图 2.2 的 XRD 分析和表 2.1 的 EDS 分析也证实了这一点。因此，烟气流混入杂质主要由硅铝质、硅钙质、铁质玻璃相和晶相物质及其混合物，以及少量的碳粒组成。

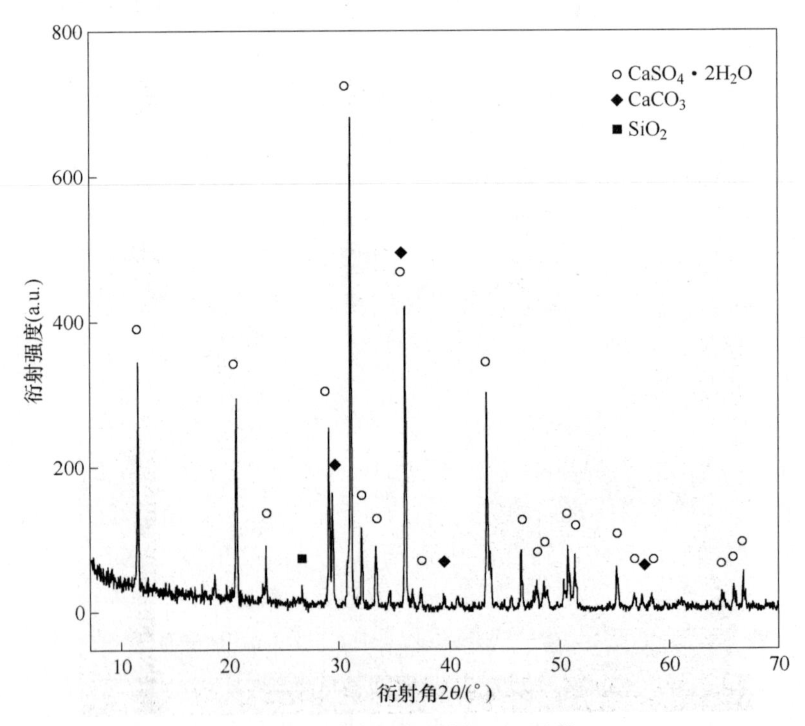

图 2.2 脱硫石膏原料 XRD 图谱

表 2.1 脱硫石膏原料 EDS 分析结果

颗粒形状	元素含量/%									
	O	Ca	S	Al	Fe	Si	Ti	K	Na	C
板状	56.52	23.73	19.75							
圆盘状	56.94	27.38	11.91							3.77
球状	43.98	2.92	0.37	15.85	2.28	32.41	0.71	1.05	0.31	
不规则形状	48.47	6.15	0.12	12.26	4.08	26.18	0.22	1.66	0.85	

(3) 脱硫原料引入杂质。在湿法脱硫中，一般对作为烟气脱硫吸收剂的石灰石粉或石灰粉的品质和细度有较高的要求，通常石灰石中 $w(CaCO_3)\geqslant 97\%$，$w(MgO)\leqslant 0.6\%$，$w(SiO_2)\leqslant 1\%$，$w(Fe_2O_3)\leqslant 0.06\%$，90%以上的石灰石粒径需小于 40μm。与烟气脱硫过程混入的杂质相比，由石灰石原料引入的杂质多为黏土类矿物，其具有较高的活性。

以上就是目前火电厂湿法烟气脱硫石膏中引入杂质的主要原因。

2.1.2 脱硫石膏预处理方案设计

由于脱硫石膏中含有较多的杂质，且杂质在不同形貌、不同粒度的颗粒中分布是不同的，图 2.3 的 SEM 照片和图 2.4 的粒度分析结果也证实了这一点，因此，进一步分析不同粒径下脱硫石膏的质量分布和杂质构成，对预处理方案的设计是很有帮助的。

图 2.3 脱硫石膏原料 SEM 照片

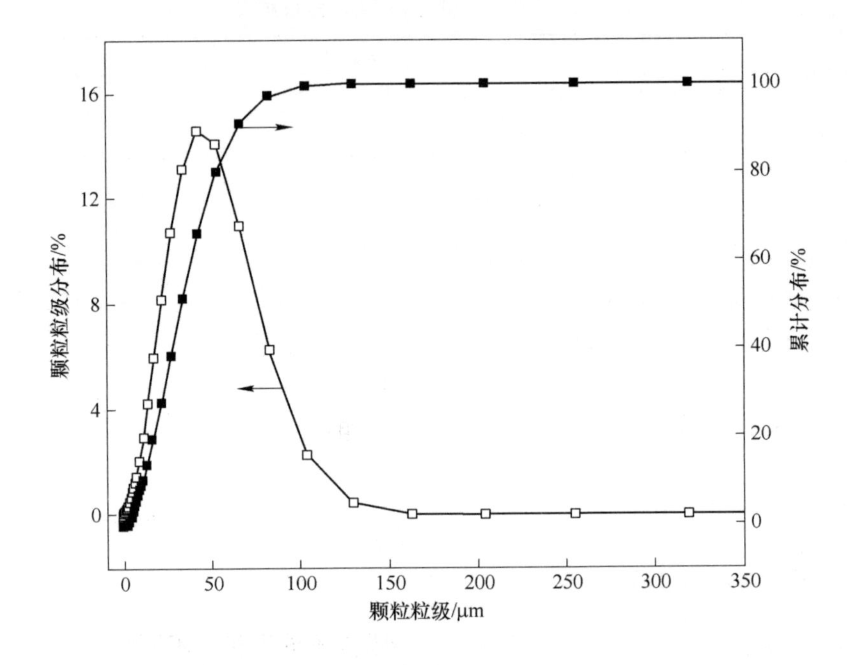

图 2.4 脱硫石膏原料粒度分析

表 2.2 是脱硫石膏筛分结果。筛分结果表明，脱硫石膏原料中大部分颗粒粒径较小（小于 74μm），这与图 2.2 和图 2.4 所示结果是相一致的。

表 2.2 脱硫石膏颗粒粒径分布

颗粒粒级/μm	≥295	147~295	104~147	89~104	74~89	≤74
含量/%	2.24	1.95	1.99	2.85	3.93	87.04

由前述分析可知，脱硫石膏中杂质组成和存在形式比较复杂，且其含量相对较高。为进一步了解不同粒径范围内杂质的构成及存在形式，对不同粒径脱硫石膏粉体进行了物相分析，以便确定其杂质的存在形式，从而为预处理方案设计提供依据。

图 2.5 是脱硫石膏原料及其不同粒度粉末试样的 XRD 图谱。与原料相比，粒径较粗的脱硫石膏杂质含量相对较高，主要以 $CaCO_3$ 的形式存在；粒径小于 30.8μm 的粉体，杂质含量相对较低，以烟气脱硫过程中混入的粉煤灰为主。这再次说明，脱硫石膏原料颗粒粒径不同，组成及性质差异较大。因此，针对脱硫石膏杂质存在状态的差异，制定相应的预处理技术是必要的。

2.1.2.1 $CaCO_3$ 的去除

前述分析表明，脱硫石膏中 $CaCO_3$ 的存在主要是因为脱硫反应过程中二水石

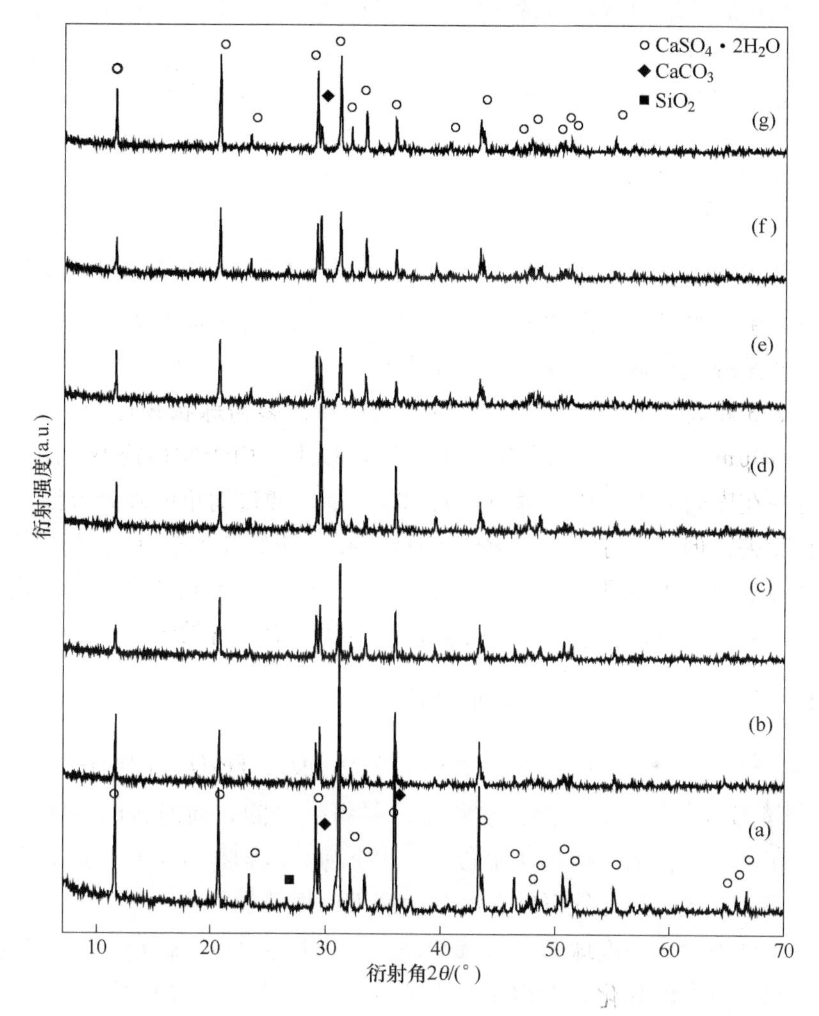

图 2.5 脱硫石膏原料及其不同粒度粉末试样的 XRD 图谱

（a）原料；（b）≥295μm；（c）147~295μm；（d）104~147μm；（e）89~104μm；（f）74~89μm；（g）≤74μm

膏对石灰石颗粒的“包覆”导致反应不完全所致，且粒径大于 74μm 的颗粒中含量较高。目前，去除脱硫石膏中 $CaCO_3$ 主要有两种方式：一是直接加入硫酸进行酸洗；另一种是先将脱硫石膏在 800℃煅烧使 $CaCO_3$ 分解后，再加入硫酸进行酸洗。前者由于二水石膏的“包覆”作用，很难将芯部的 $CaCO_3$ 彻底除去；而后者煅烧温度较高，能耗较大，很难用于大量脱硫石膏的处理。因此，要想利用酸洗彻底去除脱硫石膏中的 $CaCO_3$，破坏“包覆”层是极为必要的。

无论是大规模工业化生产还是试验室研究，球磨是一种比较成熟的粉末预处理技术。利用胶体磨对脱硫石膏进行一次球磨处理，以打破颗粒表面的“包覆”层。当“包覆”层被打破后，向一次球磨后的脱硫石膏中加入适量的硫酸并搅拌，将使原料中的 $CaCO_3$ 杂质转化为硫酸钙；再加入适量盐酸继续搅拌至预定时间，可以有效去除 $CaCO_3$ 杂质。

2.1.2.2 粉煤灰杂质的去除

酸洗的目的是将脱硫石膏中含有的 $CaCO_3$ 转化为可利用的 DH，但它并不能将脱硫石膏中由粉煤灰引入的杂质有效去除，因此，探索如何去除脱硫石膏中的粉煤灰杂质是脱硫石膏实现纯化的关键环节。

由图 2.3 和表 2.1 可知，粉煤灰引入的杂质，多为球状颗粒和不规则颗粒，粒径 0.1~10μm，大部分球状颗粒粒径在 2μm 以下。由于粒径较小，比表面积较大，很容易在库仑力的作用下吸附在大颗粒表面，通过简单的筛分方法并不能有效地将其除去，但该类杂质含有较多的玻璃相，密度相对较小，且比表面积较大，使其与溶液作用时具有较强的黏附力，有利于浮选工艺的实施。因此，可以借鉴选矿的方法，对该类杂质进行分离，以实现脱硫石膏的纯化。

2.1.2.3 脱硫原料引入杂质的去除

脱硫原料——石灰石中引入的杂质主要为 SiO_2、Fe_2O_3 和 MgO，其中 Fe_2O_3 和 MgO 具有较高的活性，在酸洗过程中已经将其去除，而所含的 SiO_2 多以石英的形式存在，密度较大，很难在库仑力作用下与其他颗粒吸附在一起，在筛分过程中即可实现分离，故无须再针对该类杂质进行提纯处理。

尽管经过筛分、一次球磨、酸洗和浮选，可以去除脱硫石膏中大部分杂质，基本实现脱硫石膏的纯化，但由于其形成环境的特殊性，导致其密度、溶解度、表面活性、脱水特征、易磨性等性能与天然石膏有所不同；尤其是颗粒粒径较大且分布较宽，致密度相对较高，表面活性较低，这不利于其后续应用。

机械活化是提高材料活性的重要技术之一，在材料研究中有着广泛的应用。对经过纯化处理后的脱硫石膏进行高能球磨，破坏其原有的结构，减小其颗粒粒径，提高其比表面积，从而改善其活性，形成高品质的石膏原料，使其能够满足精细化工、新材料制备等高技术、高附加值行业对高品质石膏原料的需求。

综合脱硫石膏的粉末特性及上述分析，对其预处理主要包含两个方面：一是提纯，提高其 DH 的含量；二是改性，提高其活性。为此，设计试验方案如图 2.6 所示。

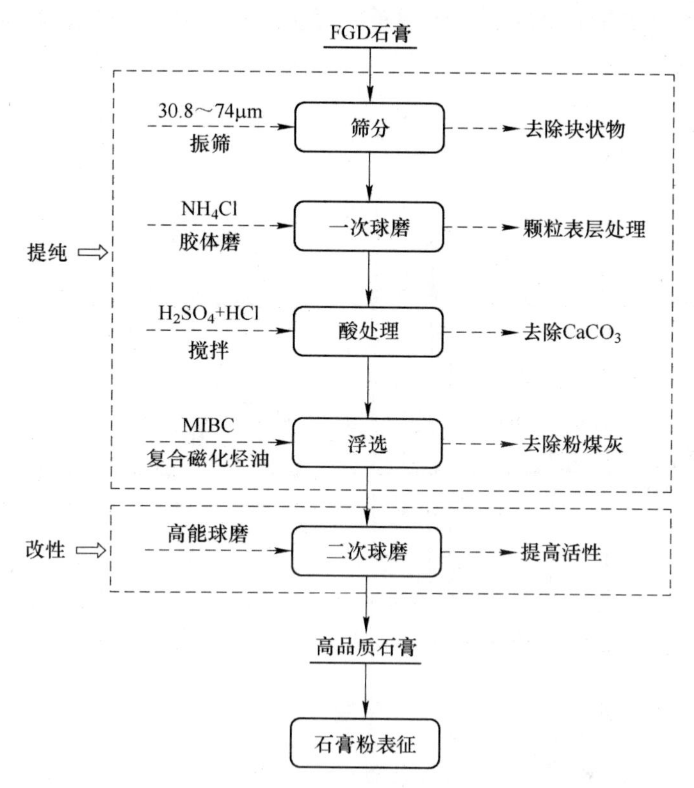

图 2.6 脱硫石膏预处理方案

2.2 脱硫石膏预处理试验

2.2.1 助磨剂用量的确定

根据脱硫石膏中杂质赋存状况及据此设计的预处理试验方案，一次球磨的主要目的是破坏脱硫石膏颗粒表面的“包覆”层，使得位于颗粒芯部的 $CaCO_3$ 和 $CaSO_3$ 能够充分暴露出来，以便于后续处理。

为了提高球磨效率，通常可以加入适当的助磨剂；而助磨剂的用量是影响球磨效果的主要因素。本研究采用 NH_4Cl 为助磨剂进行试验，具体试验方法如下：

首先将脱硫石膏在 40℃ 干燥，取烘干后的原料 500g 置于振筛机上振筛 10min；筛分后收集粒径介于 30.8~74μm 的颗粒（约占原料的 90%）进行后续试验。称取 200g 粒径 30.8~74μm 的脱硫石膏置于 2 L 的玻璃烧杯内，用水调节液固比为 1∶3~1∶6，分别加入 0%、0.1%、0.3%、0.5%（相对干基脱硫石膏质量）的氯化铵助磨剂，混合均匀后移入胶体磨中球磨 5min，然后放出混合液。将混合液过滤后于 40℃ 干燥，干燥后取样进行 XRD 分析，通过试样中 $CaCO_3$ 特征衍射峰强度的变化，可以定性地判断出助磨剂不同用量对球磨效果的影响，其试验结果如图 2.7 所示。

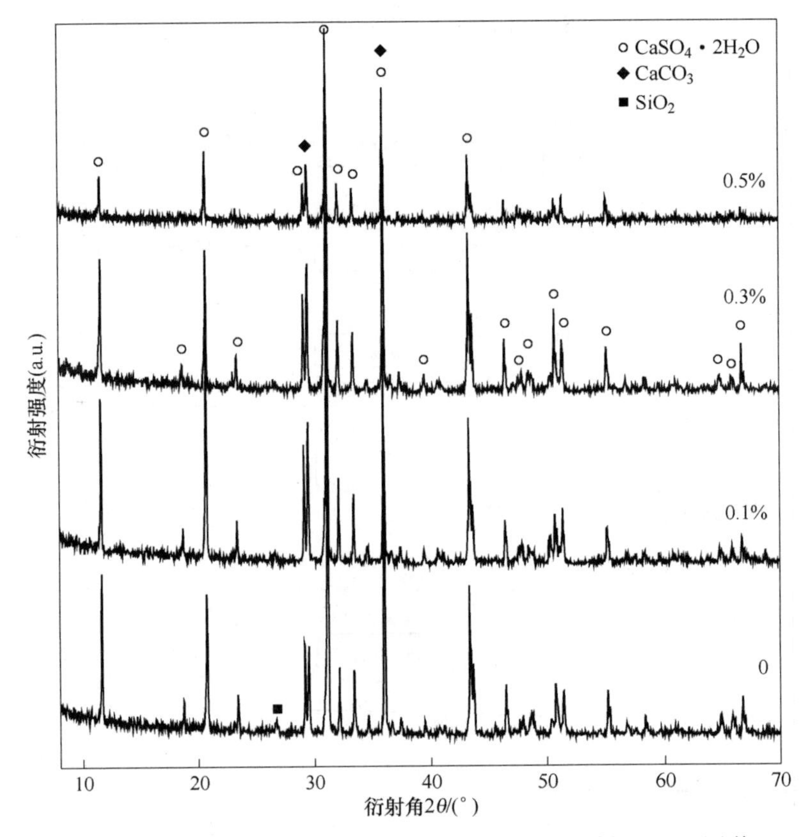

图 2.7　不同 NH_4Cl 用量下一次球磨后脱硫石膏试样的 XRD 图谱

与不加助磨剂相比，加入 0.1%的助磨剂时，球磨后试样中 $CaCO_3$ 特征衍射峰强度明显加强，这表明助磨剂的加入，有助于脱硫石膏颗粒表面“包覆”层的破坏，使位于芯部的 $CaCO_3$ 得以充分暴露。加入 0.3%助磨剂时，$CaCO_3$ 特征衍射峰强度与 0.1%时相当；进一步增加助磨剂用量到 0.5%，其强度反而降低，表明过高的助磨剂反而不利于脱硫石膏颗粒表面“包覆”层的破坏。

由此可见，加入 0.1%的 NH_4Cl 助磨剂时，助磨效果较好。

2.2.2　酸用量的确定

经一次球磨后，位于脱硫石膏颗粒芯部的 $CaCO_3$ 和 $CaSO_3$ 已得到充分暴露，其中，$CaSO_3$ 在空气中氧化后转化为硫酸钙，而 $CaCO_3$ 可以与硫酸反应后也转化为硫酸钙。根据脱硫石膏的热分析，在 500~700℃ 发生的失重，为 $CaCO_3$ 分解造成，其失重为 2.48%，即释放的 CO_2 为 2.48%。由此推算，脱硫石膏中 $CaCO_3$ 的含量为 5.64%，100g 脱硫石膏需要加入 5.53g 硫酸才能将脱硫石膏中的 $CaCO_3$转化为硫酸钙。

生成的硫酸钙与水进一步反应，将形成 DH。因而，经硫酸处理后，脱硫石膏中 DH 含量将会提高。为确保反应的彻底进行，试验中加入了 6.0g 硫酸。将硫酸加入到一次球磨后的脱硫石膏浆料中，发现有大量的气泡逸出，这证实了上述分析是正确的。

由于脱硫石膏中含有一定量的粉煤灰杂质，尽管大部分粉煤灰杂质很稳定，不与酸反应，但也有少量的活性氧化物（MgO、Al_2O_3、Fe_2O_3）和玻璃相可以与酸反应进入到溶液中，从而减少脱硫石膏中杂质的含量。对于活性 Al_2O_3 和 Fe_2O_3，虽然可以与硫酸反应，但生成的 $Al_2(SO_4)_3$、$Fe_2(SO_4)_3$容易附着在其表面，使其钝化而难以彻底反应；加入少量的盐酸，则可以与活性氧化物充分反应，除去水溶液中不溶或难溶、而在稀酸溶液中可溶的少量杂质。盐酸的用量可由脱硫石膏中所含 Fe_2O_3的含量进行估算。

2.2.3 浮选参数设计

脱硫石膏中的粉煤灰主要以浮选的方式除去，浮选过程中，起泡剂用量和捕收剂用量是影响浮选效果的主要参数。试验时，选用甲基异丁基甲醇（methyl isobutyl carbinol，MIBC）为起泡剂，以复合磁化烃油与浓度为 0.5%硬脂酸钠（质量比 3：1）为捕收剂。将酸处理后的料浆移入浮选机，先加入一定量的起泡剂搅拌 3min，再加入捕收剂搅拌 2min，浮选 10min，收集上浮物质，将浮选后料浆移入 2L 的玻璃烧杯内待用。

具体试验时，先固定捕收剂的用量为 1mL/L，调节起泡剂用量分别为 0.05、0.1、0.2、0.3mL/L，进行单因素试验，优化起泡剂用量。不同试验条件下脱硫石膏的浮选效果，可以通过对浮选后试样进行 SEM 分析，直接观察其中杂质颗粒数量的变化来判断。图 2.8 为不同起泡剂用量下浮选后脱硫石膏的 SEM 照片。

当起泡剂用量小于 0.1mL/L 时，浮选后的脱硫石膏中仍可见大量的粉煤灰颗粒，这主要是因为起泡剂用量过少，料浆中泡沫数量不足，粉煤灰颗粒表面附着气泡数量较少，使其难以上浮，导致浮选效果较差。增加起泡剂用量到 0.2mL/L 时，浮选后试样中粉煤灰颗粒数量明显减少；进一步增加其用量到 0.3mL/L，浮选后试样中粉煤灰颗粒数量又有增加的趋势，这是因为起泡剂用量过高时，料浆中气泡数量大大增加，气泡间相互融合歼灭所致。因此，起泡剂的用量以 0.2mL/L 为宜。

确定起泡剂用量为 0.2mL/L，依次调节捕收剂用量为 0.5、1.0、2.0、3.0mL/L，进行单因素试验，优化捕收剂用量；并对浮选后脱硫石膏进行 SEM 分析，其结果如图 2.9 所示。

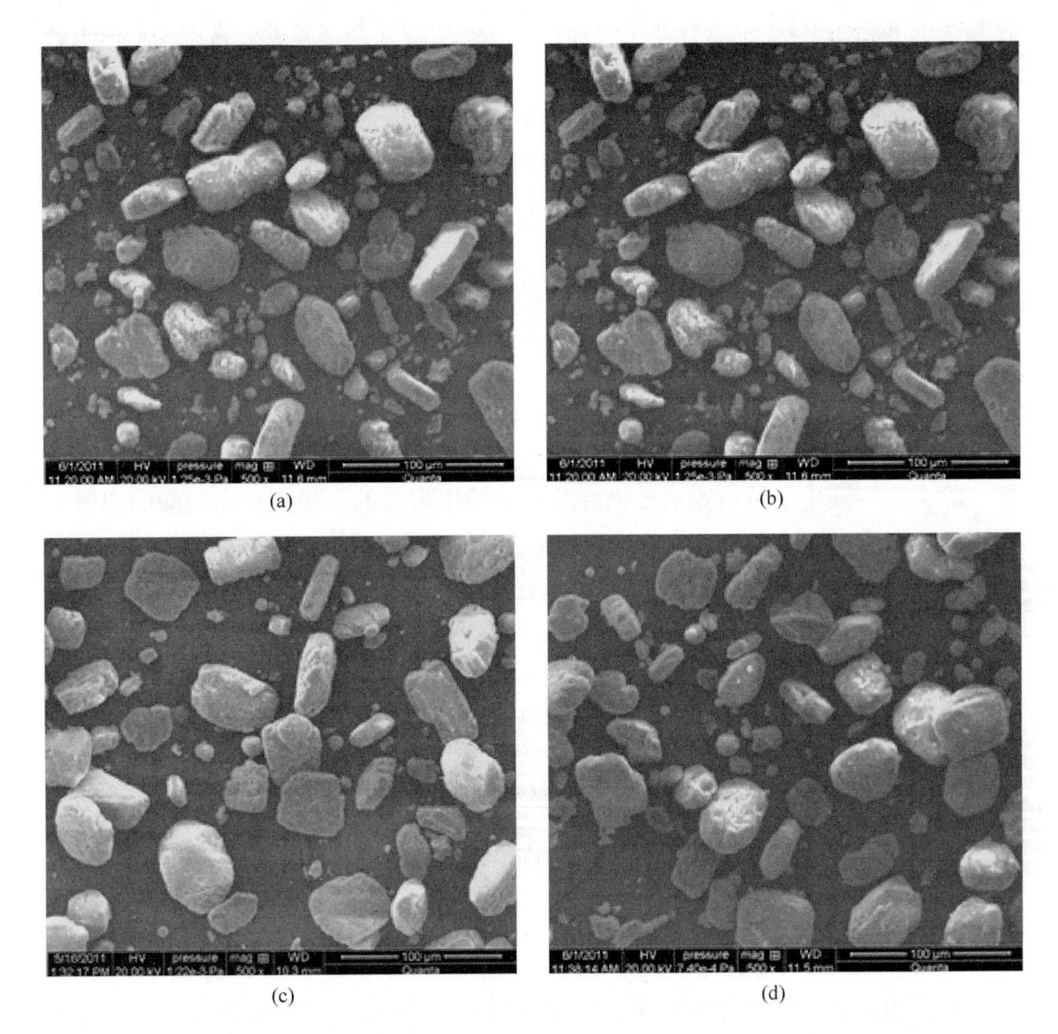

(a) (b) (c) (d)

图 2.8 不同起泡剂用量下浮选后脱硫石膏的 SEM 照片

(a) 0.05mL/L,(b) 0.1mL/L;(c) 0.2mL/L;(d) 0.3mL/L

由图 2.9 可以发现，当捕收剂用量较小时，浮选效果较差；随其用量增加，试样中粉煤灰颗粒数量逐渐减少；当捕收剂用量为 2.0mL/L，浮选效果较好；进一步增加其用量到 3.0mL/L，浮选效果反而有变差的趋势。

根据上述试验结果，当起泡剂用量为 0.2mL/L，捕收剂用量为 2.0mL/L 时，对脱硫石膏中粉煤灰的浮选效果相对较好。图 2.10 是该试验参数条件下脱硫石膏浮选后分离物的显微镜照片。

由图 2.10 可知，浮选分离物中，主要为球形颗粒，以及少量的脱硫石膏颗粒。这表明，脱硫石膏中因粉煤灰混入带来的球形颗粒物比较稳定，通过适当的浮选工艺，可以较好地将其分离出来，而采用酸洗的方法并不能将其除去。

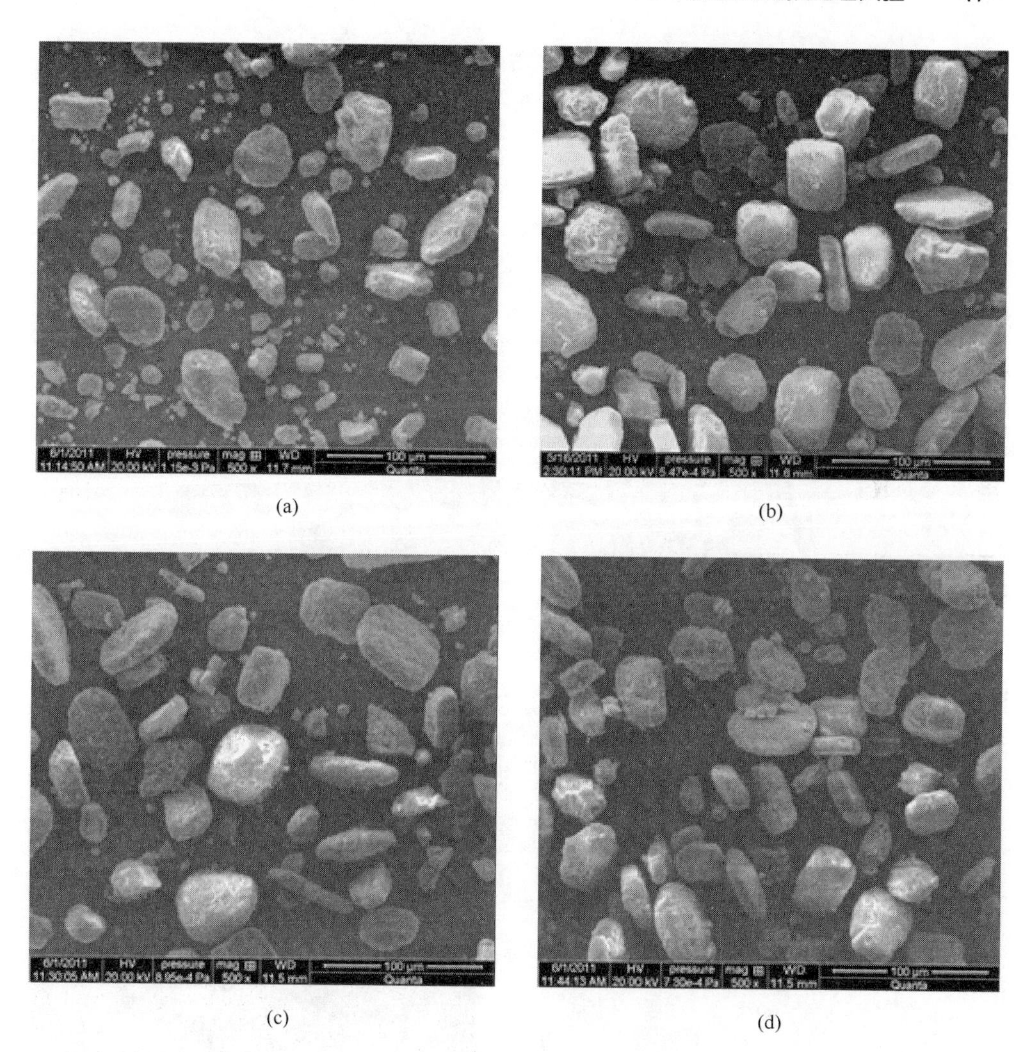

图 2.9 不同捕收剂用量下浮选后脱硫石膏的 SEM 照片
（a）0.5mL/L；（b）1.0mL/L；（c）2.0mL/L；（d）3.0mL/L

经浮选后的脱硫石膏浆液，澄清后倒去上清液，用去离子水调节液固比，使液固比大致保持在 1∶1~1∶2，并用玻璃棒搅拌均匀后倒入球磨罐中，置于高能球磨机上进行二次球磨，在球磨转速为 200r/min 的条件下球磨 120min。

二次球磨后的脱硫石膏可直接移入反应釜中，配制反应料浆，用于硫酸钙晶须制备；或者经干燥后获得如图 2.11（b）所示的脱硫石膏粉末。与图 2.11（a）所示的脱硫石膏原料相比，预处理后脱硫石膏粉末颜色变浅，团聚颗粒消失，粒径更加均匀，这有利于其后续利用。

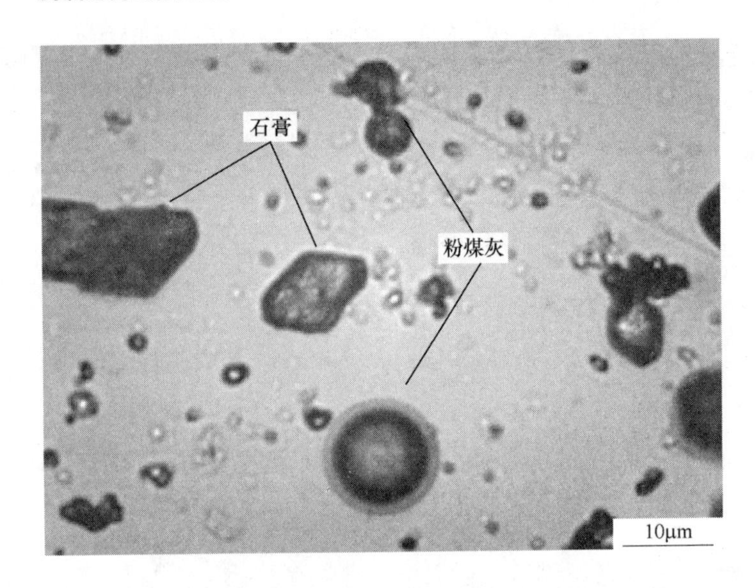

图 2.10 脱硫石膏浮选后分离物的显微镜照片

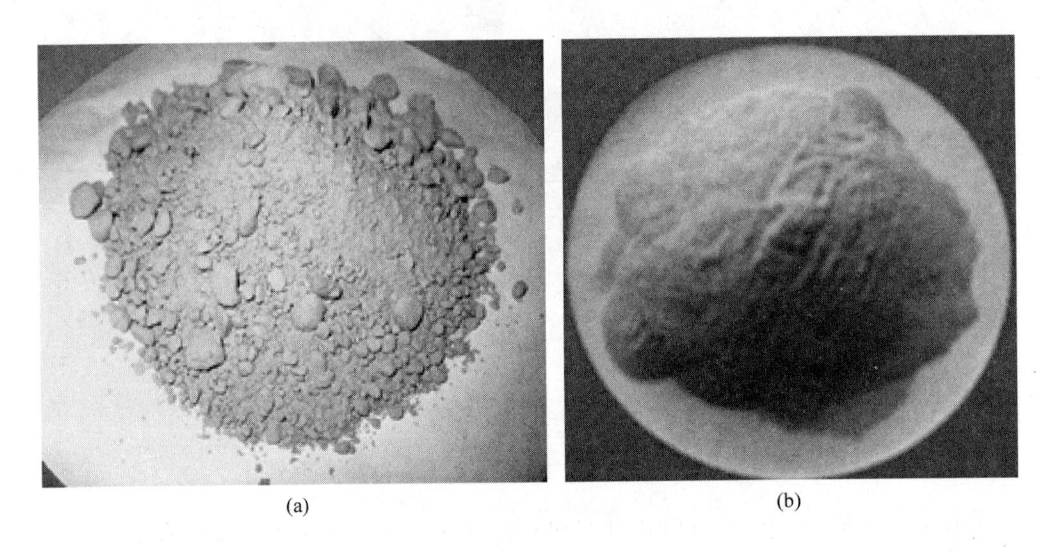

图 2.11 脱硫石膏预处理前后外观照片图
（a）预处理前；（b）预处理后

2.3 预处理对脱硫石膏化学组成的影响

为检验预处理不同阶段对脱硫石膏粉末特性的影响及其作用效果，对不同处理阶段优化试验条件下脱硫石膏进行了系统的分析表征。表 2.3 为原料及其酸洗、浮选后试样的化学组成分析结果。

表 2.3 脱硫石膏不同预处理条件下试样的化学组成

样品	质量分数/%								
	CaO	SO_3	Al_2O_3	SiO_2	Fe_2O_3	MgO	TiO_2	K_2O	Na_2O
1	33.23	37.23	2.86	5.18	0.64	1.24	0.10	0.21	0.01
2	29.81	40.80	2.49	5.56	0.38	<0.01	<0.01	<0.01	<0.01
3	31.46	44.95	0.95	2.16	0.26	0.01	0.00	0.00	0.00

注：1 为脱硫石膏，2 为酸预处理的脱硫石膏，3 为预处理且浮选后的脱硫石膏。

由表 2.3 可知，经酸洗后试样 2 中 SO_3 含量明显升高，而钙含量略有降低，这是因为原料中所含的 $CaCO_3$ 与硫酸反应生成了 $CaSO_4$，并水化形成了 DH。如果以酸洗后试样中所含的 SO_3 为基准，则对应的 DH 的含量为 76.925%，CaO 含量为 28.56%。与测试结果相比，CaO 将剩余 1.25%，这表明试样中的钙除以 DH 的形式存在外，还有部分钙以其他矿物的形式存在。结合图 2.2 的 XRD 图谱、表 2.1 能谱分析结果和脱硫石膏中杂质引入分析可知，该部分钙主要是以混入的粉煤灰形式存在，并不能与酸反应形成可溶性钙离子而在酸洗的过程中被去除。

此外，由前述分析可知，试样中所含的 Si、Al、Mg、Fe 等杂质主要是由粉煤灰引入的，其存在形式可能包含两种情况：一是以石英砂粒、莫来石、β-硅酸二钙、磁铁矿、赤铁矿、玻璃相物质和少量碳粒的形式存在，相对比较稳定，因此，酸洗并不能将其有效去除；二是以 Al_2O_3、MgO、Fe_2O_3 等氧化态形式存在（SiO_2 除外）的，可以与酸反应形成可溶性盐而被去除，但该部分所占比例较小。因此，对于以稳定形态存在的 Si、Al、Mg、Fe 等杂质，酸洗并不能有效去除，酸洗后试样 2 中杂质含量仅有少量下降也说明了这一点。

将酸洗后试样 2 进行浮选处理，其化学组成如试样 3 所示。经浮选后，试样中 Si、Al、Mg、Fe 等杂质含量均有所下降，CaO、SO_3 组分含量明显增加。经酸洗和浮选处理后，SO_3 含量为 44.95%，如仍以 SO_3 为基准，对应的 DH 含量为 96.64%，对应的 CaO 的含量为 31.47%，这与实测结果几乎完全一致。这表明，经处理后，脱硫石膏中的碳酸钙几乎全部转化为 DH，而存在于粉煤灰中的稳定钙质杂质，经浮选后也从脱硫石膏中被分离出去。与此同时，存在于粉煤灰中的 Si、Al、Mg、Fe 等杂质含量也随浮选而明显减少。试样 3 中杂质含量由原料中 10%以上下降到 3.5%以下，这说明试验所设计的脱硫石膏预处理方案是可行而有效的。

国家标准《石膏和硬石膏》（GB/T 5483—1996）对石膏产品按品位分级如表 2.4 所示。根据该标准，经预处理后的脱硫石膏已达到特级石膏的品位，这对其后续研究与应用是极为有利的。

表 2.4 石膏品位分级

品级	特级	A 级	B 级	C 级	D 级
DH 含量/%	≥95	≥85	≥75	≥65	≥55

2.4 预处理对脱硫石膏显微结构的影响

2.4.1 预处理对脱硫石膏颗粒形貌的影响

由于脱硫石膏中的碳酸钙处于“包覆”层之中，粉煤灰杂质又难以通过酸洗去除，为检验一次球磨、酸洗、浮选对脱硫石膏纯度的影响和二次球磨对其粒径及分布的影响，对不同预处理阶段脱硫石膏试样进行了 SEM 分析，其结果如图 2.12 所示。

由图 2.12 可知，经过一次球磨后，除粒径较小的球状颗粒外，石膏颗粒表面均呈现不同深度的“沟槽”状表面残缺，但仍较好的保留了原有颗粒的形貌，如图 2.12（b）所示。这对破坏石膏颗粒表面的“包覆”层，充分暴露含有 $CaCO_3$的芯部以便后续处理是有利的。当试样经过硫酸和盐酸处理后，颗粒表面“沟槽”消失，这是因为加入酸后，颗粒芯部的 $CaCO_3$因被暴露而与酸反应，生成硫酸钙并逐渐水化形成二水石膏，重新在颗粒表面结晶所致，其反应过程如式（2-3）~式（2-5）所示。

$$CaCO_3 + H_2SO_4 \longrightarrow CaSO_4 + H_2O + CO_2\uparrow \tag{2-3}$$

$$CaSO_4 + 0.5H_2O \longrightarrow CaSO_4 \cdot 0.5H_2O \tag{2-4}$$

$$CaSO_4 \cdot 0.5H_2O + 1.5H_2O \longrightarrow CaSO_4 \cdot 2H_2O \tag{2-5}$$

与此同时，脱硫石膏中的活性氧化物杂质也将与酸反应，其反应过程如式（2-6）~式（2-8）所示。对于活性 Mg、Al 氧化物，很容易与硫酸反应形成可溶性盐，但 Fe 氧化物与硫酸反应时，产生的硫酸铁溶解缓慢，很容易形成沉淀而产生新的杂质。为此，在加入硫酸后，再加入适量的盐酸，与活性 Fe 氧化物反应而形成溶解能力极强的氯化铁，从而将脱硫石膏中所有可能的活性氧化物转化成可溶性盐而进入到溶液中，以进一步减少脱硫石膏中杂质的含量。

$$MgO + H_2SO_4 \longrightarrow MgSO_4 + H_2O \tag{2-6}$$

$$R_yO_x + xH_2SO_4 \longrightarrow R_y(SO_4)_x + xH_2O \tag{2-7}$$

$$R_yO_x + 2xHCl \longrightarrow R_yCl_{2x} + xH_2O \tag{2-8}$$

式中，R 为 Al 或 Fe。

尽管通过一次球磨和酸洗可以有效去除脱硫石膏中的 $CaCO_3$和活性氧化物杂质，然而，对于以稳定化合物形态存在的粉煤灰杂质并不能很好的除去，图 2.12

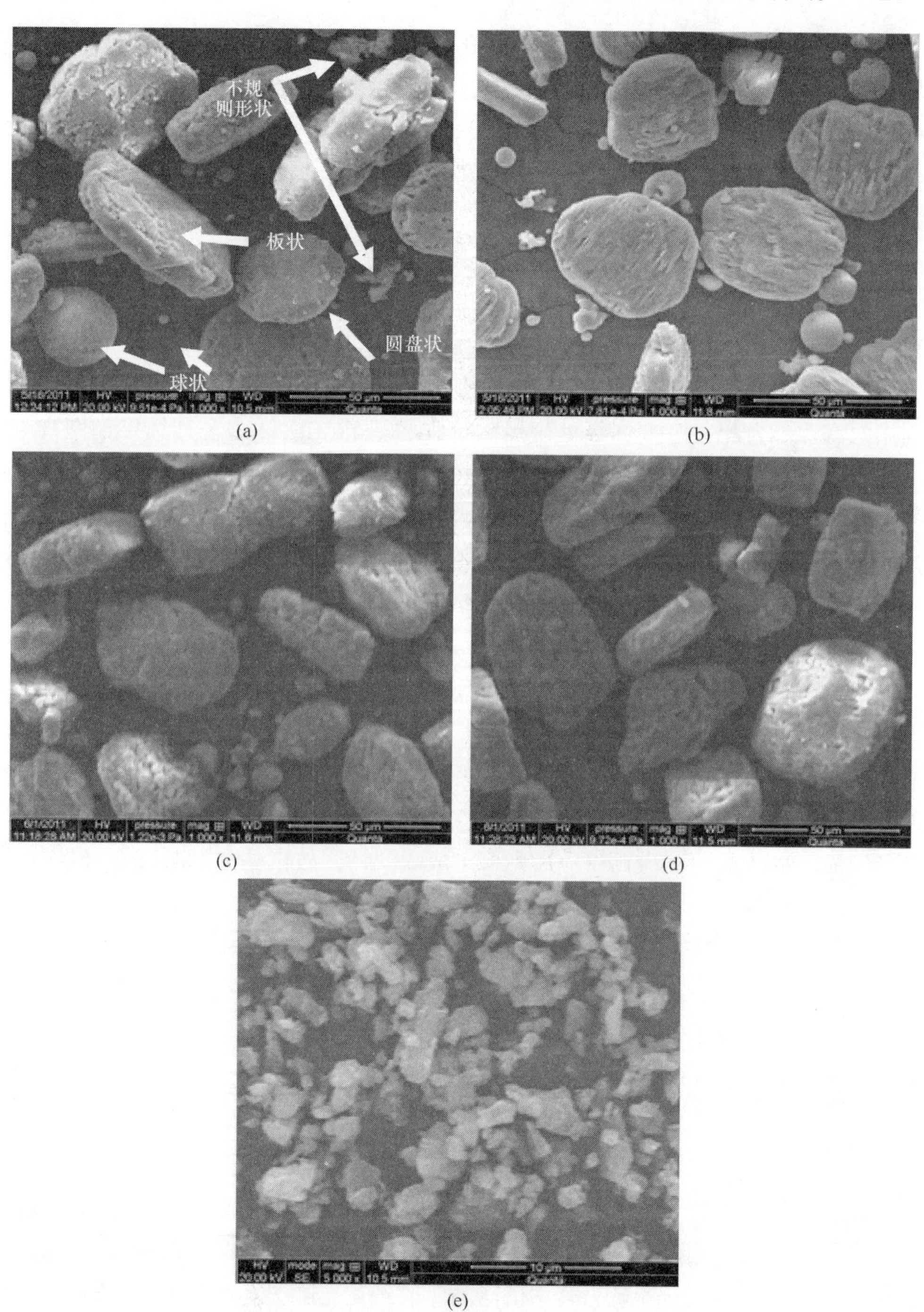

图 2.12　不同预处理阶段脱硫石膏试样的 SEM 照片
（a）原料；（b）一次球磨后试样；（c）一次球磨+酸洗试样；（d）一次球磨+酸洗+浮选后试样；（e）一次球磨+酸洗+浮选+二次球磨后试样

(b)、(c) 照片中大量粉煤灰颗粒的存在也说明了这一点。因此，进行浮选处理是必要的。由图 2.12 (d) 所示的浮选后试样可知，经浮选处理后，脱硫石膏中难以用酸去除的粉煤灰杂质明显减少，这与图 2.10 所示的浮选收集物含有大量粉煤灰颗粒的结果是一致的。这也充分说明采用浮选技术可以将脱硫石膏中的粉煤灰杂质有效分离出来。

由图 2.12 (a) ~ (d) 可以发现，经过一次球磨、酸处理和浮选后，试样中杂质的含量减少了，但脱硫石膏的颗粒形貌与粒径并没有发生明显变化，其粒径约 40~60μm，这对于新型石膏材料的制备，尤其是采用水热法或盐溶液法制备高性能石膏材料而言，其颗粒粒径较粗，表面活性较低，难以满足后续研究与利用的需求。为此，对上述预处理后的试样再进行二次球磨，其结果如图 2.12 (e) 所示。结果表明：经二次球磨后，脱硫石膏粉体颗粒尺寸与形貌发生了较大的变化。原料中板状、圆饼状、球状和不规则颗粒均完全消失，二次球磨后颗粒形貌呈不规则的细小颗粒状，粒径急剧减小，由原来的 40 ~ 60μm 减小到 1 ~ 3μm。脱硫石膏粉体粒径的急剧减小，使其比表面积大大增加，表面活性得以提高，故存在轻微的团聚现象。

2.4.2　预处理对脱硫石膏物相的影响

由于脱硫石膏所含杂质主要为碳酸钙，可以对脱硫石膏进行预处理的酸主要有盐酸、硫酸等无机酸类。盐酸和磷酸与碳酸钙反应后可生成氯化钙和磷酸钙等新的杂质，而硫酸与碳酸钙反应后则可生成硫酸钙，故试验在对脱硫石膏进行酸预处理时选用硫酸。

经大量探索试验可知，硫酸预处理的最佳液固比为 1 ∶ 8、反应时间为 30min、转速为 300r/min。在此基础上，研究进行了不同用量硫酸的预处理试验。试验条件：液固比 1 ∶ 8，转速为 300r/min，脱硫石膏用量为 100g，预处理反应时间为 30min，反应温度为室温。硫酸用量为变量，分别为脱硫石膏质量的 2.0%、3.2%、4.0%、6.0%，试验对预处理后的脱硫石膏产品进行了 XRD 检测，结果如图 2.13 所示。

由图 2.13 可知，当硫酸用量为 2.0% 时，预处理后的脱硫石膏中仍有碳酸钙的特征衍射峰，当硫酸用量增加为 3.2% 时，脱硫石膏产品全部为二水石膏的特征衍射峰，说明此时脱硫石膏中的碳酸钙已经完全除去。当硫酸用量进一步增大后，脱硫石膏预处理产品中出现了半水石膏的特征衍射峰，且随着硫酸用量的逐渐增加而增强。XRD 的半定量分析结果如表 2.5 所示。

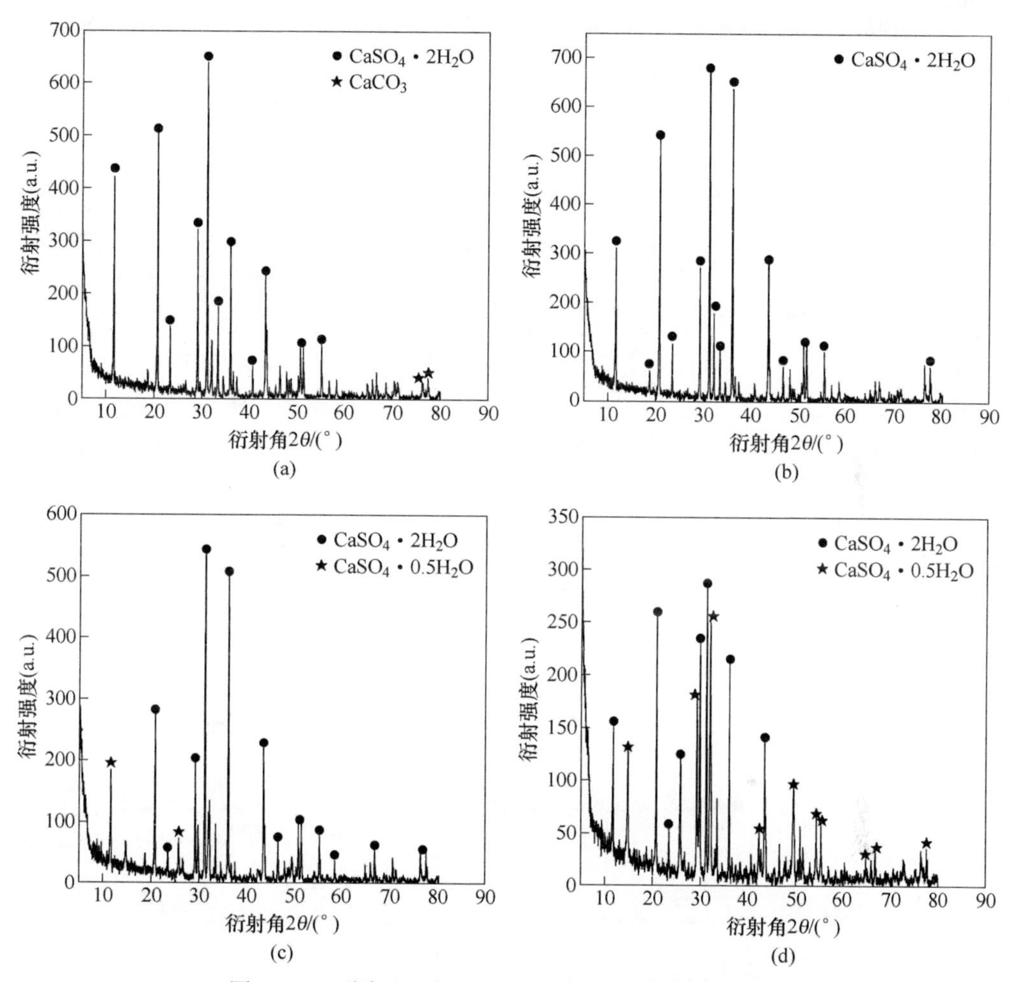

图 2.13 不同用量硫酸对脱硫石膏预处理效果的影响
(a) 2.0%；(b) 3.2%；(c) 4.0%；(d) 6.0%

表 2.5 不同用量硫酸预处理后脱硫石膏的物相组成 (%)

硫酸用量	二水硫酸钙	碳酸钙	半水硫酸钙
2.0	68	32	—
3.2	100	—	—
4.0	79	—	21
6.0	52	—	48

由表 2.5 可以看出，当硫酸用量由 3.2%增加为 4.0%时，半水硫酸钙含量为 21%，而硫酸用量为 6.0%时，半水硫酸钙的含量增大为 48%。半水硫酸钙含量增大的原因在于在使用硫酸对脱硫石膏进行预处理时，硫酸加入脱硫石膏溶液后

放热会引起溶液温度的升高，同时硫酸与碳酸钙反应使溶液中钙离子的浓度增大，由于二水硫酸钙的饱和度比半水硫酸钙的饱和度大，故溶液中的钙离子与硫酸根离子将生成半水硫酸钙晶体。

图 2. 14 是不同预处理阶段优化试验条件下脱硫石膏试样的 XRD 图谱。由 PDF-21-0816、PDF-72-1937 和 PDF-02-0458 对比可知，经一次球磨后，$CaCO_3$特征衍射峰明显加强，如图 2. 14（b）所示。结合表 2. 3 和图 2. 12（b）可知，一次球磨可以有效破除脱硫石膏颗粒表面的“包覆”层，使处于颗粒芯部的 $CaCO_3$ 充分暴露出来，从而使其特征衍射峰强度增强。经酸洗后试样特征衍射峰如图 2. 14（c）所示，其 $CaCO_3$特征衍射峰消失，仅存在二水石膏相和微弱的二氧化硅相，这再次说明，原料中的 $CaCO_3$可以通过酸处理转化为 DH。经浮选处理后，DH 特征衍射峰强度进一步增强，如图 2. 14（d）所示。这是因为试样中杂质含

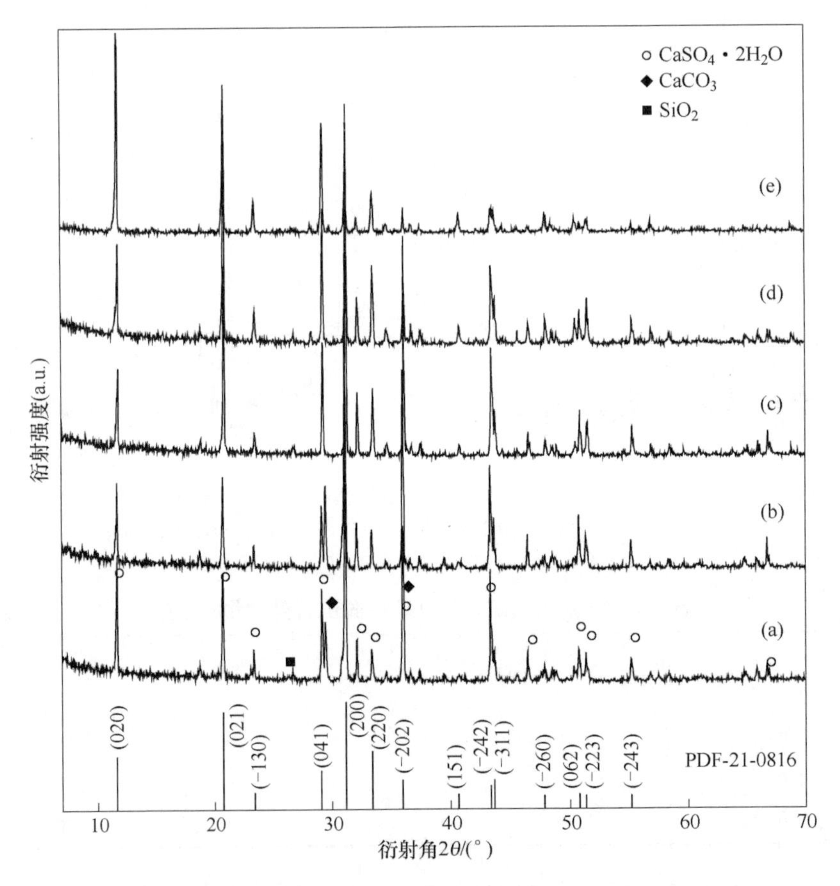

图 2. 14 不同预处理阶段脱硫石膏试样的 XRD 图谱

（a）原料；（b）一次球磨后试样；（c）一次球磨+酸洗试样；（d）一次球磨+酸洗+浮选后试样；（e）一次球磨+酸洗+浮选+二次球磨后试样

量不断降低，试样纯度进一步提高所致。经上述预处理后，脱硫石膏中虽然仍含有少量的 SiO_2，但由于其含量较低，其特征衍射峰几乎没有显现。值得关注的是，尽管预处理前后试样主相均为 DH，但其特征衍射峰的强度发生了极大的变化，如图 2.14（a）、（e）所示。

已有的研究表明：二水石膏相通常具有平行于晶面族 {010} 的板状形态和完全解理，也就是说，如果平行于晶面族 {010} 的晶面充分显露，将引起相应晶面特征衍射峰的强度显著增加，而其他特征衍射峰的强度将相应降低。因此，处理前后特征衍射峰强度的变化可能是因为二次球磨时二水石膏沿着平行于 {010} 的晶面发生了解理，使这些晶面充分显露而衍射峰强度增加，导致其他晶面衍射峰强度相对下降。可以认为，尽管处理后脱硫石膏的物相并未发生变化，但其结晶完整性遭到破坏。

2.5 预处理对脱硫石膏表面特性的影响

为了深入研究预处理技术对脱硫石膏粉末特性的影响，对不同预处理环节优化试验条件下试样进行了 FTIR 表征，以分析预处理技术对脱硫石膏粉末表面特性的影响，进而判断对其结构的影响，结果如图 2.15 所示。

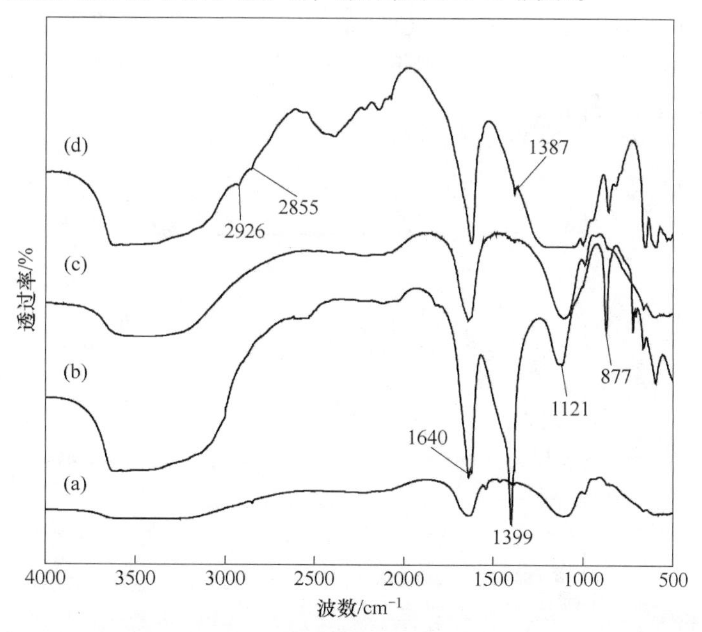

图 2.15　不同预处理阶段脱硫石膏试样的 FTIR 图谱

（a）原料；（b）一次球磨后试样；（c）一次球磨+酸洗试样；（d）一次球磨+酸洗+浮选后试样

根据红外光谱分析中各基团的振动频率，3428cm^{-1}是水的强吸收谱带，1640cm^{-1}是结晶水的变角振动吸收峰，1121cm^{-1}是SO_4^{2-}的反对称伸缩振动吸收峰，877cm^{-1}是S—O伸缩振动吸收峰。这表明当试样未进行处理时，其粉末表面特性符合DH结构特性。当脱硫石膏进行一次球磨后，其红外光谱发生了明显变化，在1399 cm^{-1}出现了很强的CO_3^{2-}反对称伸缩振动吸收峰；但试样经过酸处理后，1399 cm^{-1}处的CO_3^{2-}反对称伸缩振动吸收峰完全消失。由此可见，采用一次球磨破坏脱硫石膏颗粒表面“包覆”层，以暴露核心的$CaCO_3$，使其更容易与酸反应的预处理设计思路是可行的，这与图2.14（b）XRD图谱反映的结果是一致的。

当对试样进行浮选处理后，由于使用了起泡剂甲基异丁基甲醇（MIBC），捕收剂复合磁化烃油和少量的硬脂酸钠，在2926cm^{-1}出现了—CH_3的反对称伸缩吸收峰，在2855cm^{-1}出现了—CH_2的对称伸缩吸收峰，在1387cm^{-1}出现了COO^-对称伸缩吸收峰。这是因为浮选药剂中部分有机官能团吸附在脱硫石膏颗粒表面含有残键的钙离子上所致，但这并不改变脱硫石膏呈DH的结构特性。

2.6 预处理对脱硫石膏粒度的影响

预处理前、后脱硫石膏试样粒径分布如图2.16所示。经预处理后，脱硫石膏粒径累积分布由0~125μm急剧下降到1~3μm，大部分颗粒的分布由10~100μm集中到1.5~3μm。

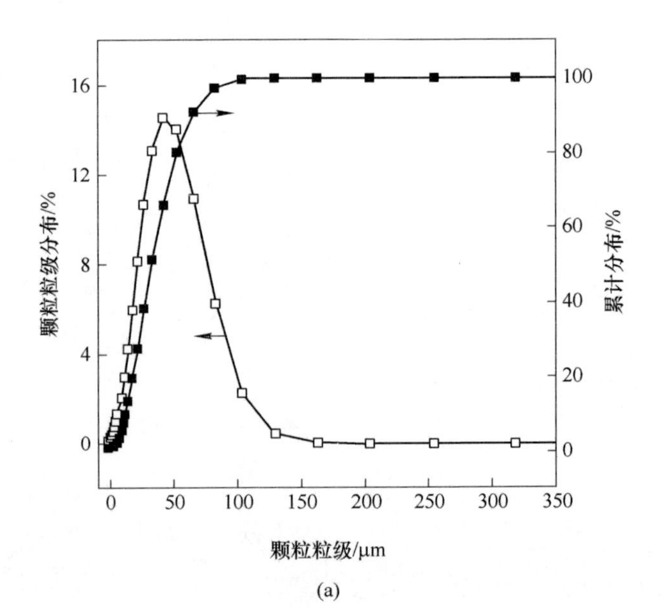

(a)

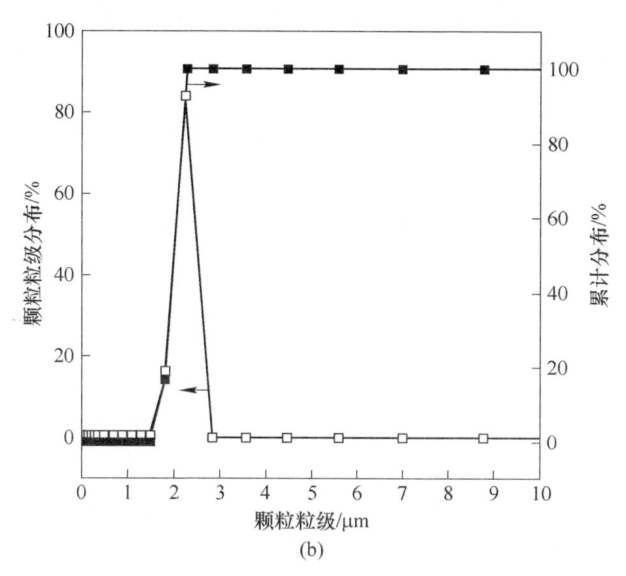

图 2.16 脱硫石膏处理前、后试样粒度分析

（a）原料；（b）预处理后脱硫石膏

表 2.6 是脱硫石膏预处理前、后粉体粒径分布数据统计结果。处理前脱硫石膏原料粒径较大，且分布较宽。通过处理，脱硫石膏粉末的 D_{50}、D_{90}平均值分别为 1.94、2.06μm，这与图 2.12（a）、（e）所示的试验结果是一致的。

表 2.6 脱硫石膏颗粒分析

样品	颗粒粒度/μm				
	D_{10}	D_{25}	D_{50}	D_{75}	D_{90}
脱硫石膏原料	9.65	21.17	32.99	48.61	67.55
预处理后脱硫石膏	1.78	1.86	1.94	2.01	2.06

由此可见，预处理后脱硫石膏粉体粒径大大减小，粒度分布更加均匀。随着脱硫石膏粉体粒径的减小和粒度分布均匀程度的提高，其活性也将大大提高，这对利用脱硫石膏制备新型先进材料具有重要意义。

2.7 预处理对脱硫石膏热物性的影响

对预处理前、后试样进行热重分析的结果如图 2.17 所示。

对于脱硫石膏原料，在升温过程中，存在两个明显的失重阶段。一是在 400℃以前，脱硫石膏发生如式（2-9）和式（2-10）所示的脱水反应，Luo 等的研究已经证实了这一点，此时，其质量损失约 18.1%；二是在 500~700℃，其质量损失约 2.48%。由于湿法脱硫采用石灰石为原料，脱硫石膏的物相分析结果也

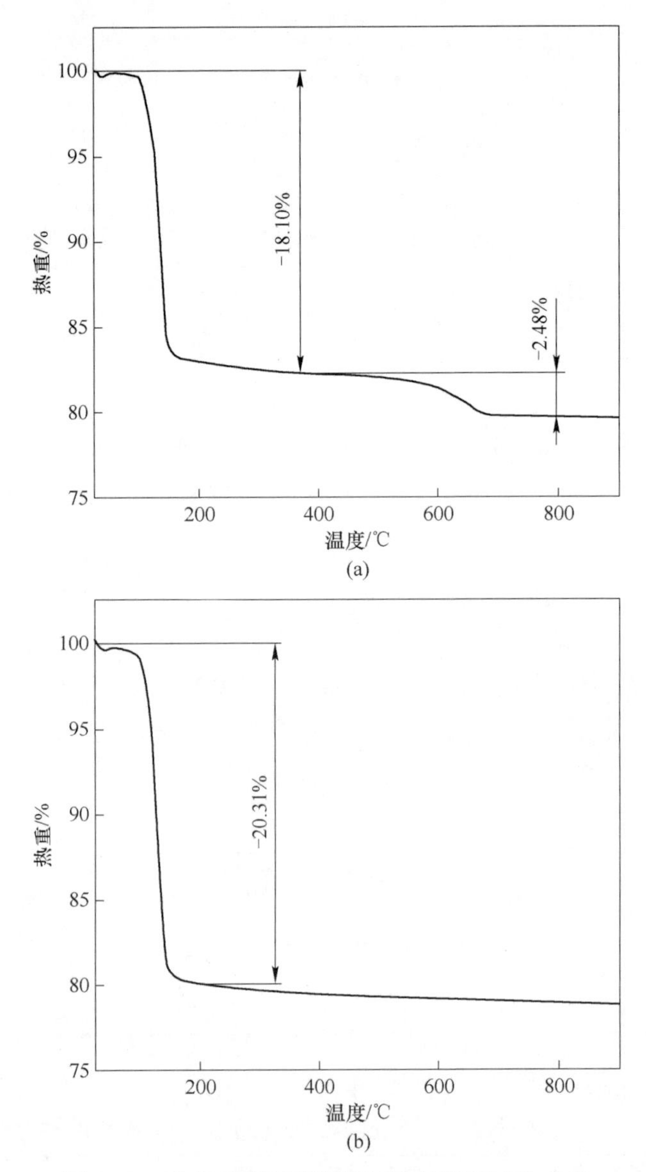

图 2.17 脱硫石膏原料及预处理后试样的 TG 曲线

（a）原料；（b）预处理后试样

表明，其含有少量的石灰石，在试样进行酸处理时，也发现有许多气泡逸出，综合这些试验结果和现象，可以确定在 500~700℃ 发生的失重现象，是由石灰石的分解造成的，如式（2-11）所示。

$$CaSO_4 \cdot 2H_2O \longrightarrow CaSO_4 \cdot 0.5H_2O + 1.5H_2O \tag{2-9}$$

$$CaSO_4 \cdot 0.5H_2O \longrightarrow CaSO_4 + 0.5H_2O \tag{2-10}$$

$$CaCO_3 \longrightarrow CaO + CO_2 \uparrow \tag{2-11}$$

当脱硫石膏经筛分、一次球磨、酸洗和浮选后，在200℃时质量损失已基本结束，约20.31%；当温度高于200℃时，其质量损失几乎没有变化，可见经上述处理后的试样，其失重完全是由式（2-9）和式（2-10）所示脱水引起的。以20.31%的结晶水推算，DH含量为97.04%，这与浮选后试样化学组成分析结果基本一致。这再次说明，前述的脱硫石膏预处理技术对改善其品质是行之有效的。

2.8 本章小结

（1）脱硫石膏中的杂质，主要由反应不完全产物、烟气脱硫时混入的粉煤灰和脱硫原料引入的杂质构成。在脱硫石膏粉末特性研究和杂质成因分析的基础上，设计了脱硫石膏预处理方案，经过筛分、一次球磨、酸洗、浮选以及二次球磨，实现了脱硫石膏的提纯和活化。

（2）预处理技术对脱硫石膏粉末的化学组成、颗粒形貌、热物性、粒径与分布具有明显影响。预处理后，脱硫石膏中DH含量超过96%，达到了国标中特级石膏的品位（DH含量大于95%）；粉末颗粒由板状、圆饼状、球状和无规则颗粒状形貌变为单一的不规则颗粒状形貌，且粒径由0~125μm减小到1~3μm，分布更加均匀；其失重由DH脱水和$CaCO_3$分解两部分变为单一的DH脱水。

3　脱硫石膏制备硫酸钙晶须工艺研究

由于石膏为微溶物质，其溶解度约2.0g/kg，且随温度的升高反而降低，在常压水中，硫酸钙晶须很难生长。水热法（hydrothermal method，HTM）因具有高温（>100℃）、高压（>9.8MPa）的反应环境，可以使常压下难溶或不溶的物质溶解并重新结晶，或使原始混合物发生化学反应而合成常温下无法合成的物质。以高品质天然石膏为原料，采用水热法制备硫酸钙晶须，正是目前工业化生产的主要方法。

然而，如前所述，以高品质天然石膏为原料的硫酸钙晶须水热制备技术是无法直接应用于脱硫石膏为原料的硫酸钙晶须制备；现有的以脱硫石膏为原料制备的硫酸钙晶须，晶须表面粗糙，蚀坑、沟槽发育，长径比较低，品质较差；而且，已有研究表明，不同性质的石膏原料，对硫酸钙晶须的结晶形貌具有重要的影响。只有对脱硫石膏水热制备硫酸钙晶须的工艺进行系统研究，才有可能制备出品质优异的晶须，从而取代天然石膏所制备的晶须。

鉴于此，本章主要研究以脱硫石膏为原料时，各工艺参数对硫酸钙晶须制备的影响，优化并确定具体工艺参数，建立稳定的脱硫石膏制备硫酸钙晶须技术，为制备高品质的硫酸钙晶须打下基础。

3.1　反应温度对晶须制备的影响

采用水热法进行材料制备研究时，尽管影响材料制备的工艺参数较多，但主要可归纳为矿化剂种类与浓度、反应温度与时间、料浆浓度等技术参数。已有的研究表明，水热法制备硫酸钙晶须时，晶须生长过程实质上是溶解度较大的DH转化为溶解度较小的HH（半水石膏）的过程。因此，反应温度对晶须的制备具有重要的影响。

根据石膏的溶解特性与相变关系曲线，DH与HH的溶解度在97℃相交，当温度高于97℃时，半水硫酸钙的溶解度随温度的升高迅速下降。由DH、HH和水物系饱和蒸气压与同温度下纯水的饱和蒸气压和温度之间的关系，理论上在107℃时，水介质中的DH将向HH转变。然而，在天然石膏为原料制备硫酸钙晶须的研究中，其优化后的反应温度为120℃；而在脱硫石膏为原料制备硫酸钙晶须的研究中，其优化后的反应温度为140℃。由此可见，实际反应温度高于理论温度。

参考现有的硫酸钙晶须制备工艺，试验以预处理脱硫石膏为原料，配制成浓度为3.0%的料浆，在纯水溶液中进行反应，初步确定反应时间为60min，在反应温度为110~140℃范围内进行单因素试验，并以结晶产物呈纤维状的数量、均一性和长径比为主要评定依据优化并确定反应温度，具体试验参数如表3.1所示。

根据表3.1，以脱硫石膏为原料，在纯水中水热反应后产物的显微镜照片如图3.1所示。

表3.1 不同反应温度下脱硫石膏制备硫酸钙晶须的试验条件

试验编号	温度/℃	料浆浓度/%	反应时间/min
T-110	110	3.0	60
T-120	120	3.0	60
T-130	130	3.0	60
T-140	140	3.0	60

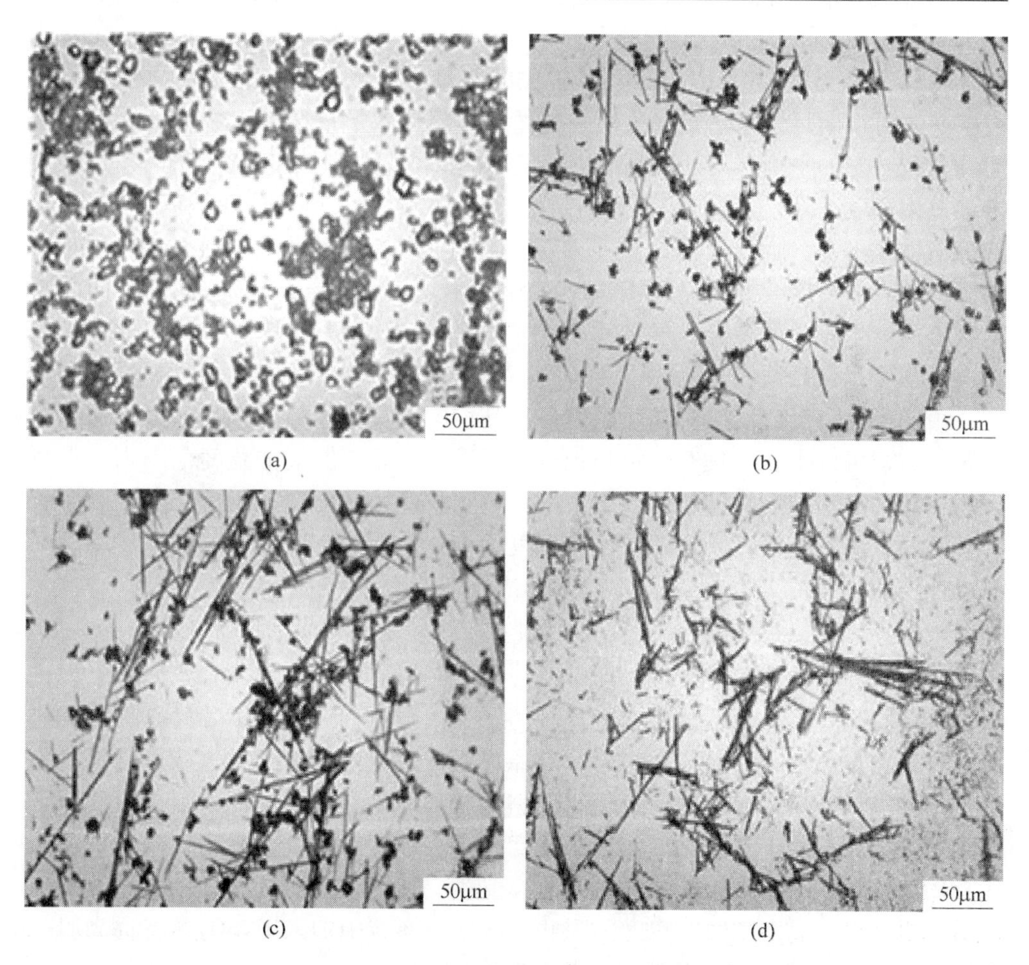

图3.1 不同温度下制备样品的显微镜照片
(a) T-110；(b) T-120；(c) T-130；(d) T-140

当反应温度为 110℃时，水热产物呈不规则的颗粒状形貌，没有晶须生成；当反应温度为 120℃时，水热产物形貌中已出现一定量的晶须，但伴随有大量的颗粒状结晶。当温度为 130℃时，产物结晶形貌由颗粒状向针状转化的趋势更加明显，晶须数量和长度都有所增加，然而颗粒状结晶依然较多。进一步升高温度到 140℃，水热产物的直径变粗，长度反而下降，同时出现较多的短柱状结晶。

反应温度为 110℃时，尽管已经高于 DH 将向 HH 转变的温度（107℃），但晶须形核为一吸热过程，不仅需要环境体系提供必要的热量，还需要补充反应体系的热量损失。110℃时的试验结果说明，外界提供给溶液体系的热量并不能满足硫酸钙晶须形核的需求，因而没有晶须生成。在 120℃时，因温度升高不大，晶核形成后很容易再次溶解，溶液体系中有效形核数量过低，使得晶须数量较少。

在反应温度为 130℃时，加热所提供的能量不仅可以满足晶须形核与生长的需求，还可以满足体系热量损失所需能量，此时有效形核速率、数量及其生长速率均达到较好的平衡状态。随着形核和晶须生长对溶液体系中晶格离子的消耗，溶液过饱和度下降，使得尚未溶解的脱硫石膏不断溶解，以维持有利于晶须生长的溶液体系平衡。随反应温度进一步升高到 140℃，晶须形核与生长速度加快；然而，较高的温度会导致晶须生长过程中形核，使得晶须因生长时间的不同而在形貌方面产生较大的差异，导致水热产物的均匀性较差。因此，继续升高温度，将会进一步恶化晶须的结晶。

由此可见，反应温度对晶须的制备及其均匀性具有重要的影响。尽管在纯水中脱硫石膏可以生长成具有一定长径比的纤维状结晶，但整个温度范围内，水热产物中除纤维状结晶外，还伴随大量的颗粒状石膏结晶出现。相比之下，以脱硫石膏为原料制备硫酸钙晶须时，反应温度为 130℃时较为理想。

3.2　硫酸对晶须制备的影响

向水中加入 K_2SO_4媒晶剂，尽管较纯水中晶须数量、长径比有所提高，但仍含有较多的颗粒状、短柱状结晶，均一性较差，这可能受原料溶解特性的影响。通常，采用水热法制备晶体材料时，其原料通常是难溶或不溶的物质，常加入易溶于水的酸或碱作为矿化剂，以促进原料溶解和结晶的顺利进行。由于脱硫石膏提纯后主要是以 DH 形式存在，其溶解度较小。Ling 等的研究表明，向水中加入 H_2SO_4，可以提高 DH 的溶解度；Azimi 等研究认为，在硫酸无机盐溶液中，加入硫酸，也可以提高 DH 的溶解度。因此，向反应溶液中加入 H_2SO_4，将提高脱硫石膏的溶解，从而有可能促进其向晶须生长。

结合前述试验条件和结果，在其他试验条件不变的情况下，向反应溶液中加

入 H_2SO_4，研究其对水热产物结晶形貌、均一性及晶须长径比的影响，其具体试验条件如表 3.2 所示。

表 3.2 硫酸浓度对脱硫石膏制备硫酸钙晶须影响的试验条件

试验编号	温度 /℃	K_2SO_4 用量/%	H_2SO_4 浓度/mol · L^{-1}	料浆浓度 /%	反应时间 /min
K-S-5	130	3.0	10^{-5}	3.0	60
K-S-3	130	3.0	10^{-3}	3.0	60
K-S-2	130	3.0	10^{-2}	3.0	60
K-S-1	130	3.0	10^{-1}	3.0	60

根据表 3.2 试验条件，所制备的硫酸钙晶须的显微镜照片如图 3.2 所示。由图 3.2 可知，当反应体系其他条件一定时，不同的硫酸用量，对脱硫石膏晶须的结晶形貌也有较大的影响。当硫酸用量为 10^{-5}mol/L 时，尽管大部分石膏结晶为具有一定长径比的晶须，但晶须直径较小，并伴随有大量的不规则颗粒状结晶出现。随硫酸用量增加到 10^{-3}mol/L，晶须直径变化不大，颗粒状结晶完全消失，仅可见少量短柱状结晶。继续增加硫酸用量到 10^{-2}mol/L，晶须的长度继续增加，同时直径也略有增加，故长径比变化不大，晶须直径、长度分布比较均匀。进一步增加硫酸用量到 10^{-1}mol/L 时，晶须直径变化仍不明显，长度反而减小，出现较多的短柱状结晶，晶须长径比差异增大。

由于脱硫石膏为微溶物质，其所含的少量铝、硅质杂质容易与碱发生反应，形成一定量的铝硅质单体或多聚体，逐渐聚集后会形成较为复杂的硅酸盐聚体，从而影响晶须的结晶与生长。Ling、Cameron、Marshall 等研究发现，DH 在纯水

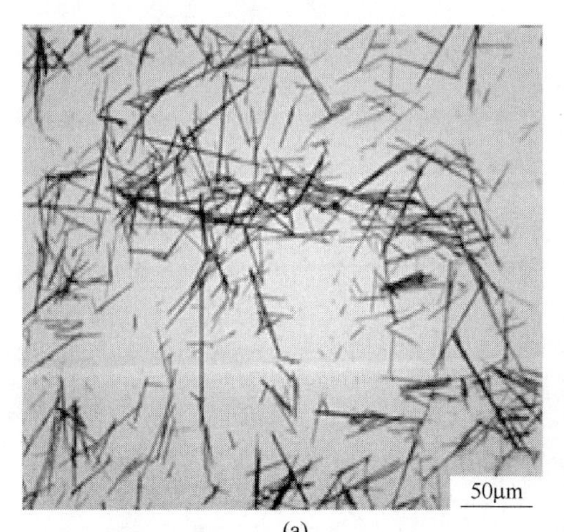

(a)

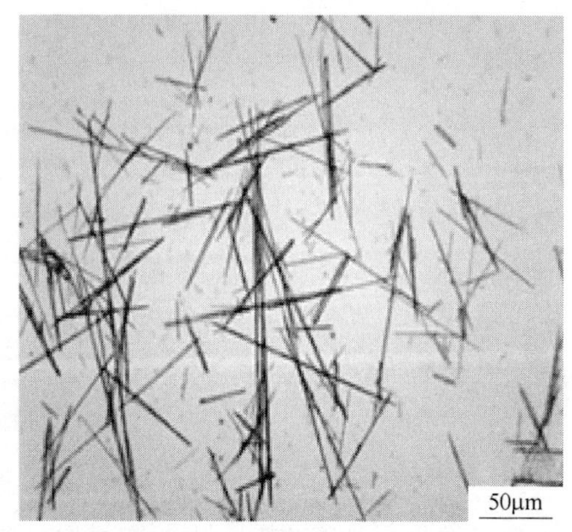

(b)

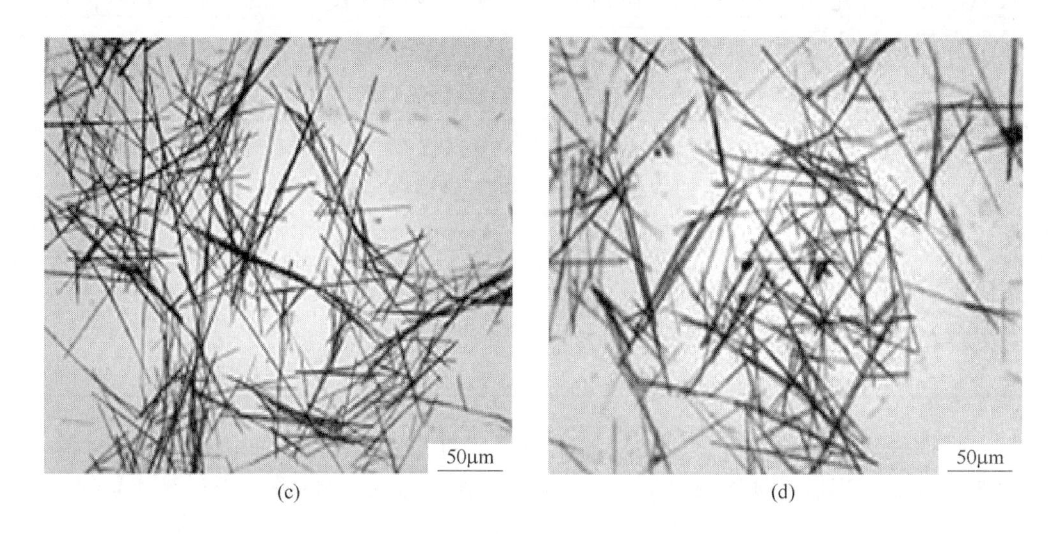

(c) (d)

图 3.2 不同硫酸用量下制备试样的显微镜照片
(a) K-S-5；(b) K-S-3；(c) K-S-2；(d) K-S-1

与硫酸溶液中溶解度有着显著的差异。在 H_2SO_4溶液中，DH 的溶解度随 H_2SO_4浓度的增加，呈先增加后减小的趋势；随温度的升高，DH 的溶解度增加更为明显。因此，在低浓度的 H_2SO_4溶液中，脱硫石膏的溶解度将会增加，从而促进晶须的形核与生长。

综合分析硫酸用量对晶须直径、长度、长径比和均匀性的影响，以脱硫石膏为原料、3.0%的 K_2SO_4为媒晶剂制备硫酸钙晶须时，H_2SO_4的用量以 10^{-2} mol/L 为宜。

3.3 反应时间对晶须制备的影响

当反应溶液环境因素一定时，脱硫石膏的溶解和晶须的结晶始终处于一种动态平衡。若反应时间过短，脱硫石膏难以完全溶解，晶须的发育和生长也不彻底；若反应时间过长，则容易出现晶须的二次溶解，且晶须越细小，二次溶解的速率越快；同时，为降低溶液系统的稳定能，部分较为粗大的晶须将进一步生长，从而引起晶须直径和长径比差异的增加。因此，合理的反应时间对晶须的结晶形态也有一定的影响。

为了研究反应时间对晶须制备的影响，固定前述优化的温度、K_2SO_4用量和 H_2SO_4的浓度，改变反应时间进行单因素试验，其具体试验条件如表 3.3 所示。该试验条件下制备的硫酸钙晶须显微镜照片如图 3.3 所示。

表 3.3 反应时间对脱硫石膏制备硫酸钙晶须影响的试验条件

试验编号	温度 /℃	K_2SO_4 用量 /%	H_2SO_4浓度 /mol·L^{-1}	料浆浓度 /%	反应时间 /min
RT-40	130	3.0	10^{-2}	3.0	40
RT-60	130	3.0	10^{-2}	3.0	60
RT-90	130	3.0	10^{-2}	3.0	90
RT-120	130	3.0	10^{-2}	3.0	120

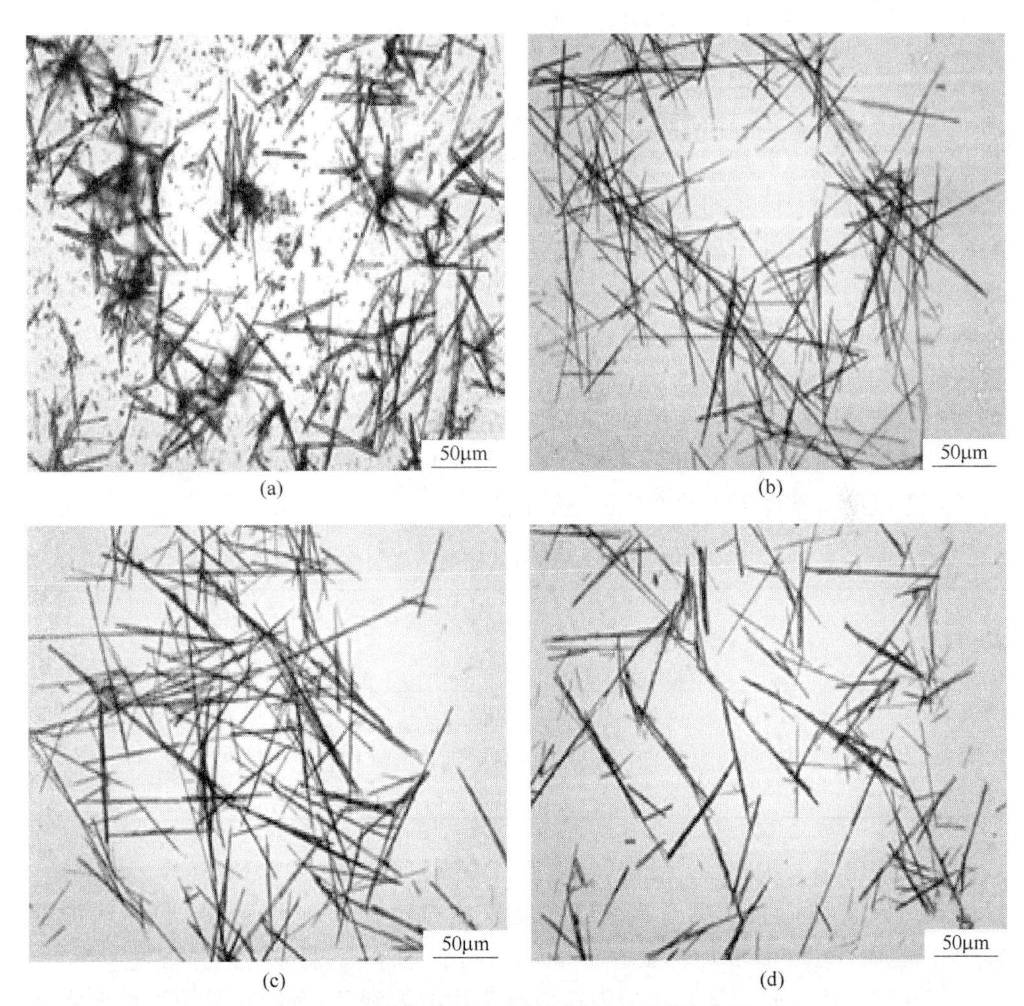

图 3.3 不同反应时间下制备样品的显微镜照片
(a) RT-40；(b) RT-60；(c) RT-90；(d) RT-120

由图 3.3 可知，当反应溶液体系其他条件一定时，反应时间不同，对脱硫石膏晶须的结晶形貌也有一定的影响。当反应时间为40min时，由于结晶时间较短，晶须直径较粗，长径比较小，并伴随有细小的颗粒状结晶出现。随反应时间延长到60~90min，晶须直径明显变小，长径比逐渐增大，细小的颗粒状石膏结晶基本消失。随反应时间进一步延长到120min，晶须直径略有增加，但部分晶须长度明显下降，直径分布与长径比差异增加，晶须品质反而下降。

因此，以脱硫石膏为原料，以3.0%的K_2SO_4为媒晶剂、H_2SO_4用量为10^{-2}mol/L制备硫酸钙晶须时，反应时间以60~90min为宜。

3.4 料浆浓度对晶须制备的影响

水热反应是在高温高压（水的饱和蒸气压）密闭的环境中进行的，其原料投加量是一定的。当料浆比过小时，形核后可用于晶须生长的原料数量有限，如果晶须生长所需的大量钙离子与硫酸根离子在预设的反应时间内得不到足够的补偿，就会降低溶液体系的过饱和度，从而影响晶须的生长。当料浆比过大时，又会使溶液体系长期处于高过饱和状态，晶核的形成与生长始终同时进行，导致后形成的晶核因生长时间较短而较为细小；同时，也会导致部分原料在设定的时间内难以通过结晶消耗殆尽，仍以固有形态存在。因而，适宜的料浆浓度也会改善晶须的结晶状况。

根据前述试验结果，在保持其他工艺参数不变的情况下，调整反应料浆的浓度，以研究不同料浆浓度对晶须结晶品质的影响。具体试验条件如表3.4所示。图3.4是该试验条件下水热产物的显微镜照片。

表3.4 料浆浓度对脱硫石膏制备硫酸钙晶须影响的试验条件

试验编号	温度/℃	K_2SO_4用量/%	H_2SO_4浓度/mol·L^{-1}	料浆浓度/%	反应时间/min
SC-3	130	3.0	10^{-2}	3.0	60
SC-5	130	3.0	10^{-2}	5.0	60
SC-7	130	3.0	10^{-2}	7.0	60

当料浆比为3.0%时，大部分晶须直径较细，但也存在少量直径较大的晶须，短柱状和碎屑状结晶产物含量较多，晶须长径比差异较大；随料浆比增加到5.0%，晶须直径、长度均明显增加，而长径比增加并不明显，但分布更加均匀，短柱状和碎屑状结晶产物基本消失；当料浆比增加到7.0%时，晶须直径无明显变化，但长度反而有所下降，且长度差异明显增大，晶须品质有下降的趋势。因此，在其他反应条件一定的情况下，当料浆浓度为5.0%时，以脱硫石膏为原料制备的硫酸钙晶须长径比较大，且分布较为均匀。

(a) (b) (c)

图 3.4 不同料浆浓度下制备样品的显微镜照片
(a) SC-3；(b) SC-5；(c) SC-7

综合分析上述试验结果可以发现，以预处理后的脱硫石膏为原料，以 K_2SO_4 为媒晶剂，在媒晶剂用量 1.0%~5.0%，反应温度 120~140℃，H_2SO_4 用量为 10^{-5}~10^{-1} mol/L，料浆浓度为 3.0%~7.0%的条件下反应 40~120min，可以制备出硫酸钙晶；但只有在适宜的条件下，尤其是有媒晶剂存在时，才能制备出长径比较大，直径与长径比分布均匀的硫酸钙晶须。当 K_2SO_4 用量为 3.0%，H_2SO_4 用量为 10^{-2}mol/L，料浆浓度为 5.0%，130℃反应 60~90min 的条件下，制备的硫酸钙晶须相对较优。

3.5 媒晶剂种类对晶须制备的影响

以预处理后的脱硫石膏为原料，以 K_2SO_4 为媒晶剂制备硫酸钙晶须优化后的工艺参数，与文献报道的天然石膏和以有机试剂为媒晶剂时脱硫石膏制备硫酸钙晶须的优化工艺参数有一定的差异，这可能是因为使用的原料与媒晶剂不同而造成的。

为了进一步证实上述试验工艺的准确性与适用范围，本研究采用 10L 的反应釜，对以 K_2SO_4为媒晶剂时优化后的工艺参数进行了验证性试验，以检验各工艺参数的稳定性；同时，以 $MgCl_2$替代 K_2SO_4为新的媒晶剂，研究媒晶剂种类的变化是否会引起其他工艺参数的改变，以检验各工艺参数的适用性。具体试验条件如表 3.5 所示，所制备试样的 SEM 照片如图 3.5 所示。

表 3.5 不同媒晶剂条件下脱硫石膏制备硫酸钙晶须的试验条件

试验编号	温度 /℃	媒晶剂 /%	H_2SO_4浓度 /mol · L^{-1}	料浆浓度 /%	反应时间 /min
(a)	130	K_2SO_4-3.0	10^{-2}	5.0	60
(b)	130	$MgCl_2$-3.0	10^{-2}	5.0	60
(c)	130	$MgCl_2$-1.5	10^{-3}	5.0	60

以 K_2SO_4为媒晶剂、优化条件下进行放大试验所制备试样的 SEM 照片如图 3.5（a）所示。结果表明：以 K_2SO_4为媒晶剂、在优化条件下可以制备出结晶相对较好，无明显缺陷的硫酸钙晶须，大部分晶须直径约 2~8μm，长径比为 50~200。这说明 K_2SO_4的加入，确实可以改善晶须的结晶状况。然而，以 3.0% 的 $MgCl_2$替代 K_2SO_4为媒晶剂，在同样的工艺条件下却无法获得直径均匀、长径比较高、结晶良好的硫酸钙晶须，其试样的 SEM 照片如图 3.5（b）所示。通过系统研究发现，在其他试验条件不变的情况下，当调整 $MgCl_2$的用量到 1.5%，同时减少 H_2SO_4用量到 10^{-3}mol/L 时，可以制备出直径约 2~5μm，长径比达到 120 的硫酸钙晶须，其结果如图 3.5（c）所示。与 K_2SO_4为媒晶剂所制备的晶须相比，其直径更小、长径比更大、直径与长度分布更均匀。

由此可见，媒晶剂种类改变时，反应温度、保温时间、料浆浓度等工艺参数并不受其影响而发生改变，仅会引起自身用量和 H_2SO_4用量的改变。这可能是因为媒晶剂种类不同，其水解特性不同，水解后阴阳离子对晶须形核与生长影响不同所致。K_2SO_4为媒晶剂时，由于水解后将产生 SO_4^{2-}，因 SO_4^{2-}同离子效应降低了平衡时溶液体系中 Ca^{2+}的含量，从而有利于脱硫石膏溶液体系过饱和而促进析晶，故所制备的晶须长径比较纯水中有大幅度提高。然而，溶液中 Ca^{2+}浓度过低，将降低晶须形核时有效晶核的数量，引起晶须形核与生长同时进行，导致晶须直径、长度因生长时间不同而存在较大差异，均匀性较差。$MgCl_2$为媒晶剂时，水解后产生 Mg^{2+}与 Ca^{2+}也存在同离子效应，但由于阴离子同离子效应对脱硫石

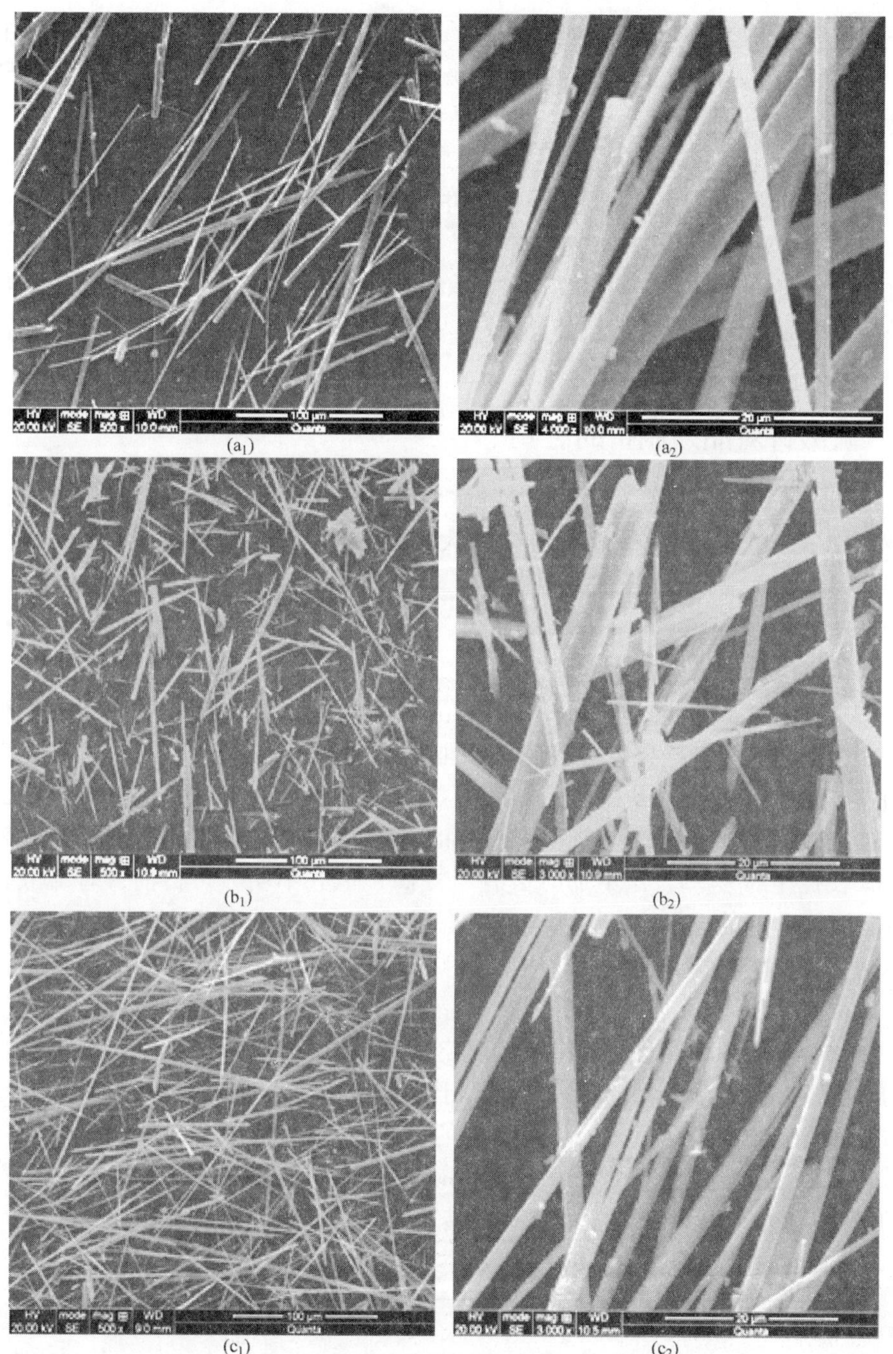

图 3.5 K_2SO_4/$MgCl_2$为媒晶剂时制备试样的 SEM 照片

（a） H_2SO_4 （10^{-2}mol/L）-K_2SO_4(3%)-H_2O；（b） H_2SO_4(10^{-2} mol/L)-$MgCl_2$ （3%） -H_2O；

（c） H_2SO_4 （10^{-2} mol/L）-$MgCl_2$ （1.5%）-H_2O

膏的溶解度影响远强于阳离子同离子效应；而且，Mg^{2+}可以与溶液中的SO_4^{2-}结合形成$MgSO_4^{(0)}$，削弱了同离子效应对脱硫石膏溶解度的影响，降低了其对硫酸钙晶须结晶的不利影响。

由于以预处理后的脱硫石膏为原料，水热法制备硫酸钙晶须的过程中，反应温度、时间和料浆浓度在不同媒晶剂条件下保持不变，而媒晶剂对晶须结晶形态的影响较大，H_2SO_4的用量又随媒晶剂类型及用量的变化而不同。因此，在后续的研究中，将重点研究不同媒晶剂种类和用量对反应溶液体系组成与水热产物的结晶品质的影响，以制备出长径比较高，直径分布均匀，结晶形貌均一的硫酸钙晶须。

3.6 硫酸钾对晶须制备的影响

由图 3.1 可知，尽管在 130℃的纯水溶液中，可以制备出具有一定长径比的纤维状结晶，但其长度较短，且伴随有大量的颗粒状结晶。Evans 对晶须定义为：晶须（whisker）是一种纤维状单晶体，内外结构高度完整，长径比一般在 5～1000 以上，直径在 200nm～100μm 之间，甚至达到纳米数量级。因此，在纯水中难以制备出晶须定义所要求的硫酸钙晶须。

在溶液中制备晶体材料时，利用媒晶剂来调节溶液的组成及特性，以获得具有预期形貌的晶体是一种常用的技术。理论上，同一种物质可以通过外延定向生长的方法制备不同外露晶面的晶须。虽然Mg^{2+}具有和Ca^{2+}相似的结构与性质，是促进硫酸钙晶须生长的首选试剂，然而，以硫酸镁作为媒晶剂制备的硫酸钙晶须，其长径比约为 70，比不加时虽有所提高，但并不明显。目前，对硫酸钙晶须制备时媒晶剂的选择，尚无明确的依据。由此可见，在媒晶剂对晶须结晶形貌影响的工艺探索试验研究中，为不引入更多杂质离子，初步选用硫酸钾为媒晶剂，以探索无机媒晶剂对硫酸钙晶须结晶的影响。

根据纯水中温度优化试验结果，确定反应温度为 130℃，在其他试验条件不变的情况下，调整硫酸钾的用量（相对干基脱硫石膏的质量）进行单因素试验，以研究K_2SO_4的用量对硫酸钙晶须制备的影响。以结晶产物呈晶须形貌的数量、均一性和长径比为主要评定依据优化并确定媒晶剂的用量，具体试验参数如表 3.6 所示。该试验条件下制备的硫酸钙晶须的显微镜照片如图 3.6 所示。

表 3.6 K_2SO_4对脱硫石膏制备硫酸钙晶须影响的试验条件

试验编号	温度/℃	K_2SO_4用量/%	料浆浓度/%	反应时间/min
K-0	130	0	3.0	60
K-1	130	1.0	3.0	60
K-3	130	3.0	3.0	60
K-5	130	5.0	3.0	60

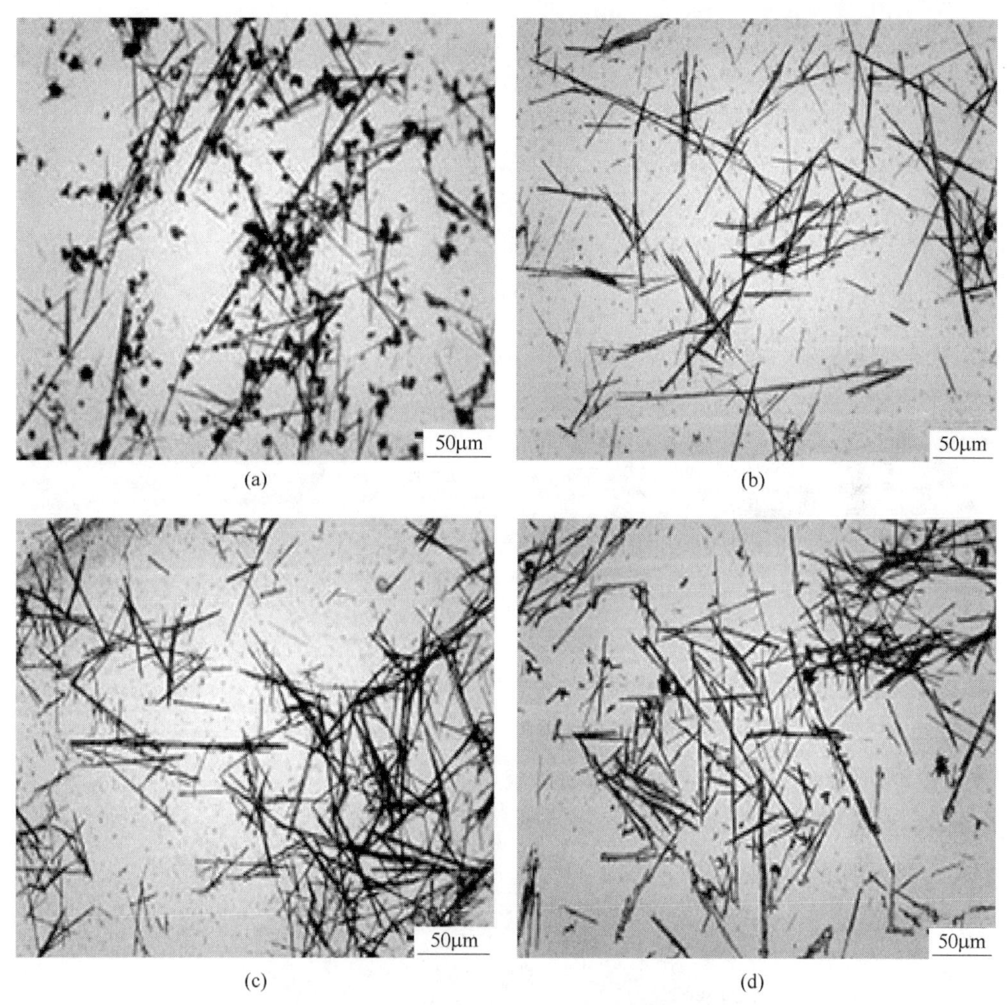

图 3.6 K_2SO_4不同用量下制备样品的显微镜照片

（a）K-0；（b）K-1；（c）K-3；（d）K-5

由图 3.6 可知，加入 1.0%的 K_2SO_4时，晶须直径、长度和长径比几乎没有变化，但颗粒状结晶明显减少，且粒径较纯水中更加细小。随 K_2SO_4用量的增加，颗粒状石膏结晶越来越少，晶须结晶更趋良好。当 K_2SO_4用量为 3.0%时，不规则的颗粒状石膏结晶几乎完全消失，晶须长度变化不大，直径有所增加，故长径比反而下降，并出现较多的短柱状结晶。继续增加 K_2SO_4的用量到 5.0%时，晶须直径进一步粗化，短柱状结晶继续增加，晶须直径和长径比分布范围大大增加。

因此，以脱硫石膏为原料制备硫酸钙晶须时，媒晶剂的使用可以促进硫酸钙晶须的结晶与生长，其用量对晶须的直径、长径比具有明显的影响。当反应温度为 130℃，以 K_2SO_4为媒晶剂，其用量在 3.0%时，所制备的晶须品质较纯水中有明显的提高。

3.7 预处理不同阶段脱硫石膏对晶须制备的影响

在前述脱硫石膏制备硫酸钙晶须工艺优化的过程中，尽管对反应温度、时间、媒晶剂种类与用量、料浆浓度等参数进行了系统研究，优化并确定了相应工艺参数；然而，在优化工艺条件下，对于预处理不同阶段脱硫石膏为原料时，是否都能制备出品质优异的硫酸钙晶须尚待证实。为此，以第 2 章表 2.3 中不同预处理阶段脱硫石膏为原料，经二次球磨后，置于反应釜中制备硫酸钙晶须，整个反应过程以前述优化工艺进行，其结果如图 3.7 所示。

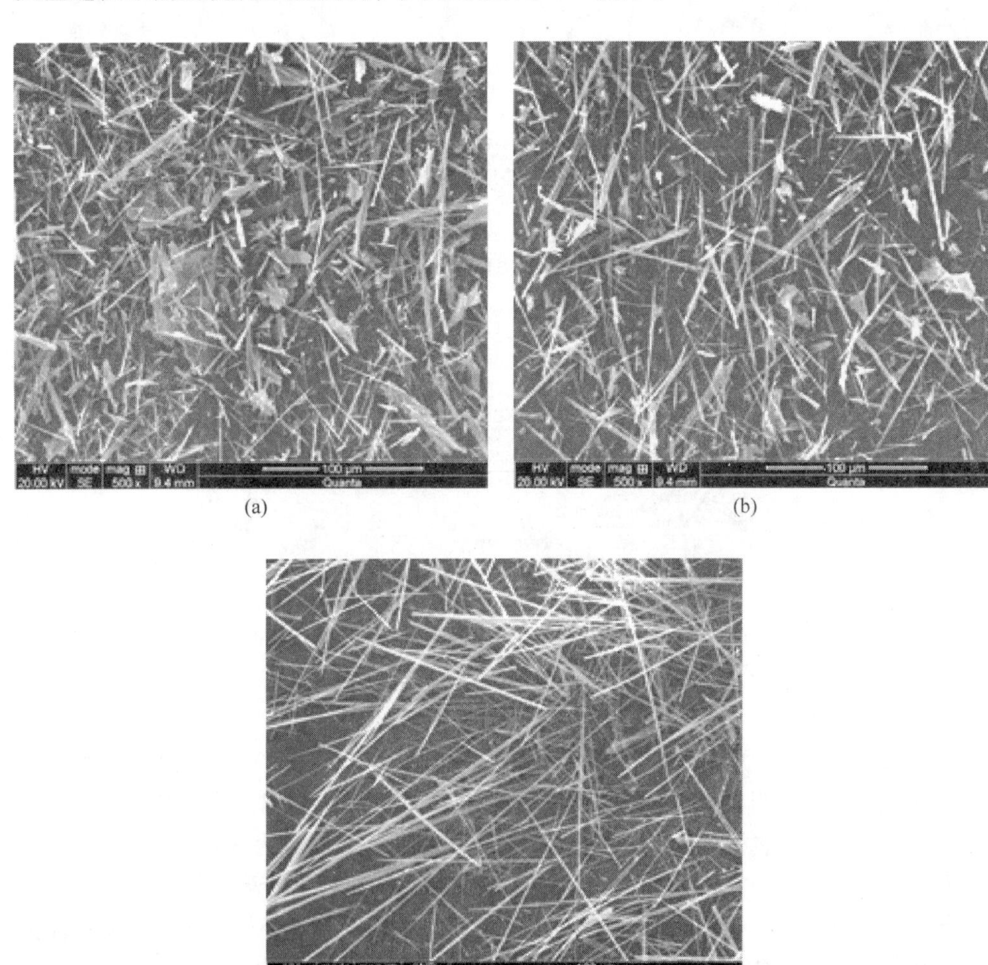

(a) (b) (c)

图 3.7 预处理不同阶段脱硫石膏为原料制备试样的 SEM 照片

(a) 原料；(b) 一次球磨+酸洗；(c) 一次球磨+酸洗+浮选

图 3.7（a）表明，当原料不加处理时，由于原料中含有较多的杂质，影响晶须的形核与生长，大部分结晶产物呈短粗的柱状，并伴随有较大的片状结晶，而具有较高长径比的晶须含量较少。如果将脱硫石膏一次球磨后，仅进行酸处理，所制备的晶须如图 3.7（b）所示。尽管试样中晶须含量有所增加，短柱状、片状结晶明显减少，但所制备的晶须长径比较小，直径差异较大，试样中较大的不规则块状颗粒清晰可见。这表明以酸处理后的脱硫石膏为原料，所制备的晶须品质虽有改善，但仍然较差。进一步增加预处理程度，以浮选后脱硫石膏为原料，所制备的晶须如图 3.7（c）所示。试样中短柱状、片状和不规则块状结晶体完全消失，仅有少量碎屑状结晶出现；整个水热产物结晶良好，直径分布较窄，约 2~5μm，平均长径比达 120 以上。

由预处理不同阶段脱硫石膏为原料所制备晶须的试验结果可知，即使在其他工艺参数优化的条件下，以未经处理的脱硫石膏为原料，几乎无法制备出具有较高长径比的硫酸钙，这与本章 3.1 节的研究结果是一致的。对脱硫石膏只进行酸处理，也无法获得品质优异的硫酸钙晶须。只有完全按照图 2.6 所示预处理工艺对脱硫石膏进行处理后，才能获得如图 3.7（c）所示的具有较高长径比、形貌均一的硫酸钙晶须。这表明，以脱硫石膏为原料制备硫酸钙晶须时，原料中 DH 含量应达到特级石膏的品位；同时也表明本文前述对脱硫石膏的预处理是必要的。

3.8 本章小结

（1）以预处理后脱硫石膏为原料，分别以 K_2SO_4、$MgCl_2$ 为媒晶剂，以 H_2SO_4 调节溶液 pH，在反应温度为 120~140℃，料浆浓度为 3.0%~7.0%的条件下反应 60~120min，可以制备出具有较高长径比的晶须。

（2）以预处理后的脱硫石膏为原料水热法制备硫酸钙晶须过程中，当媒晶剂种类改变时，其最佳用量和 H_2SO_4 用量将随之改变，但反应温度、保温时间、料浆浓度等工艺参数不受媒晶剂种类的影响。

（3）以 K_2SO_4 为媒晶剂，在其用量为 3.0%，H_2SO_4 浓度为 10^{-2}mol/L，反应温度为 130℃，料浆浓度为 5.0%的条件下反应 60~90min，所制备的硫酸钙晶须相对较优；此时，晶须直径约 2~8μm，平均长径比约 60。

（4）与 K_2SO_4 媒晶剂相比，以 $MgCl_2$ 为媒晶剂时，在其用量为 1.5%，H_2SO_4 浓度为 10^{-3}mol/L，其他反应条件不变的情况下，制备的硫酸钙晶须相对较优；晶须直径约 2~5μm，平均长径比达到 120。相比之下，以 $MgCl_2$ 为媒晶剂所制备的晶须直径更小，长径比更大，直径与长度分布更均匀，且其用量和 H_2SO_4 浓度相对降低。

（5）以不同预处理程度的脱硫石膏为原料，获得的水热产物存在明显差异。只有完全按照第 2 章所设计的脱硫石膏预处理工艺，才能获得较高品质的硫酸钙晶须。

4 媒晶剂的筛选及其作用规律

第 3 章的研究表明，以预处理后的脱硫石膏为原料，水热制备硫酸钙晶须过程中，当媒晶剂种类改变时，将引起自身用量和 H_2SO_4用量的改变，从而改变反应体系的溶液组成，进而影响硫酸钙晶须的结晶。Hamdona 等在 Cd^{2+}、Cu^{2+}、Mg^{2+}和 Fe^{3+}对 $CaCl_2$-$NaSO_4$-H_2O 溶液体系中 DH 结晶的影响研究中发现，阳离子对 DH 的结晶有重要的影响。Sibel Titiz Sargut 等在柠檬酸与 Cr^{3+}复合添加剂对 DH 结晶影响的研究中也发现了这一特点。这表明，媒晶剂的加入，将会影响硫酸钙晶须的结晶与品质；而不同的媒晶剂，其作用效果也会不同。因此，选择恰当的媒晶剂，对制备结晶良好，品质优异的硫酸钙晶须具有重要意义。

第 3 章的研究还表明，与 K_2SO_4相比，以 $MgCl_2$为媒晶剂所制备的晶须品质更优，且其用量和 H_2SO_4浓度相对降低，这不仅可以减少后期的清洗工作，还可以降低硫酸钙晶须的原料消耗。因此，选择常见的氯盐（KCl、$CuCl_2$、$AlCl_3$）为媒晶剂，有可能获得品质更加优异的硫酸钙晶须。

虽然媒晶剂种类的改变不会影响反应温度、保温时间、料浆浓度等硫酸钙晶须制备工艺参数，但对晶须长径比、水热产物结晶形貌的均一性具有重要影响，从而影响晶须的品质。

基于上述分析，本章将集中研究媒晶剂种类及其用量对晶须结晶形貌、物相及溶液组成的影响，并结合不同媒晶剂在溶液中的水解特性，揭示其对硫酸钙晶须制备影响的基本规律，为深入研究媒晶剂的作用机理奠定基础。

4.1 不同媒晶剂对硫酸钙晶须结晶的影响

4.1.1 KCl 对硫酸钙晶须品质的影响

在 KCl 对硫酸钙晶须结晶品质影响的研究中，重点探讨 KCl 的不同用量对晶须结晶形貌、物相及长径比的影响，结合前述试验工艺研究结果，制定试验方案如表 4.1 所示。

表 4.1 KCl 对脱硫石膏制备硫酸钙晶须影响的试验条件

试验编号	温度/℃	KCl 用量/%	H_2SO_4浓度/mol · L^{-1}	料浆浓度/%	反应时间/min
KC-0	130	0	10^{-2}	5.0	60

续表 4.1

试验编号	温度/℃	KCl 用量/%	H_2SO_4浓度/mol·L^{-1}	料浆浓度/%	反应时间/min
KC-3	130	3.0	10^{-2}	5.0	60
KC-5	130	5.0	10^{-2}	5.0	60
KC-7	130	7.0	10^{-2}	5.0	60

将制备的试样清洗干燥后，取样进行 SEM 分析，其结果如图 4.1 所示。

(a₁) (a₂)

(b₁) (b₂)

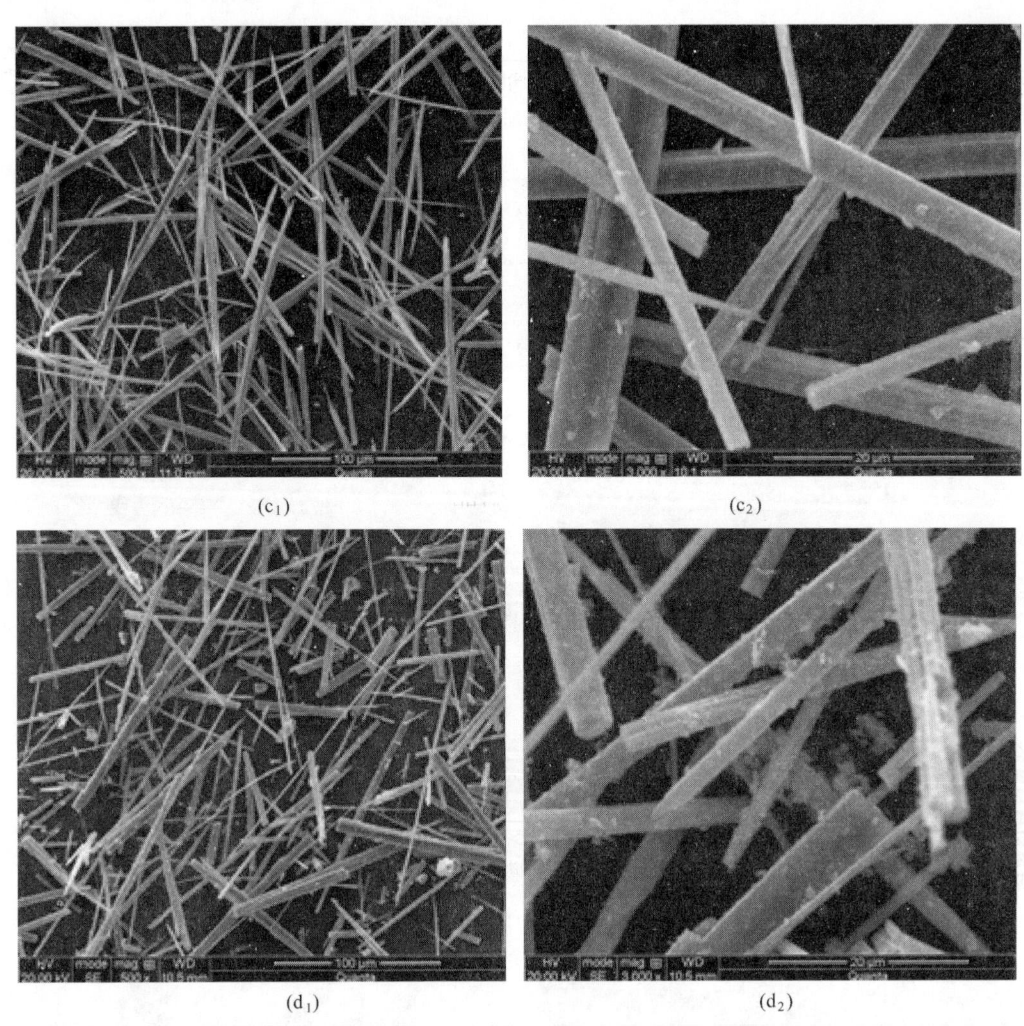

图 4.1　不同 KCl 用量下制备的硫酸钙晶须的 SEM 照片

(a) KC-0；(b) KC-3；(c) KC-5；(d) KC-7

当不加入 KCl 时，以预处理后脱硫石膏为原料制备的硫酸钙晶须，其结晶形貌呈针状、短柱状、颗粒状和无定形态的多样化共存，大部分晶须长度都小于100μm，但由于晶须直径较小，仅约 1～3μm，故其具有较大的长径比；然而，大量短柱状、颗粒状和无定形态结晶的存在，使其品质较差。

随 KCl 用量增加到 3.0%时，制备的晶须直径分布较宽，约 3～10μm；大部分晶须较短，约 30～50μm，短柱状结晶比例较高且较为粗大；晶须生长存在明显的分叉现象，且部分晶须表面具有“沟壑”状缺陷，结晶程度较差。当 KCl 用量为 5.0%时，晶须直径无明显变化，但均匀度有所改善；其长度明显增加，达 300μm 以上，长度差异也明显减小，晶须的表面较为光洁，缺陷有所减少。

继续增加 KCl 用量到 7.0%时，晶须直径、长度差异变大，少数晶须直径反而变细，不足 1μm，长度在 30μm 以下短柱状结晶明显增多，晶须直径分布均匀性有所恶化，长径比差异也更加明显。与此同时，斑点状结晶在晶须表面附着析出的数量明显增加，晶须品质反而下降。

因此，当以 5.0%的 KCl 为媒晶剂时，制备的晶须相对较优，其直径约 3~10μm，平均长径比约 45。

为进一步研究 KCl 媒晶剂对所制备晶须物相的影响，对试样进行 XRD 分析，其结果如图 4.2 所示。无论是否加入 KCl，都不改变水热产物的物相组成，其产物均为半水石膏相。结合图 4.1 可以发现，当不加入 KCl 时，晶须发育并不充分，其特征衍射峰强度较低；加入 KCl 后，晶须生长比较充分，结晶较为完美，其特征衍射峰强度明显增加，且随着用量的增加而有所增强。这表明加入 KCl 后，可以在一定程度上改善硫酸钙晶须的结晶。然而，与 K_2SO_4 和 $MgCl_2$ 为媒晶剂时制备的晶须相比，KCl 对晶须结晶改善的作用效果并不明显，且晶须表面析出物含量较高，其品质相对较低。

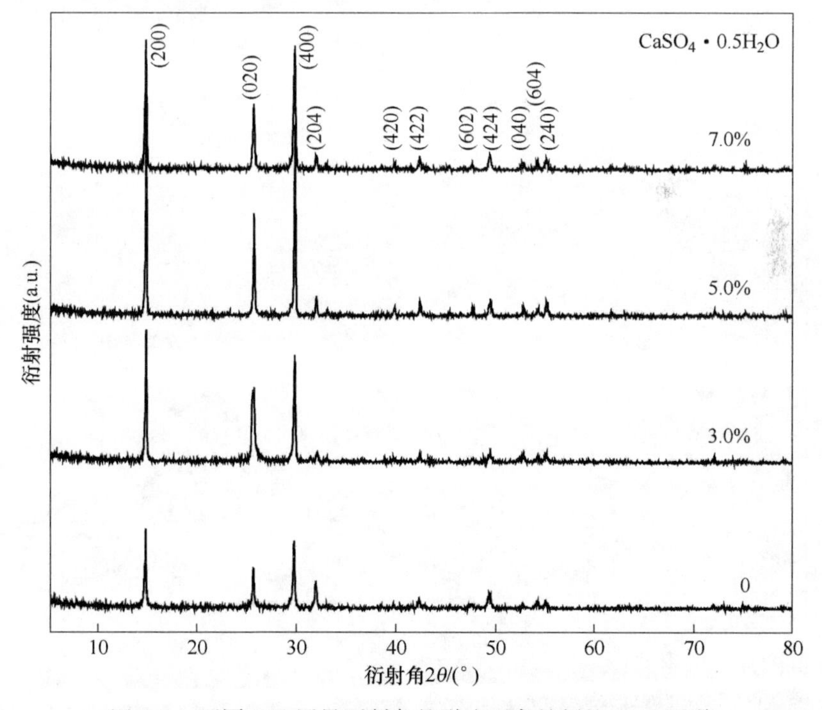

图 4.2 不同 KCl 用量下制备的脱硫石膏晶须的 XRD 图谱

4.1.2 $CuCl_2$ 对硫酸钙晶须品质的影响

前述研究表明，媒晶剂种类及用量对晶须结晶具有明显的影响，为筛选出有利于晶须结晶的媒晶剂，对 $CuCl_2$ 不同用量下制备脱硫石膏晶须进行试验研究，具体试验方案如表 4.2 所示。

表 4.2　$CuCl_2$ 对脱硫石膏制备硫酸钙晶须影响的试验条件

试验编号	温度/℃	$CuCl_2$ 用量/%	H_2SO_4 浓度/mol · L^{-1}	料浆浓度/%	反应时间/min
CC-0	130	0	10^{-3}	5.0	60
CC-1	130	1.0	10^{-3}	5.0	60
CC-1.5	130	1.5	10^{-3}	5.0	60
CC-2	130	2.0	10^{-3}	5.0	60

对制备的试样进行 SEM 分析，其结果如图 4.3 所示。

不加入 $CuCl_2$ 时，制备的水热产物中存在大量粗大的短柱状、颗粒状产物与晶须共存的现象，晶须数量较少，大部分产物长度不足 100μm，仅有少数晶须的

(a₁)　(a₂)

(b₁)　(b₂)

(c_1) (c_2)

(d_1) (d_2)

图 4.3 不同 $CuCl_2$用量下制备的硫酸钙晶须的 SEM 照片

(a) CC-0；(b) CC-1；(c) CC-1.5；(d) CC-2

长度达到 100μm 以上，且呈较为粗大的束状或“分叉”结晶，品质较差。这与 Evans 所定义的晶须具有较大的差距。加入 $CuCl_2$后，明显改善了脱硫石膏晶须的结晶状况，提高了晶须的长径比和品质。

当 $CuCl_2$用量为 1.0%时，制备出的晶须长度均达 100μm 以上，部分晶须的长度超过 300μm，但晶须直径分布相对较宽，较细晶须直径不足 1μm，较粗的晶须直径约 8μm，导致晶须长径比差异较大。此时，晶须表面较为光洁，仅见少量颗粒状析出物，但存在明显的断裂和“沟壑”状缺陷。当 $CuCl_2$用量为 1.5%时，晶须长度明显增加，大部分晶须长度均达 400μm 以上，部分晶须长度甚至达

600μm 以上，直径约 1～3μm，晶须长度、直径分布更加均匀，长径比明显增加；晶须的表面更加光洁，仅见极少量的微小斑点状析出物附着，无明显缺陷存在，也无“分叉”结晶现象，晶须结晶得到显著改善。随 $CuCl_2$ 用量增加到 2.0%，尽管大部分晶须的长度仍然可以达到 300μm，但与 1.5%相比，晶须长度明显下降，直径有所增加，长径比降低；而且晶须直径粗化与细化的现象同时发生，使得晶须直径分布均匀度明显下降。与此同时，晶须表面附着的斑点状析出物数量明显增加，体积增大，晶须表面光洁度下降，并出现“分叉”结晶现象，这表明晶须的品质开始降低。

与前述媒晶剂相比，以 $CuCl_2$ 为媒晶剂时制备的硫酸钙晶须，不仅表面光洁，具有更大的长径比，直径分布更加均匀，而且其用量也明显减少，这对硫酸钙晶须的制备具有积极的作用。为进一步研究 $CuCl_2$ 对脱硫石膏晶须结晶的影响，对 $CuCl_2$ 不同用量下制备的晶须试样进行了物相分析，其结果如图 4.4 所示。

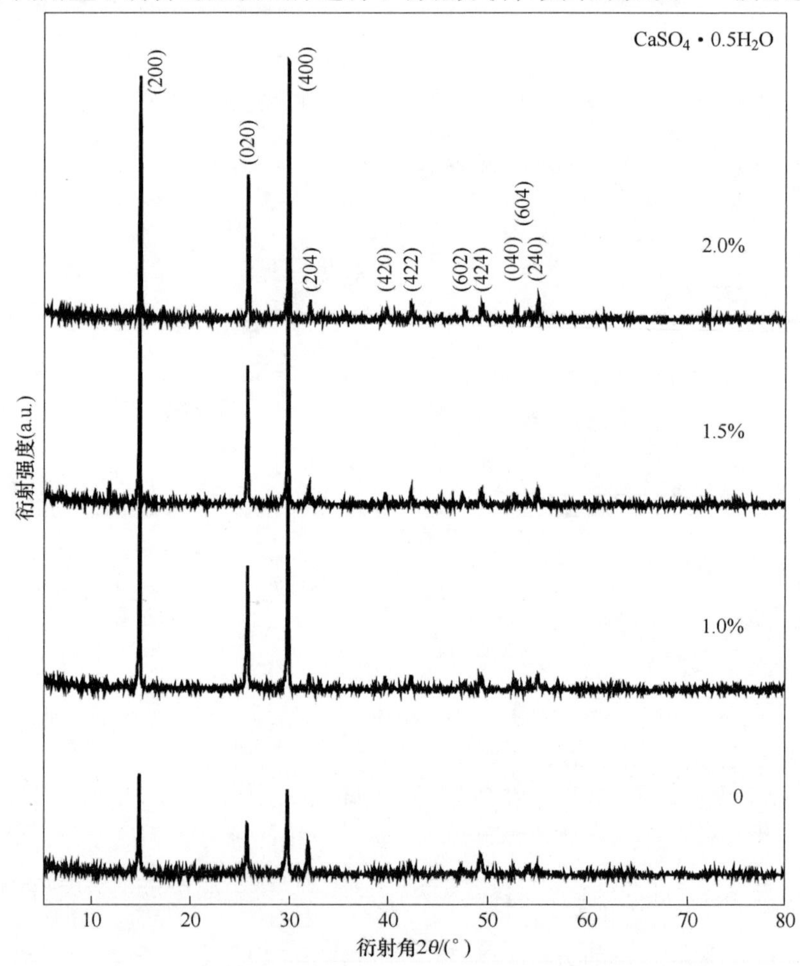

图 4.4　不同 $CuCl_2$ 用量下制备的脱硫石膏晶须的 XRD 图谱

结合 SEM 照片可知，以 $CuCl_2$为媒晶剂时制备的晶须结晶较好，缺陷含量极低，对应的 XRD 图谱特征衍射峰强度明显增强。加入 $CuCl_2$后，硫酸钙晶须仍呈半水石膏相，并不因加入 $CuCl_2$而改变。这与 KCl 为媒晶剂对水热产物物相的影响是基本一致的。

4.1.3 $AlCl_3$对硫酸钙晶须品质的影响

以 KCl 和 $CuCl_2$为媒晶剂时，对晶须的结晶具有明显不同的作用效果，这可能是因为阳离子不同价态对晶须结晶具有一定的影响。为考察不同价态阳离子对晶须结晶的影响，进一步对 $AlCl_3$不同用量下制备脱硫石膏晶须进行了试验研究，具体试验方案如表 4. 3 所示。

表 4. 3 $AlCl_3$对脱硫石膏制备硫酸钙晶须影响的试验条件

试验编号	温度/℃	$AlCl_3$用量/%	H_2SO_4浓度/$mol \cdot L^{-1}$	料浆浓度/%	反应时间/min
AC-0	130	0	0	5. 0	60
AC-1	130	1. 0	0	5. 0	60
AC-1. 5	130	1. 5	0	5. 0	60
AC-2	130	2. 0	0	5. 0	60

对上述试验制备的试样取样进行 SEM 分析，其结果如图 4. 5 所示。

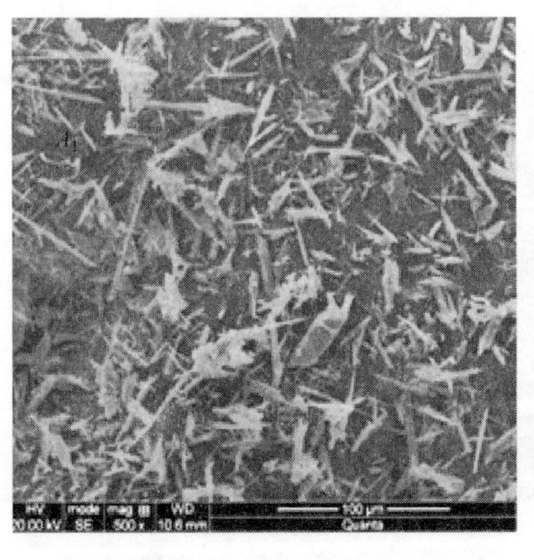

(a_1)

(a_2)

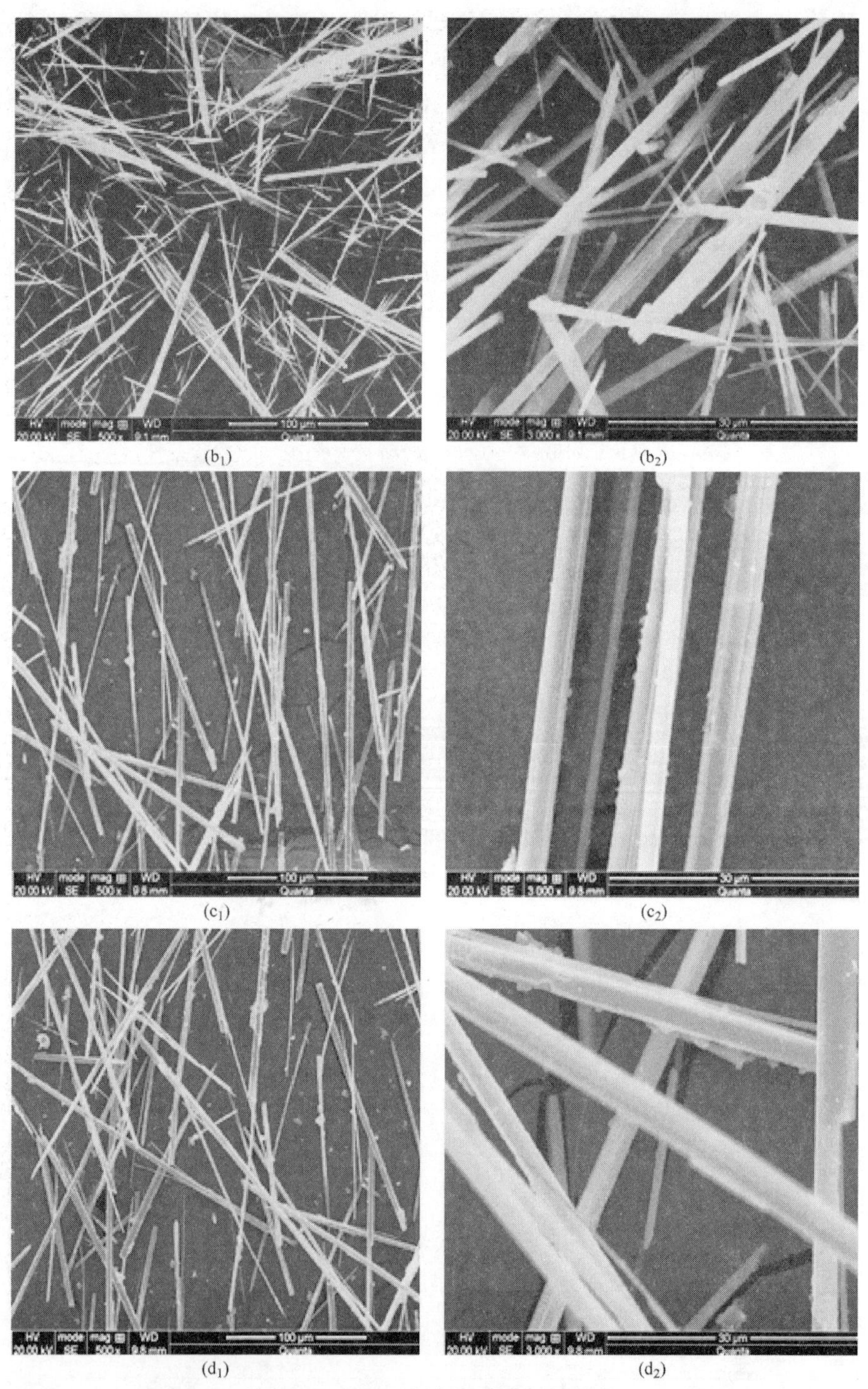

图 4.5　不同 $AlCl_3$ 用量下制备的硫酸钙晶须的 SEM 照片

(a) AC-0；(b) AC-1；(c) AC-1.5；(d) AC-2

不加入 $AlCl_3$，硫酸钙晶须结晶形貌呈针状、短柱状、颗粒状和无定形态的多样化共存。尽管有少量纤维状结晶发育为晶须形貌，但其长径比很小，且表面粗糙，裂纹、分层、沟壑等缺陷明显，结晶程度较差。加入 1.0%的 $AlCl_3$，水热产物大部分为晶须，仅有少量的短柱状和束状结晶出现，较粗的晶须直径超过了 5μm，而较细的晶须直径却不足 1μm，且数量较多；此时晶须表面存在较多的缺陷，其结晶程度有待提高。进一步增加 $AlCl_3$ 的用量到 1.5%，晶须直径略有增加，分布较为均匀，约 2~4μm；其长度增加明显，大部分达 200μm 以上，长径比有较大的增长；晶须表面变得更加光洁，仅见少量断裂与“沟壑”状缺陷及斑点状析出物附着在晶须表面，但产物中颗粒状析出物清晰可见。继续增加 $AlCl_3$ 的用量到 2.0%，晶须表面仍较为光洁，但仍可见层状断裂缺陷存在和无定形析出物在晶须表面的附着；且晶须直径略有增加，长度有减小的趋势，长径比有所降低，故不宜再增加其用量。

因此，当以 $AlCl_3$ 为媒晶剂时，其用量以 1.5%为宜。为了分析 $AlCl_3$ 媒晶剂对制备试样物相的影响，对试样进行了 XRD 分析，其结果如图 4.6 所示。

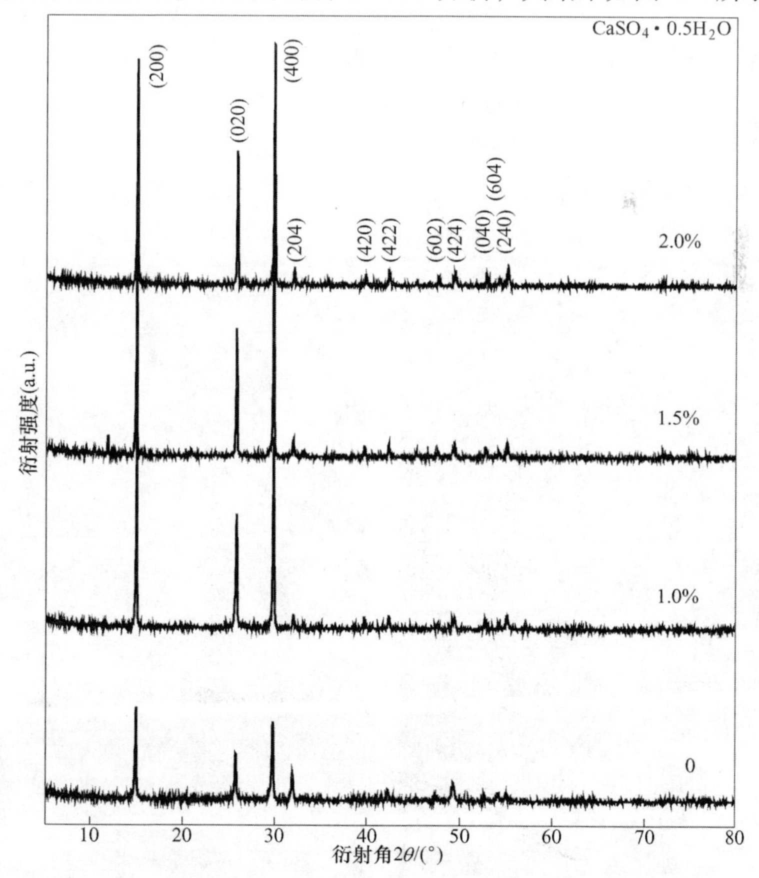

图 4.6 不同 $AlCl_3$ 用量下制备的脱硫石膏晶须的 XRD 图谱

结果表明，以 $AlCl_3$为媒晶剂时，晶须的物相也不发生改变，仍呈半水石膏相；但以 $AlCl_3$为媒晶剂时制备的晶须试样的特征衍射峰强度明显强于纯水条件下所制备的试样，这表明水热产物的结晶状况得到了明显的改善，相应试样的 SEM 照片也证实了这一点。

通过 KCl、$CuCl_2$和 $AlCl_3$对预处理脱硫石膏制备硫酸钙晶须的结晶形貌和物相影响的对比研究可以发现，这三种媒晶剂都可以改善硫酸钙晶须的结晶，有助于其结晶形貌的均一化和品质的提高，但都不会改变水热产物半水石膏相的特征。

4.1.4 $MgCl_2$对晶须生长过程的影响

试验条件：料浆浓度为 5%，生石膏为 30g，搅拌速度为 160r/min，反应温度为 140℃，反应时间为 30min（达到 140℃后），氯化镁的用量分别为生石膏质量的 2.0%、4.0%、6.0%和 8.0%。

4.1.4.1 SEM 结果分析

不同氯化镁用量所得硫酸钙晶须产品的 SEM 图片如图 4.7 所示。

从图 4.7 中可以看出：当氯化镁含量低于 4.0%时，产品的形貌基本为纤维状半水硫酸钙晶须，偶见粒状硫酸钙产品；当氯化镁含量增至 6.0%时，板状和颗粒状硫酸钙产品含量增多，且残存的半水硫酸钙晶须长度较短，同时直径有粗化的趋势，说明此时氯化镁对半水硫酸钙晶须的生长造成了不利影响；当氯化镁

(a)

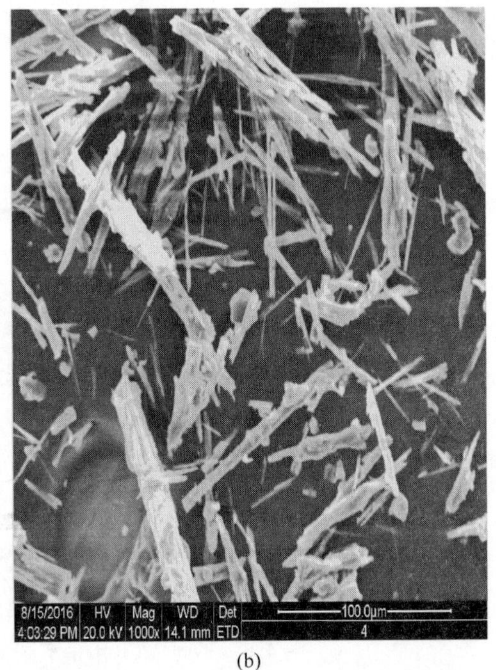

(b)

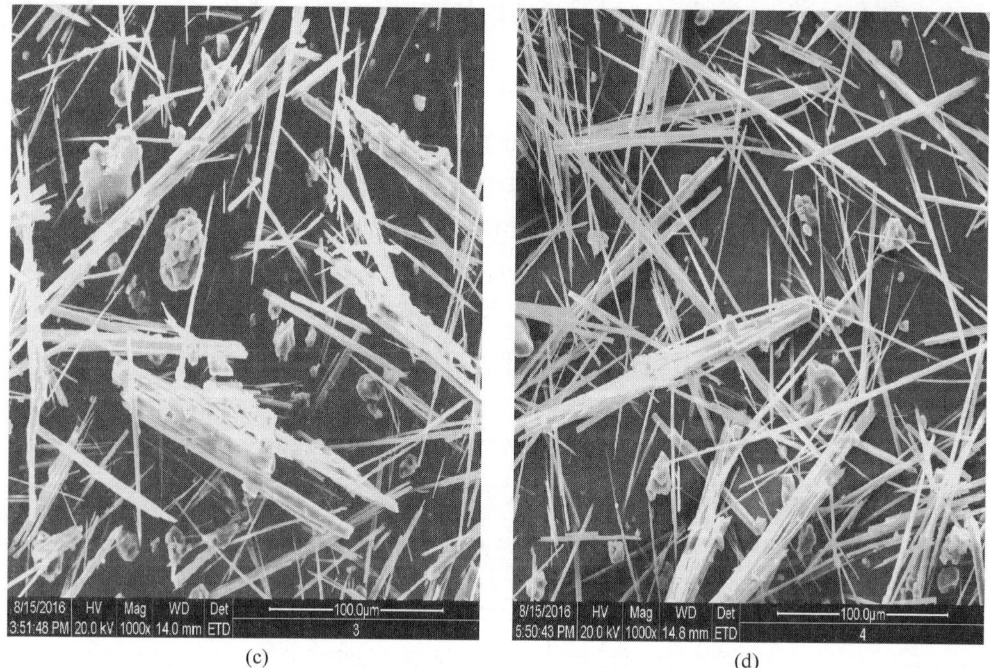

(c) (d)

图 4.7 不同 $MgCl_2$用量下 $CaSO_4$晶须的 SEM 照片

(a) 2.0%；(b) 4.0%；(c) 6.0%；(d) 8.0%

含量为 8.0%时，产品中几乎观察不到纤维状半水硫酸钙晶须，基本为不规则的板状、短柱状和颗粒状硫酸钙。

4.1.4.2 溶液电导率结果分析

不同氯化镁用量下溶液电导率如图 4.8 所示。

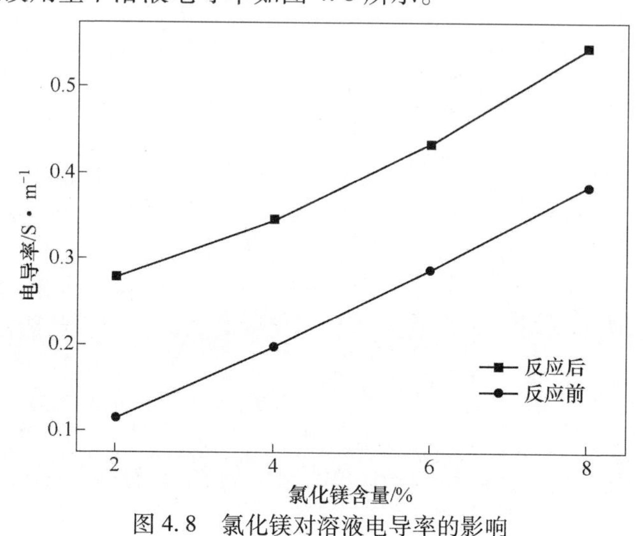

图 4.8 氯化镁对溶液电导率的影响

由图 4. 8 可知，随着氯化镁含量的增加，反应前后溶液的电导率均不断升高，且反应后溶液的电导率明显高于反应前的电导率。当外部条件一定时，电导率取决于溶液中氯化镁的浓度。在反应过程中二水石膏电离出 Ca^{2+} 和 SO_4^{2-}，SO_4^{2-} 离子电导率约为 Cl^- 的 4 倍，从而使溶液的电导率显著增大。当氯化镁含量为 2%时，反应前后溶液的电导率分别为 0. 115、0. 279S/m，升高了 143%；当氯化钙含量增至 4%时，反应前后溶液的电导率分别为 0. 199、0. 346S/m，增大了 74%；当氯化钙含量进一步增加至 8%时，反应前后溶液的电导率分别为0. 385、0. 543S/m，提高了 41%。这表明随着氯化镁含量的增加，溶液中的 Ca^{2+} 和 SO_4^{2-} 含量减少，二水硫酸钙的溶解度不断降低，因此氯化镁对二水石膏的溶解有显著的抑制作用。

氯化镁对晶须形貌的影响，部分原因在于氯化镁对硫酸钙的溶解过程造成了影响。在晶须的合成过程中，二水硫酸钙不断溶解，溶液中存在有 Ca^{2+} 和 SO_4^{2-}，当加入氯化镁后，$MgCl_2$ 在溶液中完全电离成 Mg^{2+} 和 Cl^-，Mg^{2+} 与 Ca^{2+} 将产生同离子效应而降低二水硫酸钙的溶解度，导致硫酸钙的溶解反应向反方向进行，即抑制了二水硫酸钙溶解反应的进行。由于反应溶液中 Ca^{2+} 浓度过低，晶须形核数量相对减少，故所制备的晶须长径比相对较大，导致晶须的生长时间大为延长，形貌也多为颗粒状和板状等形貌。

4. 1. 4. 3　Mg^{2+} 溶液化学机理分析

根据溶液化学计算了 Mg^{2+} 在不同 pH 值条件下组分分布系数，计算结果如图 4. 9 所示。

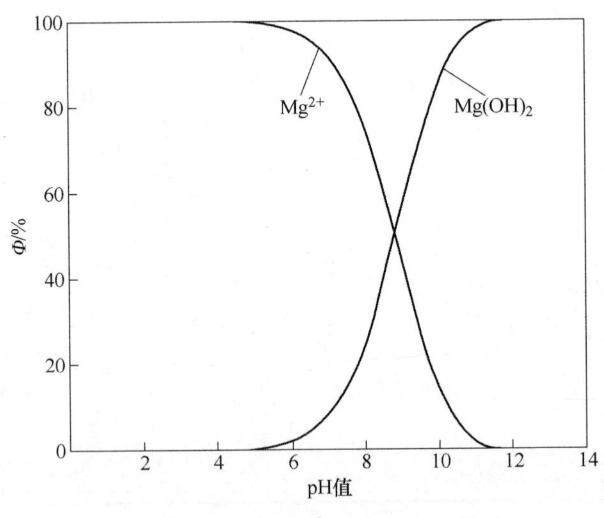

图 4. 9　pH 值与 Mg^{2+} 组分分布系数图

由图 4.9 可知，Mg^{2+}在溶液中主要存在形式有 Mg^{2+}和 $Mg(OH)_2$，当 pH<9.0 时该溶液中优势组分为 Mg^{2+}，当 pH>9.0 时溶液中的优势组分为$Mg(OH)_2$。由于水热法合成硫酸钙晶须的过程中，溶液呈弱酸性，Mg^{2+} 主要以镁离子形式存在。当溶液中镁离子较低时，溶液中 Mg^{2+}附着在硫酸钙晶核周围，可提高晶核该面上的表面能，降低晶须在其他方向上的生长速率，从而使其沿 c 轴单向生长。当进一步增大氯化镁用量时，氯化钙对半水硫酸钙晶须生长方式的影响主要是因为添加剂所含离子进入晶体，Mg 和 Ca 属于同一主族元素，会发生类质同象替代，Mg^{2+}进入晶体，从而阻碍晶格离子的迁移，抑制半水硫酸钙晶须的生长。

4.1.5 $FeCl_3$对晶须生长过程的影响

试验条件：料浆浓度为 5%，生石膏为 30g，搅拌速度为 160r/min，反应温度为 140℃，反应时间为 30min（达到 140℃后），氯化铁的用量分别为生石膏质量的 3.0%、4.0%、5.0%和 6.0%。

4.1.5.1 SEM 结果分析

不同氯化铁用量所得硫酸钙晶须产品的 SEM 图片如图 4.10 所示。

(a)

(b)

(c)

(d)

图 4.10　不同 $FeCl_3$用量下 $CaSO_4$晶须的 SEM 照片

(a) 3.0%；(b) 4.0%；(c) 5.0%；(d) 6.0%

从图 4.10 中可以看出：当氯化铁含量小于 4.0%时，产品形貌基本为纤维状半水硫酸钙晶须，且长径比较大，颗粒状硫酸钙产品较少；当硫酸铁含量增至 6.0%时，柱状、板状和颗粒状硫酸钙产品增多，纤维状半水硫酸钙晶须长度变短，且直径有粗化的趋势，说明此时氯化铁对半水硫酸钙晶须的生长造成了不利影响。

4.1.5.2　溶液电导率结果分析

不同氯化铁用量下溶液电导率如图 4.11 所示。

由图 4.11 可知，随着氯化铁含量的增加，溶液的电导率不断升高，反应后溶液电导率的上升速率低于反应前电导率的上升速率。当外部条件一定时，电导率与溶液中氯化铁的浓度成正比。当氯化铁含量为 2%时，反应前后溶液的电导率分别为 0.162、0.286S/m，升高了 77%；当氯化铁含量增至 4%时，反应前后溶液的电导率分别为 0.284、0.383S/m，增大了 35%；当氯化铁含量进一步增加至 8%时，反应前后溶液的电导率分别为 0.515、0.594S/m，提高了 15%。这表明随着氯化铁含量的增加，二水石膏的溶解受到了抑制，使得溶液中的 Ca^{2+} 和 SO_4^{2-} 含量明显减少，因此氯化镁对二水硫酸钙的溶解有不利影响。

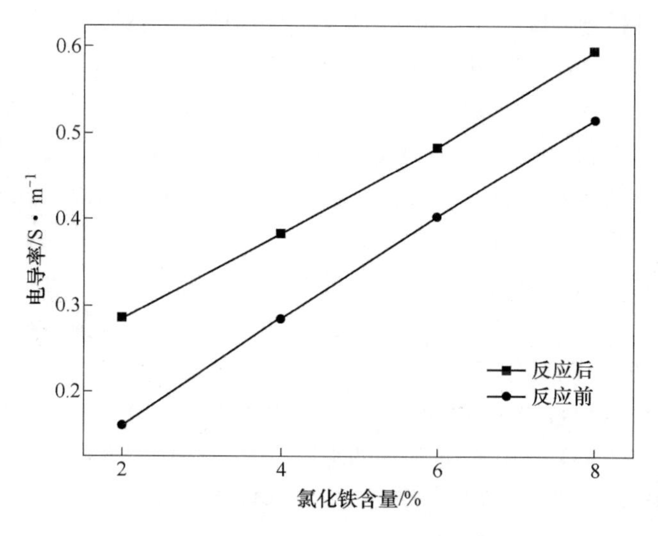

图 4.11 氯化铁对溶液电导率的影响

4.1.5.3 Fe^{3+}溶液化学机理分析

由于 Fe^{3+}在不同的 pH 条件下的主要存在形式不尽相同，根据溶液化学计算分析 Fe^{3+}组分分布系数，计算结果如图 4.12 所示。

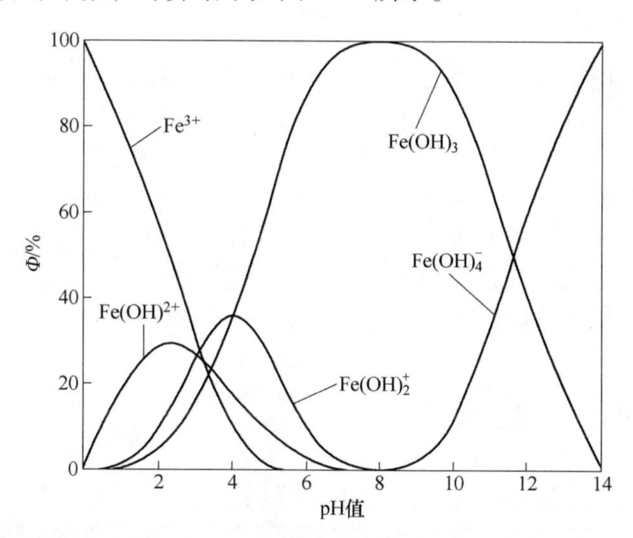

图 4.12 pH 与 Fe^{3+}成分分布系数图

由图 4.12 可知，溶液中的离子不是单一的，而是多种离子共存，并且 Fe^{3+}在不同的 pH 值体系中存在的状态也不同。在酸性及弱碱性区域内，溶液中主要存在有 Fe^{3+}、$Fe(OH)^{2+}$、$Fe(OH)_2^+$和 $Fe(OH)_3$，而在中强碱范围内，溶液中主

要有 $Fe(OH)_3$和 $Fe(OH)_4^-$。当 pH<3.0 时，该溶液中优势组分为 Fe^{3+}；当 3.0<pH<4.0 时，溶液中的优势组分为 $Fe(OH)_2^+$；当 4.0<pH<11.6 时，$Fe(OH)_3$为溶液中的优势组分；当 pH 值大于 8 时，溶液中的 Fe^{3+}主要以$Fe(OH)_3$的形式存在；当 pH 值大于 11.6 时，溶液中的优势组分为 $Fe(OH)_4^-$。

由于水热法合成硫酸钙晶须的过程中，溶液呈弱酸性，Fe^{3+}主要以 $Fe(OH)_3$形式存在。晶须形貌是由其轴向和侧面生长速率不同造成的，即晶须生长速率为各向异性。添加剂对半水硫酸钙晶须生长方式的影响主要有三种：添加剂有选择性地吸附在某一晶面上诱导其生长、添加剂所含离子进入晶体、添加剂改变晶面对介质的表面能。随着硫酸铁用量的增大，反应体系中 $Fe(OH)_3$含量不断增多，氢氧化铁分子可选择性吸附在硫酸钙晶须的（111）晶面上，既降低了该晶面的表面能，又阻碍了晶体生长基元在晶面上的吸附，使得该方向上晶面生长速率降低，而其他晶面发育正常，最终使晶须产品长径比降低。

4.1.6　$Fe_2(SO_4)_3$对晶须生长过程的影响

试验条件：料浆浓度为 5%，生石膏为 30g，搅拌速度为 160r/min，反应温度为 140℃，反应时间为 30min（达到 140℃后），氯化铁的用量分别为生石膏质量的 2.0%、4.0%、6.0%和 8.0%。

4.1.6.1　SEM 结果分析

不同硫酸铁用量所得硫酸钙产品的 SEM 图片如图 4.13 所示。

从图 4.13 中可以看出：当硫酸铁含量小于 4.0%时，产品形貌基本为纤维状半水硫酸钙晶须，颗粒状硫酸钙产品较少；当硫酸铁含量增至 6.0%时，板状和颗粒状硫酸钙产品增多，纤维状半水硫酸钙晶须长度变短，且直径有粗化的趋势，晶须生长存在明显的分叉现象，说明此时硫酸铁对半水硫酸钙晶须的生长造成了不利影响；当硫酸铁含量为 8.0%时，半水硫酸钙晶须直径较大，不规则的板状、短柱状和颗粒状硫酸钙明显增多，且部分晶须表面具有“沟壑”状缺陷，结晶程度较差。

4.1.6.2　EDS 结果分析

为进一步确定不同形貌硫酸钙产品的元素组成，研究采用 EDS 对不同形貌的样品进行表征，不同形貌硫酸钙产品的表面主要元素质量分数见表 4.4。

由表 4.4 可知，纤维状硫酸钙晶须表面主要元素有 Ca、S、O，还有少量 Mg 元素。晶须表面 Ca、S、O 相对原子比例大致为 1∶1∶4，说明制得的纤维状硫酸钙晶须表面组成都符合 $CaSO_4$的化学分子式。板状和颗粒状硫酸钙产品的表面主要元素有 Ca、C、O、Mg，还有少量的 Fe 元素和 S 元素。硫酸钙产品表面的 C 元素可能是检测时有机物污染所致。

图 4.13 不同硫酸铁用量下产品的 SEM 照片

(a) 2.0%；(b) 4.0%；(c) 6.0%；(d) 8.0%

表 4.4　硫酸钙产品表面主要元素质量分数　(%)

试样号	Ca	S	O	Fe	Mg	C
①	16.12	15.51	62.16	0	3.87	2.34
②	23.99	0	42.99	4.57	10.60	17.85
③	16.03	1.10	41.62	6.94	9.99	21.37

随着硫酸钙产品表面 Fe、Mg 和 C 元素含量的增大，O 元素和 S 元素的含量逐渐降低。原因在于生石膏与硫酸铁反应后，产品表面吸附的 Fe 元素和 C 元素将 S 覆盖，导致硫酸钙产品硫元素含量较低，基本检测不到。此外，在不同含量镁和铁等元素的共同作用下，硫酸钙产品形貌发生了很大变化，随着硫酸钙产品表面铁元素及镁元素含量的增大，所得硫酸钙产品的形貌也随之变化，逐渐由纤维状变为柱状或不规则的板状、颗粒状。

4.1.6.3　溶液电导率结果分析

不同硫酸铁用量下溶液电导率如图 4.14 所示。

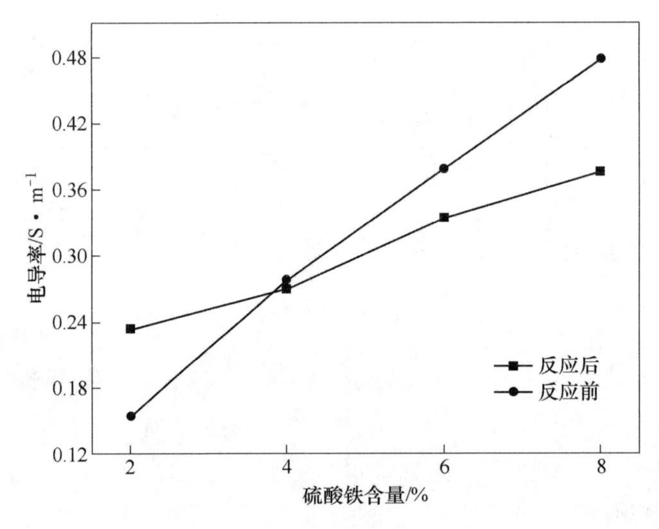

图 4.14　硫酸铁对溶液电导率的影响

由图 4.14 可知，随着硫酸铁含量的增加，反应前后溶液的电导率均呈现上升趋势。当其他条件一定时，溶液电导率与溶液中硫酸铁的浓度成正比。当硫酸铁含量为 2%时，反应前后溶液的电导率分别为 0.155、0.234S/m；当硫酸铁含量为 2%~4%时，反应前后溶液的电导率的差值不断减小；当硫酸铁含量增至 4%时，反应前溶液的电导率大于反应后溶液电导率，分别为 0.278、0.267S/m；当硫酸铁含量进一步增大至 8%时，反应前后溶液的电导率分别为 0.479、

0.377S/m。二水石膏的加入明显降低了溶液的电导率，这表明硫酸铁对二水硫酸钙的溶解具有很强的抑制作用。

4.1.6.4 SO_4^{2-} 的同离子作用机理

硫酸钙晶须的结晶过程主要包括三个阶段：二水硫酸钙溶解、半水硫酸钙晶核形成和半水硫酸钙晶须生长。在硫酸钙晶须生长过程中，二水硫酸钙不断溶解于溶液中，溶液中存在有硫酸根离子和钙离子，当加入硫酸铁后，$Fe_2(SO_4)_3$ 在溶液中完全电离成 Fe^{3+} 和 SO_4^{2-}，其中的 SO_4^{2-} 可产生同离子效应，溶液中的硫酸根离子浓度增大，导致二水硫酸钙的溶解反应向反方向进行，即抑制了二水硫酸钙溶解反应的进行。由于同离子效应降低了二水硫酸钙的溶解度，使反应溶液中 Ca^{2+} 浓度过低，而 SO_4^{2-} 离子浓度较高。可见硫酸根对晶须结晶过程的影响，主要原因在于硫酸根对硫酸钙的溶解过程造成了影响。随着硫酸根离子浓度的增大，这种抑制作用更为明显，由于 Ca^{2+} 浓度较低，导致晶须形核数量相对减少，引起晶须形核与生长同时进行，制备出的硫酸钙晶须数量较少。由于 Fe^{3+} 降低了晶须的生长速率，SO_4^{2-} 减少了晶须形核数量，在两者联合作用下，所制备的硫酸钙晶须长径比相对较小，数量较少，且晶须的生长时间延长，形貌也多为颗粒状和板状等形貌。

4.1.7 K_2SO_4 对硫酸钙晶须品质的影响

图 4.15 是 K_2SO_4 不同用量下制备的脱硫石膏晶须的 SEM 照片。

当不加入 K_2SO_4 时，以预处理后脱硫石膏为原料制备的硫酸钙晶须如图 4.15（a）、（b）所示，其结晶形貌呈针状、短柱状、颗粒状和无定形态。尽管有少量针状结晶发育为晶须形貌，但其长径比很小。当 K_2SO_4 用量为 1.0%时，制备出的脱硫石膏晶须如图 4.15（c）、（d）所示，晶须长度较大，直径 2~8μm，可见少量束状连生结晶现象，且晶须直径、长度差异较大，晶须表面具有明显的“沟壑”状缺陷。由图 4.15（e）~（h）可知，当 K_2SO_4 用量为 3.0%时，晶须长度明显增加，而直径并未见粗化，且其直径分布更加均匀，约 3~5μm，晶须表面更加光洁，无明显缺陷存在，仅附着有少量斑点状产物。进一步增加 K_2SO_4 用量到 5.0%时，晶须的长度分布仍比较均匀，短碎的晶须数量进一步减少，但晶须直径明显增加，且分布较宽，约 1~8μm。由于晶须直径的增加，其长径比反而降低；且晶须边缘存在明显的“齿状”缺陷，表面吸附有较多的斑点状物质。

由于 K_2SO_4 用量为 0~5.0%时所制备的晶须中，均可见少量斑点状物质在晶须表面析出。为确定析出物化学组成及其对晶须结晶与生长的影响，对图 4.15（h）中标注处析出物及晶须基体分别进行 EDS 分析，其结果如图 4.16 和表 4.5 所示。

HV
20.00 kV
mode
SE
mag ⊞
500 x
WD
10.6 mm
100 μm
Quanta

(a)

HV
20.00 kV
mode
SE
mag ⊞
3 000 x
WD
10.6 mm
20 μm
Quanta

(b)

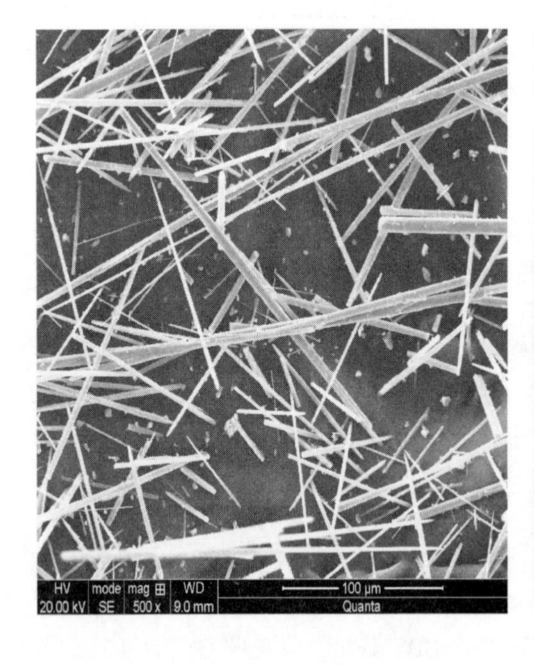
HV
20.00 kV
mode
SE
mag ⊞
500 x
WD
9.0 mm
100 μm
Quanta

(c)

HV
20.00 kV
mode
SE
mag ⊞
3 000 x
WD
9.0 mm
30 μm
Quanta

(d)

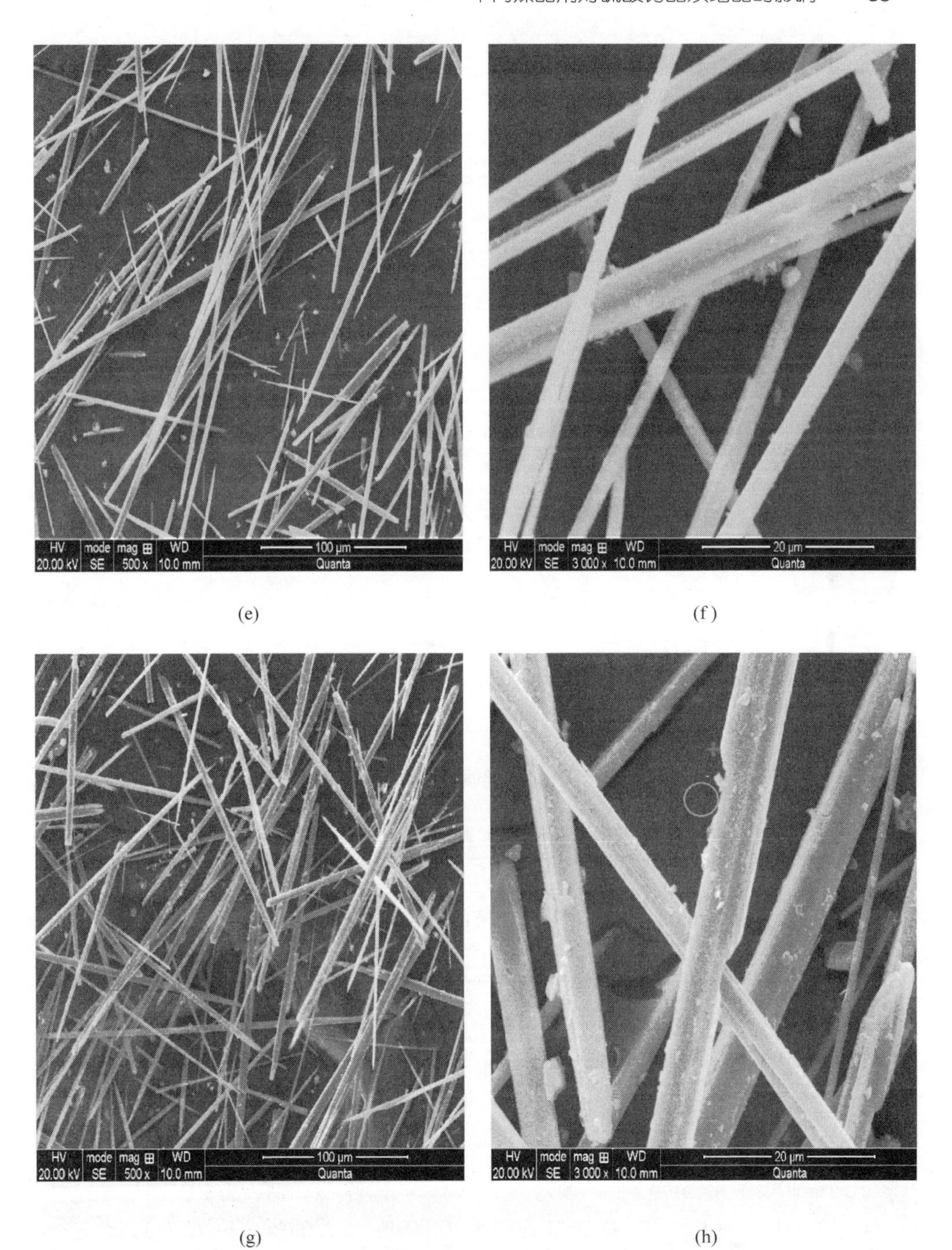

图 4.15 不同 K_2SO_4用量下制备的脱硫石膏晶须的 SEM 照片

(a)，(b) 0；(c)，(d) 1.0%；(e)，(f) 3.0%；(g)，(h) 5.0%

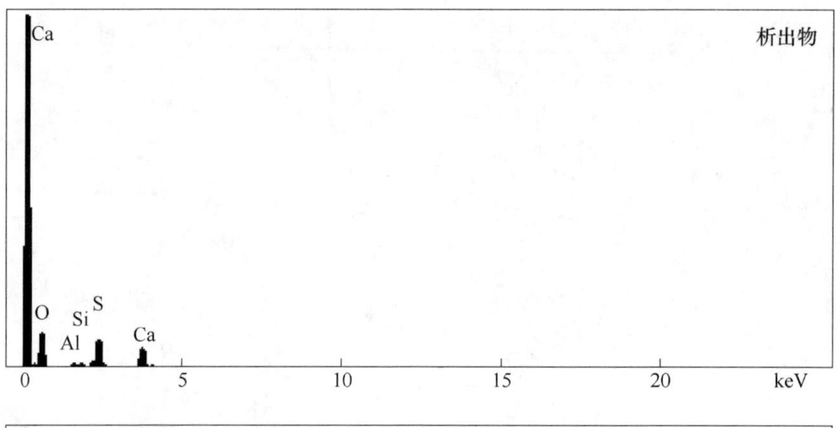

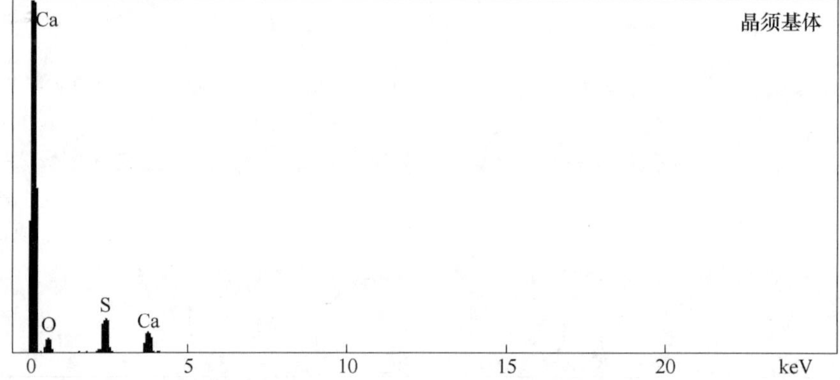

图 4.16　K_2SO_4为添加剂时制备产物的 EDS 图谱

表 4.5　K_2SO_4为添加剂时制备产物的 EDS 分析结果

元　素		O	S	Ca	Al	Si
含量/%	析出物	60.46	14.84	21.12	1.56	2.02
	晶须基体	48.93	21.91	29.16		

EDS 分析结果表明，斑点状析出物中除石膏组元 Ca、S、O 外，还含有 Al、Si 杂质，而晶须基体全部为 Ca、S、O 组元。由各组元含量可以发现，析出颗粒物中 Ca、S、O 组元含量与 $CaSO_4 \cdot 2H_2O$ 中各组元含量相当（理论上 $CaSO_4 \cdot 2H_2O$中 Ca、S、O 含量分别为 23.26%、18.6%、55.81%），而晶须基体中 Ca、S、O 组元含量与 $CaSO_4 \cdot 0.5H_2O$ 中各组元含量相当（理论上 $CaSO_4 \cdot 0.5H_2O$ 中 Ca、S、O 含量分别为 27.59%、22.07%、49.66%）。由于溶液中的 Al、Si 杂质降低了二水石膏成核所需能量，影响了石膏的正常成核与生长；随着保温结束，溶液体系温度的降低，导致含有一定量杂质的二水石膏呈斑点状析出物附着在晶须的表面。

图 4. 17 是 K_2SO_4为添加剂时制备的脱硫石膏晶须的 XRD 图谱。

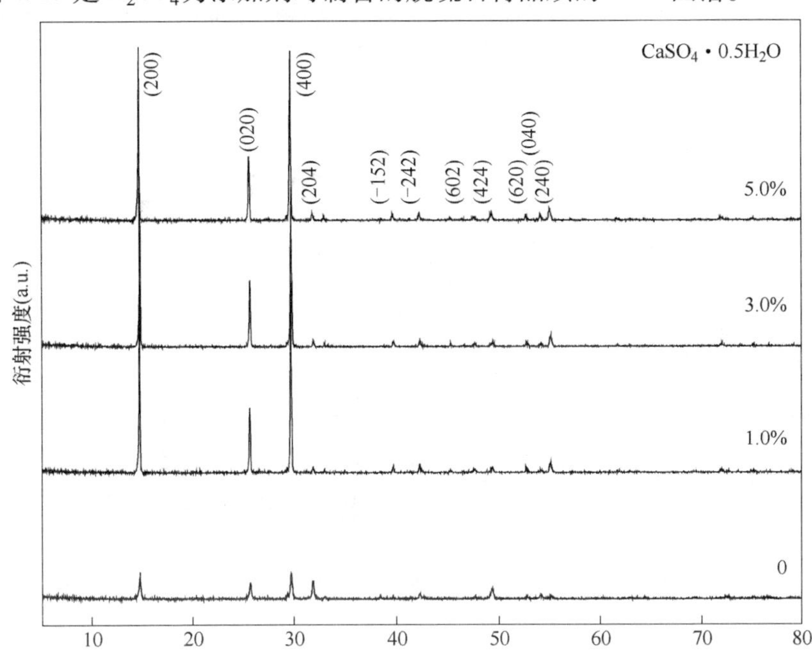

图 4. 17 K_2SO_4为添加剂时制备的脱硫石膏晶须的 XRD 谱图

通过 XRD 谱图和 SEM 照片可以发现，当不加入 K_2SO_4时，晶须发育并不充分，其特征衍射峰强度较低；加入 K_2SO_4后，晶须生长比较充分，结晶较为完美，其特征衍射峰强度明显增加，且随着 K_2SO_4用量的增加而不断增强；但加入 K_2SO_4后并不改变其物相组成，其产物均为半水石膏相。

4.1.8 K_2SO_4/KCl 对硫酸钙晶须品质的影响

4.1.8.1 添加剂用量对脱硫石膏晶须长径比的影响

由于长径比是衡量晶须品质的重要参数，而由图 4. 1 和图 4. 15 可知，添加剂对脱硫石膏晶须的形貌具有明显的影响，因此，研究两种添加剂对晶须长径比的影响非常必要。图 4. 18 是两种添加剂的用量与所制备晶须长径比的关系曲线。根据 Evans 对晶须的经典表述，对长径比一般在 5 ~ 1000 以上，直径在 0. 2 ~ 100μm 之间的纤维状单晶体，均可称为晶须。据此定义，结合图 4. 1 和图 4. 15 可知，当不加入添加剂时，由脱硫石膏制备的产物几乎不具备晶须的特性。当加入 K_2SO_4和 KCl 添加剂后，随着添加剂用量的增加，晶须长径比先增加，后减小。当 K_2SO_4用量为 3%、KCl 用量为 5%时，所制备的晶须试样长径比达最大值，分别为 80 和 50；进一步增加其用量，晶须长径比反而下降。

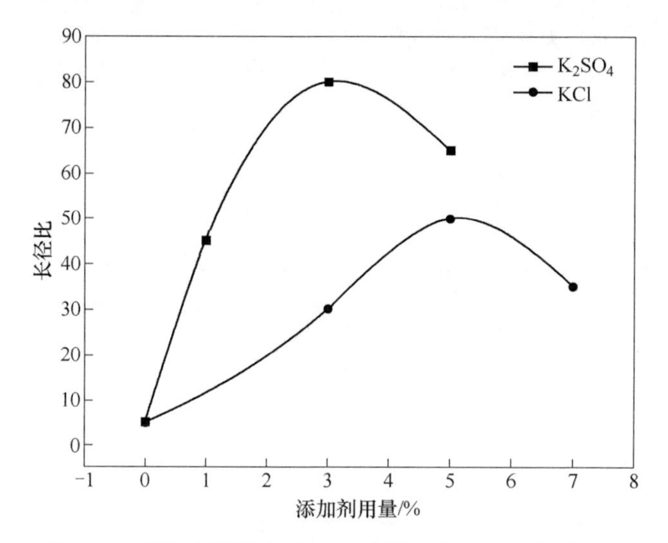

图 4.18　添加剂用量与脱硫石膏晶须长径比的关系曲线

4.1.8.2　添加剂用量对脱硫石膏溶解特性的影响

由于水热反应是在溶液中进行的，加入添加剂后，溶液体系组成将发生变化，从而对晶须的形核与生长产生重要的影响。因此，开展添加剂对脱硫石膏溶解特性的影响的研究，对由此导致的晶须生长机制变化的研究具有重要意义。图 4.19 是脱硫石膏在不同温度和溶液体系中的溶解度变化曲线。当不加入添加剂时，在纯水中脱硫石膏的溶解度及其变化趋势与已报道的二水石膏的溶解度及其变化趋势是基本一致的。加入 K_2SO_4后，脱硫石膏的溶解度有所降低，这是因为加入少量的 K_2SO_4后，由于同离子效应，使其溶解度降低，但其变化趋势与不加添加剂时大体相同。而加入 KCl 后，脱硫石膏的溶解度随温度的升高和 KCl 浓度的增大而不断增加，且温度越高，增加越明显。一方面，加入少量 KCl 后，由于盐效应使脱硫石膏溶解度增加；另一方面，Kloprogge 和 Yang 等的研究认为，二水石膏在 KCl 溶液中将发生如式（4-1）和式（4-2）所示的复盐反应，且随着温度升高和 KCl 浓度的增大，反应进一步加强，图 4.16 和表 4.5 中能谱分析的结果也证实了这一点。由此可见，随温度的升高和 KCl 浓度的增大，复盐反应对脱硫石膏溶解度的影响远大于盐效应，这可能是导致脱硫石膏溶解度增大的主要原因。

$$2CaSO_4 \cdot 2H_2O + 2KCl \longrightarrow K_2Ca(SO_4)_2 \cdot H_2O + CaCl_2 + H_2O \qquad (4\text{-}1)$$

$$5K_2Ca(SO_4)_2 \cdot H_2O \longrightarrow K_2Ca_5(SO_4)_6 \cdot H_2O + 4K_2SO_4 + 4H_2O \qquad (4\text{-}2)$$

综合分析两种添加剂对脱硫石膏溶解特性、晶须的形貌、长径比和品质等因素的影响可以发现，分别加入 K_2SO_4、KCl 添加剂时，均可以促进脱硫石膏向晶

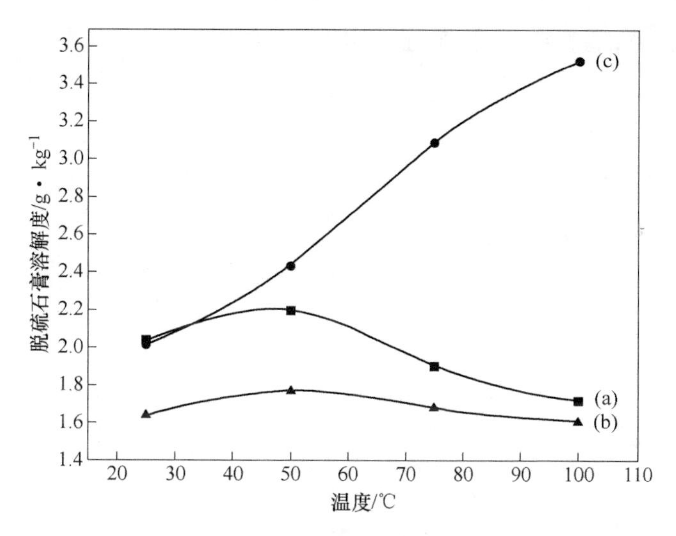

图 4.19 添加剂用量与脱硫石膏溶解度变化的关系曲线

(a) 纯水；(b) 3% K_2SO_4；(c) 5% KCl

须的转化。相比而言，以 K_2SO_4 为添加剂时，由于水解后将产生 SO_4^{2-}，同离子效应降低了平衡时溶液体系中 Ca^{2+} 的含量，从而有利于脱硫石膏溶液体系过饱和而促进析晶，故所制备的晶须长径比相对较大；而以 KCl 为添加剂时，由于 KCl 与二水石膏发生复盐反应，增加了平衡时脱硫石膏的溶解度，反而不利于溶液的过饱和析晶，这也是 KCl 为添加剂时制备的晶须长径比较小的原因。

4.2 媒晶剂的筛选及其作用下晶须制备工艺分析

由于媒晶剂种类及其用量对晶须的结晶状况和品质有着重要的影响，且不同媒晶剂的作用效果大不相同。因此，对本文前述有关媒晶剂优化条件下所制备晶须的品质及工艺参数进行综合分析，将有助于获得适宜于预处理脱硫石膏制备硫酸钙晶须的媒晶剂。

4.2.1 媒晶剂对晶须长径比的影响

根据 Evans 对晶须的经典表述，晶须是一种纤维状单晶体，横断面近乎一致，内外结构高度完整，具有高度的一维取向性。由于媒晶剂对晶须结晶形貌和晶体结构的影响已通过 SEM 照片和 XRD 图谱分析获得，只需进一步分析媒晶剂对晶须一维取向性的影响。长径比是反映晶须一维取向的重要参数，因此，研究媒晶剂对晶须长径比的影响，将为分析其对晶须品质的影响提供重要依据。

在其他优化工艺参数不变的情况下，针对本文前述媒晶剂种类及其用量对晶须长径比影响的试验结果进行统计分析，结果如图 4.20 所示。以 K_2SO_4 为媒晶剂时，其用量为 3.0%时制备的晶须长径比最大，达 60；以 KCl 为媒晶剂，其用量为5.0%时制备的晶须长径比最大，达45；而以$MgCl_2$、$CuCl_2$、$AlCl_3$为媒晶剂时，其用量为1.5%时制备的晶须长径比均最大，分别达120、200和80。除KCl外，以氯盐为媒晶剂时，晶须的长径比远高于K_2SO_4为媒晶剂时晶须的长径比，且其用量也明显减少，这表明前述分析是正确的，即SO_4^{2-}同离子效应不利于硫酸钙晶须的结晶。

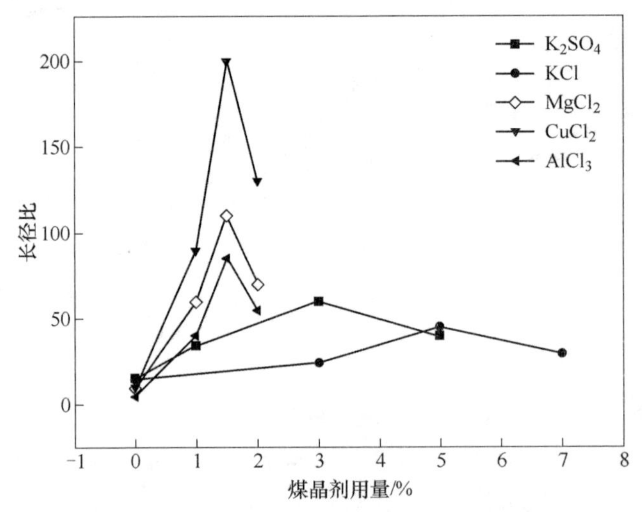

图4.20 媒晶剂种类及用量与晶须长径比的关系曲线

上述研究结果表明，媒晶剂种类及其用量对晶须长径比具有重要影响。根据所研究的媒晶剂对硫酸钙晶须长径比影响由大到小进行排列，呈$CuCl_2$>$MgCl_2$>$AlCl_3$>K_2SO_4>KCl的规律。

4.2.2 媒晶剂对晶须产率的影响及其筛选

尽管晶须结晶形貌、表面形态、长径比是衡量晶须品质的重要因素，然而在溶液中进行材料制备时，转化率是衡量反应进程的重要参数之一，也是评价制备技术是否可行的重要依据。对于脱硫石膏水热制备硫酸钙晶须而言，前述研究结果表明：在媒晶剂作用下制备的水热产物，均为半水石膏相，即在反应达到平衡时，除了溶解在反应溶液中的Ca^{2+}和SO_4^{2-}外，理论上所有DH都已转化为HH。由于不同媒晶剂作用下DH的溶解度有所不同，使得可以回收的HH含量也不同。

为了简化对晶须转化率的分析与计算，考察不同媒晶剂对脱硫石膏制备硫酸钙晶须效率的影响，对晶须回收量和原料投加量进行分析是有意义的。由于各种媒晶剂作用下晶须制备后的清洗与干燥工艺完全相同，可以认为回收过程中的质量损失是相同的；如果忽略回收过程中晶须的质量损失，则可以采用产率（G）大致估算不同媒晶剂作用下晶须制备的效率。产率可定义为式（4-3）。

$$G = 1.18621 \times \frac{M_1}{P \times M_0} \times 100\% \tag{4-3}$$

式中 1.18621——DH 与 HH 的分子量之比；

M_0——反应时投加的脱硫石膏的质量，g；

M_1——回收的晶须干燥至恒重时的质量，g；

P——脱硫石膏中 DH 的质量分数,%，根据本研究中脱硫石膏预处理工艺，P=96%。

综合分析前述研究结果，对不同媒晶剂优化条件下所制备的硫酸钙晶须主要工艺参数及晶须的长径比、产率进行分析，其结果如表 4.6 所示。由表 4.6 可知，以 K_2SO_4、KCl 为媒晶剂时，其用量和 H_2SO_4 用量都比较高，而所制备的晶须直径较粗，直径与长度分布较宽，长径比较小；以 $MgCl_2$ 和 $CuCl_2$ 为媒晶剂时其用量和 H_2SO_4 用量都大大减少，所制备的晶须直径较细，直径与长度分布较集中，长径比较大，尤其是以 $CuCl_2$ 为媒晶剂时，晶须品质得以显著提高；而以 $AlCl_3$ 为媒晶剂时，其用量与 $MgCl_2$ 和 $CuCl_2$ 相同，但 H_2SO_4 用量减少到零，所制备的晶须直径较细，直径与长度分布也比较集中，长径比较大。

表 4.6 不同媒晶剂对硫酸钙晶须的主要工艺参数、品质及产率的影响

媒晶剂	工艺参数		硫酸钙晶须品质			产率 /%
	用量 /%	H_2SO_4 浓度 /mol · L^{-1}	直径 /μm	长度 /μm	平均长径比	
K_2SO_4	3.0	10^{-2}	3~5	50~400	60	78
KCl	5.0	10^{-2}	2~6	50~300	45	57
$MgCl_2$	1.5	10^{-3}	2~4	100~400	110	76
$CuCl_2$	1.5	10^{-3}	1~3	400~600	200	72
$AlCl_3$	1.5	0	2~4	100~400	85	63

综合上述分析可以发现，随媒晶剂阳离子价态的升高，H_2SO_4 用量逐渐减少，而可以产生同离子效应的 K_2SO_4 和 $MgCl_2$ 具有较高的产率。结合各媒晶剂制备晶须的 SEM 照片可知，以 $CuCl_2$ 为媒晶剂所制备的晶须品质最好，产率较高；而以 KCl 为媒晶剂所制备的晶须品质较差，产率最低。总体上，媒晶剂的作用效果仍呈 $CuCl_2 > MgCl_2 > AlCl_3 > K_2SO_4 >$ KCl 依次减弱的规律。

4.2.3 水热法制备硫酸钙晶须的对比分析

目前，硫酸钙晶须的制备主要以水热法为主，文献报道的主要工艺参数及试样品质如表 4.7 所示。

表 4.7　文献报道的水热法制备硫酸钙晶须主要工艺参数、品质

原料	工艺参数				硫酸钙晶须品质	
	pH 值	反应温度/℃	反应时间/h	媒晶剂	直径/μm	平均长径比
天然石膏	9.8～10.1	120	—	—	<1	98
脱硫石膏	5	140	3.0～6.0	十二烷基苯磺酸钠	1～5	80

注："—"表示无。

对比表 4.6 和表 4.7 可知，分别以天然石膏、脱硫石膏为原料时，水热制备硫酸钙晶须工艺参数存在明显的差异，所获得的晶须品质也有所不同；即使原料均为脱硫石膏，但是否预处理和添加不同的媒晶剂，对硫酸钙晶须制备工艺参数及其品质也存在一定的影响。当脱硫石膏未经处理时，尽管加入十二烷基苯磺酸钠对晶须结晶进行控制，然而所制备的晶须较天然石膏晶须品质仍有所下降。

结合第三章优化试验工艺参数可以发现，本研究中反应温度与文献报道温度相当，但反应时间明显缩短；且以 $MgCl_2$、$CuCl_2$ 和 $AlCl_3$ 为媒晶剂时所制备的硫酸钙晶须，其品质达到甚至超过了以高品质天然石膏为原料时制备的晶须。这再次表明，以脱硫石膏为原料制备硫酸钙晶须时，对原料进行系统的预处理，提高其纯度与活性，以及对晶须的水热制备工艺进行全面研究，是获得高品质硫酸钙晶须的基础。

4.2.4　媒晶剂作用下晶须制备工艺分析

以脱硫石膏为原料制备硫酸钙晶须的整个工艺过程中，其固体废物主要是原料筛分时粒径大于 74μm 和小于 30.8μm 的颗粒，约占原料的 10%。尽管粒径大于 74μm 的颗粒中含有较多的 $CaCO_3$，粒径小于 30.8μm 的颗粒含有较多的粉煤灰，但这并不影响其在建筑材料中的应用，因此，在脱硫石膏制备硫酸钙晶须过程中，并不会产生新的固体废弃物。

然而，在后续脱硫石膏预处理和晶须制备过程中，将会产生三种类型的废液，即脱硫石膏酸洗、浮选后的澄清液，水热反应后的滤液和晶须清洗后产生的清洗液。这三种废液因产生环节不同，各自特点也不相同。

4.2.4.1　酸洗、浮选澄清液

脱硫石膏酸洗时，硫酸的用量是根据试样中 $CaCO_3$ 含量计算获得的，而盐酸的用量是根据杂质中活性氧化物的含量估算获得；加之实际生产中，由于脱硫石膏中杂质含量的波动，酸洗、浮选后的澄清液中会含有少量的酸和有机基团，其

pH≈6.0，因而不宜直接排放，但可以循环利用。通过对澄清液中 H^+ 浓度的测定，可以将澄清液用于一次球磨料浆的配置，同时减少盐酸的用量，从而实现其循环利用。

4.2.4.2 反应滤液

由于水热反应是在硫酸和媒晶剂共同作用条件下进行的，故反应结束后产生的滤液呈酸性，并含有媒晶剂水解后的各种水合离子，直接排放必将造成新的环境污染。因此，本文对滤液循环利用前后 H^+ 浓度和媒晶剂阳离子浓度进行了测定，并进行曲线拟合，以探明滤液循环前后 H^+ 浓度和媒晶剂阳离子浓度变化的规律。

由于以 $CuCl_2$ 为媒晶剂时，晶须综合品质较优，故以 $CuCl_2$ 媒晶剂为例展开研究。试验方案设计为：将滤液收集后，直接配置料浆，不用硫酸调节 pH，也不加入媒晶剂，进行无试剂补偿滤液循环试验，研究滤液 pH 变化规律和媒晶剂的浓度损失。根据试验结果与规律，利用硫酸、媒晶剂调节反应溶液到优化参数进行反应制备硫酸钙晶须，以研究其对晶须品质的影响，从而对滤液的可循环性进行分析。

根据拟定的试验方案，无试剂补偿时滤液循环次数与 pH 的变化情况如图 4.21 所示；与 Cu^{2+} 浓度变化关系如图 4.22 所示，其中滤液循环次数“0”表示初次反应。

在无试剂补偿条件下，随滤液循环次数增加，滤液 pH 逐渐升高，而 Cu^{2+} 浓度逐渐降低；滤液循环次数与 pH 及 Cu^{2+} 浓度变化均大致呈线性关系。如果以每次循环反应前 Cu^{2+} 浓度为基准，则滤液每循环一次（用 C-0，1，2…表示），反应后其 Cu^{2+} 浓度损失约 25%。据此，采用硫酸补偿调节反应液 pH，采用 $CuCl_2$ 补偿调节反应液 Cu^{2+} 浓度，均至优化工艺参数制备硫酸钙晶须，并对其进行 SEM 分析，其结果如图 4.23 所示。

在试剂补偿条件下，滤液经过 3 次循环所制备的晶须，其直径、长度和长径比并无明显变化；至 7 次循环时，晶须直径出现粗化，直径、长度差异增大，长径比减小，晶须品质开始劣化；继续增加循环次数到 10 次，晶须直径明显粗化，长度减小，长径比进一步降低，并出现少量颗粒状和短柱状结晶，晶须品质明显下降，但仍满足晶须定义的要求。

根据式（4-3），对不同循环次数下制备的晶须试样进行产率计算，其结果如表 4.8 所示。

结合表 4.6 可知，随着循环次数的增加，晶须的产率呈先增加、后降低的趋势，尤其是经 7 次循环后，晶须产率下降趋势更加明显，但即使在循环 10 次时，其产率也高于初次试验条件下晶须的产率。这是因为初次反应时，必然有少量原料溶解于水中，并在反应结束时达到溶解平衡，使得可以转化为晶须的原料数量相对减少，故产率相对较低；在滤液循环利用时，滤液中脱硫石膏已经达到了溶解平衡，使反应过程中可以转化为晶须的原料数量相对增加，因而产率升高。然而，随着循环次数的增加，晶须中颗粒状和短柱状结晶增加，导致过滤时试样的质量损失增加，因而产率又逐渐下降。

由此可见，通过试剂补偿，在一定的循环次数内，以脱硫石膏为原料，仍然可以制备出品质优异的硫酸钙晶须。

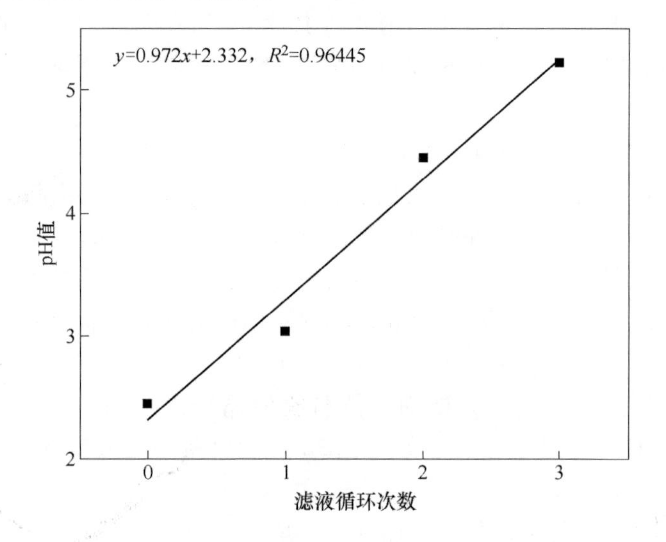

图 4.21　无试剂补偿滤液循环次数与 pH 值的关系曲线

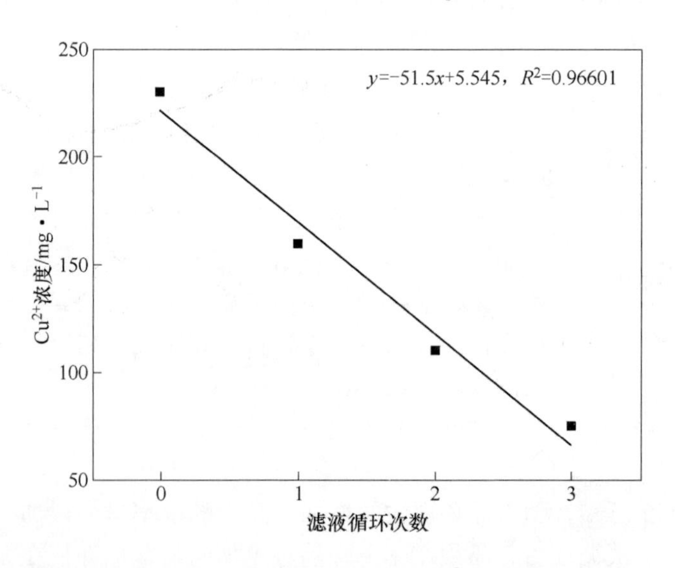

图 4.22　无试剂补偿滤液循环次数与 Cu^{2+} 浓度的关系曲线

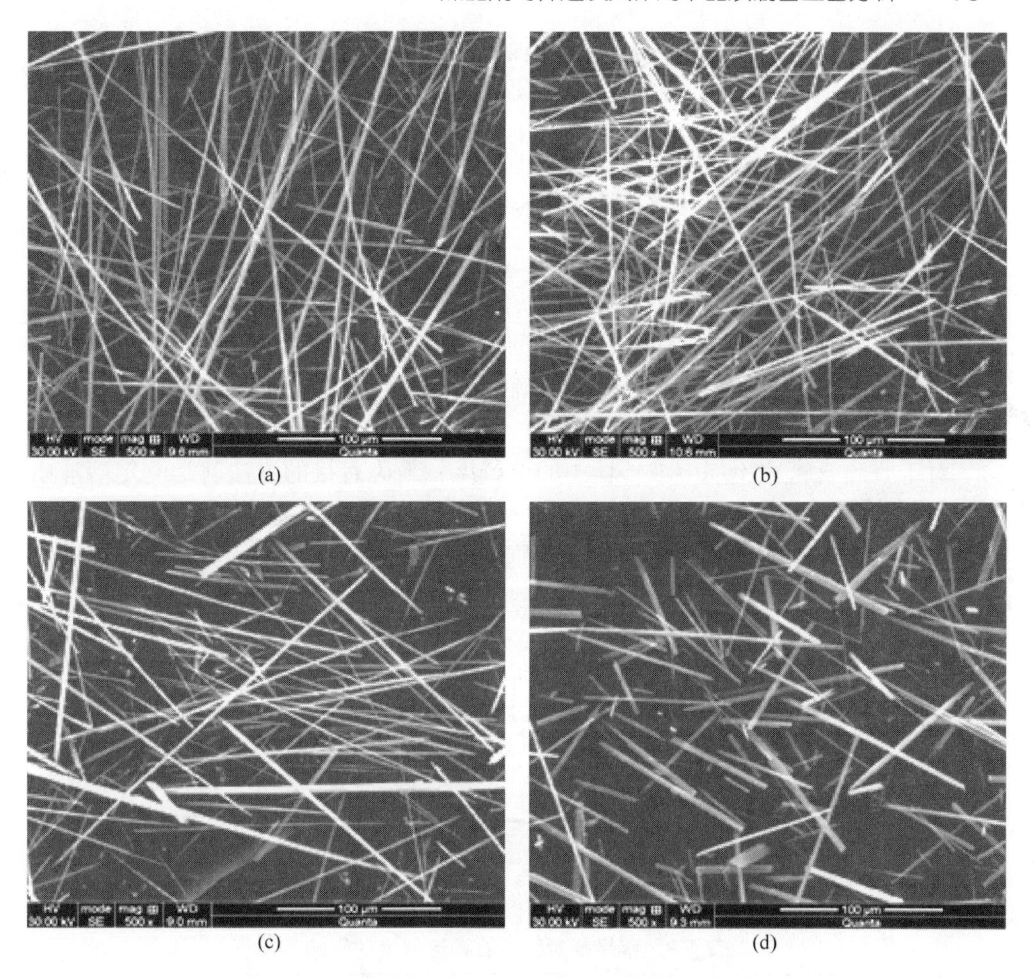

图 4.23 试剂补偿不同滤液循环次数条件下制备试样的 SEM 照片
(a) C-0；(b) C-3；(c) C-7；(d) C-10

表 4.8 试剂补偿不同循环次数下制备晶须试样的产率

样品	C-0	C-1	C-2	C-3	C-4	C-5	C-6	C-7	C-8	C-9	C-10
产率/%	73.7	84.7	82.5	84.6	85.5	82.3	86.0	82.0	80.1	78.6	76.5

4.2.4.3 晶须清洗液

由于过滤后试样表面吸附有一定量的 H^+、SO_4^{2-} 和媒晶剂阴阳离子，因此，清洗液成为另一种废液。但由于清洗液用量相对较大，故清洗液中酸含量几乎为零（测定 pH 值仍为 7.0），媒晶剂离子含量也相对较低，可以直接排放；或者用于一次球磨时料浆的配置，亦可实现循环利用。

总之，根据本研究的脱硫石膏预处理技术和硫酸钙晶须制备技术，不会产生新的固体废弃物。典型制备工艺的初步研究结果表明，废液可以通过多次循环利用，以尽可能减少其对环境造成新的污染。

4.3 媒晶剂的水解特性及其作用

由于加入媒晶剂后，对晶须的品质、产率及硫酸的用量均有明显的影响，这可能是因为当向反应溶液中加入媒晶剂后，媒晶剂将影响脱硫石膏的溶解特性，从而改变反应溶液体系的物质组成，进而影响结晶材料的形核与结晶生长。因此，研究媒晶剂自身水解特性及其对脱硫石膏溶解特性的影响，对揭示其影响规律和作用机理是很有必要的。

对于脱硫石膏在不同溶液环境中的溶解度，最为直接的方法就是测定溶液中Ca^{2+}的浓度。将过量的脱硫石膏分别加入到纯水和前期实验使用的媒晶剂溶液中，配制不同媒晶剂浓度下脱硫石膏过饱和溶液，分别在 25 、50 、75 、100℃的条件下测定溶液中 Ca^{2+}的含量。

针对本文研究的媒晶剂种类和用量，分组进行实验。其中，K_2SO_4溶液浓度分别为 0、1.0%、3.0%、5.0%；KCl 溶液浓度分别为 1.0%、3.0%、5.0%、7.0%；而 $CuCl_2$、$MgCl_2$和 $AlCl_3$溶液浓度均分别为 1.0%、1.5%、2.0%。Ca^{2+}浓度测定具体方法参照附录进行。

4.3.1 媒晶剂水解特性及其对脱硫石膏溶解度的影响

表 4.9 是本书所研究媒晶剂对脱硫石膏溶解度影响的实验结果。

表 4.9 媒晶剂对脱硫石膏溶解度的影响 (g/kg)

媒晶剂	浓度/%	溶解温度/℃			
		25	50	75	100
K_2SO_4	0	2.017	2.195	1.902	1.856
	1.0	1.718	1.890	1.816	1.775
	3.0	1.785	1.823	1.907	1.772
	5.0	1.790	1.943	1.862	1.742
KCl	1.0	2.065	2.083	2.035	1.844
	3.0	1.910	2.188	2.213	1.831
	5.0	1.925	2.236	2.300	1.986
	7.0	2.096	2.379	2.354	2.287
$MgCl_2$	1.0	2.173	2.101	2.073	1.921
	1.5	2.234	2.280	2.050	1.861
	2.0	2.267	2.285	2.142	1.969

续表 4.9

媒晶剂	浓度/%	溶解温度/℃			
		25	50	75	100
$CuCl_2$	1.0	1.777	1.969	2.083	1.826
	1.5	1.757	1.790	2.152	1.941
	2.0	1.749	1.864	2.165	1.964
$AlCl_3$	1.0	1.856	2.201	2.263	1.719
	1.5	1.969	2.333	2.338	1.775
	2.0	2.239	2.346	2.451	2.234

当不加入媒晶剂时，脱硫石膏在25℃的纯水中的溶解度为2.017g/kg；随温度升高到50℃，其溶解度逐渐增大；当温度升高到75℃，其溶解度又略有降低；继续升高温度到100℃，其溶解度进一步降低。Partridge、Azimi 等的研究认为：在（40±2）℃时，DH 将转化为 AH；而在（99±2）℃，DH 将转化为 HH。因此，在纯水中脱硫石膏溶解度的变化与 DH 在相应温度下的相变密切相关，表 4.9 的实验结果也证实了这一点。

以 K_2SO_4、KCl 为媒晶剂时，二者对脱硫石膏溶解度的影响也明显不同。加入 K_2SO_4后，脱硫石膏的溶解度均小于纯水中的溶解度，且溶解度降低较为明显。当温度一定，在 K_2SO_4用量为 0~3.0%时，脱硫石膏溶解度随其用量的增加而逐渐降低；当其用量大于 3.0%时，脱硫石膏溶解度则随盐含量的增加而增加。这与文献报道的结果是一致的。

以 KCl 为媒晶剂时，脱硫石膏的溶解度随着盐含量的增加，总体上呈先增加后降低，达最低值后又增加的变化趋势。当其用量大于 5.0%后，脱硫石膏的溶解度明显增加，且大于相应温度下纯水中的溶解度（除 25℃）。由此可见，当以 K_2SO_4、KCl 为媒晶剂时，与水中脱硫石膏的溶解度相比，K_2SO_4降低了其溶解度，而 KCl 则增加了其溶解度。

以 $MgCl_2$、$CuCl_2$、$AlCl_3$为媒晶剂时，其对脱硫石膏溶解度的影响也明显不同。加入 $MgCl_2$后，脱硫石膏的溶解度均大于相应温度下其在纯水中的溶解度。加入 $CuCl_2$、$AlCl_3$后，脱硫石膏的溶解度则随其用量的增加呈先降低后增加的变化趋势（除 75℃），但在 $CuCl_2$溶液中，大部分情况下脱硫石膏的溶解度小于其在纯水中的溶解度，而在 $AlCl_3$溶液中，则呈相反的趋势。

通过对比分析发现，在相同浓度下，以 KCl 为媒晶剂时脱硫石膏溶解度大于 K_2SO_4为媒晶剂时的溶解度；而以 $MgCl_2$为媒晶剂时脱硫石膏溶解度大于 $CuCl_2$和 $AlCl_3$为媒晶剂时的溶解度。由此可见，随媒晶剂种类的不同，对脱硫石膏溶解度变化的影响也不相同。

当向反应溶液中加入强电解质后，强电解质将发生完全电离，从而影响溶液体系的溶解平衡，主要表现为同离子效应、盐效应和离子间作用强度对溶解平衡的影响（与同离子效应相比，盐效应较弱）。表 4.9 的试验结果也说明，向反应溶液中加入不同的媒晶剂，对脱硫石膏溶解度的影响规律也各不相同，这可能是所使用的媒晶剂均为强电解质，其在水中的解离特性存在差异所致。为此，针对不同媒晶剂的水解特性，对水中及媒晶剂作用下脱硫石膏溶解度的影响进行分析，具体如下。

4.3.1.1 脱硫石膏在水中的解离平衡

$$CaSO_4 \cdot 2H_2O \rightleftharpoons Ca^{2+} + SO_4^{2-} + 2H_2O \tag{4-4}$$

当脱硫石膏溶于水时，除发生式（4-4）所示的溶解反应外，还将发生如式（4-5）~式（4-10）所示的水解与电离反应，直至达到解离平衡。

$$H_2O \rightleftharpoons H^+ + OH^- \tag{4-5}$$

$$CaSO_4(s) \rightleftharpoons CaSO_4(aq) \tag{4-6}$$

$$CaSO_4(aq) \rightleftharpoons Ca^{2+} + SO_4^{2-} \tag{4-7}$$

$$Ca^{2+} + H_2O \rightleftharpoons Ca(OH)^+ + H^+ \tag{4-8}$$

$$SO_4^{2-} + H^+ \rightleftharpoons HSO_4^- \tag{4-9}$$

$$HSO_4^- + H^+ \rightleftharpoons H_2SO_4 \tag{4-10}$$

4.3.1.2 脱硫石膏在 K_2SO_4 溶液中的解离平衡

以 K_2SO_4 为媒晶剂时，K_2SO_4 在溶液中将完全电离而产生 K^+ 和 SO_4^{2-}。当 K_2SO_4 浓度较低时，由于离子间作用强度相对较小，同离子效应促使式（4-4）向左移动，导致脱硫石膏的溶解度下降。随 K_2SO_4 浓度的升高，由于溶液体系中离子浓度的增加，离子间相互作用增强，溶液中各离子和水的活度降低，当温度一定时，为保持溶度积常数不变，将促使式（4-4）向右移动；同时，Ca^{2+} 和 SO_4^{2-} 结合形成中性 $CaSO_4(aq)$ 的能力大大加强，促使式（4-7）向左移动，使同离子效应和盐效应对脱硫石膏溶解度的影响大大降低，从而促进了硫酸钙的溶解。因此，当 K_2SO_4 用量小于 3.0%时，同离子效应对脱硫石膏溶解度的影响更加明显；而当其用量大于 3.0%时，离子间作用强度和中性 $CaSO_4(aq)$ 离子的形成是脱硫石膏溶解度增大的主要原因。

4.3.1.3 脱硫石膏在 KCl 溶液中的解离平衡

以 KCl 为媒晶剂时，一方面加入 KCl 后，由于盐效应使脱硫石膏溶解度增加。另一方面，Kloprogge 和 Yang 等的研究认为：二水石膏在 KCl 溶液中将发生如式（4-11）和式（4-12）所示的复盐反应，且随着温度升高和 KCl 浓度的增大，反应进一步加强，导致脱硫石膏溶解度增加。由此可见，随温度的升高和 KCl 浓度的增大，复盐反应对脱硫石膏溶解度的影响远大于盐效应，这也是导致脱硫石膏溶解度增大的主要原因。

$$CaSO_4 \cdot 2H_2O + 2KCl \longrightarrow K_2Ca(SO_4)_2 \cdot H_2O + CaCl_2 + H_2O \tag{4-11}$$

$$5K_2Ca(SO_4)_2 \cdot H_2O \longrightarrow K_2Ca_5(SO_4)_6 \cdot H_2O + 4K_2SO_4 + 4H_2O \tag{4-12}$$

4.3.1.4 脱硫石膏在 $MgCl_2$ 溶液中的解离平衡

当以 $MgCl_2$ 为媒晶剂时，溶液中除发生如式（4-5）~式（4-10）所示解离平衡外，Mg^{2+} 在水中还会发生如式（4-13）~式（4-15）所示的解离平衡，此时整个溶液体系中，溶液质子平衡方程如式（4-16）所示。尽管 Mg 与 Ca 属同主族元素，Mg^{2+} 与 Ca^{2+} 将产生同离子效应而降低脱硫石膏的溶解度，但由于 Mg^{2+} 可以与 SO_4^{2-} 结合形成 $MgSO_4^{(0)}$，如式（4-15）所示，使得溶液中 Mg^{2+} 和 SO_4^{2-} 浓度降低，一方面削弱了同离子效应对脱硫石膏溶解度的影响，另一方面，为了保持溶液质子平衡，使得脱硫石膏溶解度增加。

随 $MgCl_2$ 浓度的增加，Mg^{2+} 与 SO_4^{2-} 结合形成 $MgSO_4^{(0)}$ 的能力越强；加之溶液中离子浓度的增加，离子间作用强度增大，使得溶液中水和各离子的活度系数降低，进一步促进了脱硫石膏的溶解。因此，加入 $MgCl_2$ 后，脱硫石膏的溶解度大于其在纯水中的溶解度，且随 $MgCl_2$ 浓度的增加，脱硫石膏溶解度也逐渐增加。

$$Mg^{2+} + H_2O \rightleftharpoons Mg(OH)^+ + H^+ \tag{4-13}$$

$$Mg^{2+} + 2H_2O \rightleftharpoons Mg(OH)_2(aq) + 2H^+ \tag{4-14}$$

$$Mg^{2+} + SO_4^{2-} \rightleftharpoons MgSO_4^{(0)} \tag{4-15}$$

$$Ca^{2+} + Mg^{2+} + Mg(OH)^+ + Ca(OH)^+ + 3H^+ \rightleftharpoons 2SO_4^{2-} + 4Cl^- + OH^- \tag{4-16}$$

4.3.1.5 脱硫石膏在 $CuCl_2$ 溶液中的解离平衡

当以 $CuCl_2$ 为媒晶剂时，溶液中除发生如式（4-5）~式（4-10）所示解离平衡外，水解产生的 Cu^{2+} 与水进一步发生解离，如式（4-17）~式（4-20）所示，其溶液质子平衡方程如式（4-21）所示。加入 $CuCl_2$ 后，因其发生多级电离，溶液中除 Ca^{2+} 以外的阳离子，除 SO_4^{2-} 以外的阴离子浓度都将增加，为保持溶液质子平衡，溶液中 Ca^{2+} 和 SO_4^{2-} 将下降，从而使脱硫石膏溶解度降低。随着 $CuCl_2$ 用量的增加，Cu^{2+} 的多级电离使溶液中产生大量离子，导致离子间作用强度增大，溶液中水和各离子的活度系数降低，脱硫石膏的溶解度又逐渐增大。这也是以 $CuCl_2$ 为媒晶剂时，脱硫石膏溶解度虽有下降，但并不明显的原因所在。

$$Cu^{2+}+H_2O \rightleftharpoons Cu(OH)^{+}+H^{+} \tag{4-17}$$

$$Cu^{2+}+2H_2O \rightleftharpoons Cu(OH)_2(aq)+2H^{+} \tag{4-18}$$

$$Cu^{2+}+3H_2O \rightleftharpoons Cu(OH)_3^{-}+3H^{+} \tag{4-19}$$

$$Cu^{2+}+4H_2O \rightleftharpoons Cu(OH)_4^{2-}+4H^{+} \tag{4-20}$$

$$Ca^{2+}+Cu^{2+}+Cu(OH)^{+}+Ca(OH)^{+}+6H^{+} \rightleftharpoons 2SO_4^{2-}+4Cl^{-}+OH^{-}+Cu(OH)_3^{-}+Cu(OH)_4^{2-} \tag{4-21}$$

4.3.1.6 脱硫石膏在 $AlCl_3$ 溶液中的解离平衡

以 $AlCl_3$ 为媒晶剂时，溶液在发生如式（4-5）~式（4-10）所示解离平衡的基础上，Al^{3+} 与 OH^- 将形成如式（4-22）~式（4-24）所示的常见水合络离子。此外，Al^{3+} 还可以以 $[Al(OH)_4]^-$、$[Al_3(OH)_4]^{5+}$、$[Al_{13}O_4(OH)_{24}(H_2O)_{12}]^{7+}$ 等复杂水合络离子形态存在。因此，加入 $AlCl_3$ 后，其对脱硫石膏溶解度的影响与加入 $CuCl_2$ 时基本相似。由于 Al^{3+} 所形成的水合络离子携带有比 Cu^{2+} 水合络离子更高的电荷，且随其浓度变大，高价水合络离子浓度增加，离子间作用强度迅速升高，导致脱硫石膏的溶解度迅速增加。因此，加入相同浓度的 $AlCl_3$ 与 $CuCl_2$ 后，脱硫石膏溶解度在 $AlCl_3$ 溶液中略有下降后便增大，并大于纯水中的溶解度。

$$Al^{3+}+H_2O \rightleftharpoons Al(OH)^{2+}+H^{+} \tag{4-22}$$

$$Al^{3+}+2H_2O \rightleftharpoons Al(OH)_2^{+}+2H^{+} \tag{4-23}$$

$$Al^{3+}+3H_2O \rightleftharpoons Al(OH)_3(aq)+3H^{+} \tag{4-24}$$

由上述分析可知，不同媒晶剂在水中解离状况不同。随阳离子价态升高，其水解加剧，以水合络离子存在的趋势加强，使溶液显酸性，从而减少了硫酸的用量，表 4.6 所示的实验结果也证实了这一点。

4.3.2 媒晶剂对硫酸钙晶须结晶影响分析

由于加入媒晶剂后，不同的媒晶剂水解特性差异较大，导致脱硫石膏溶解度发生变化，从而影响晶须的结晶。因此，在对媒晶剂水解特性及其对脱硫石膏溶解度影响分析的基础上，进一步分析媒晶剂对晶须结晶的影响，对深入揭示媒晶剂的作用机理具有重要意义。

综合分析前述媒晶剂对脱硫石膏晶须的形貌、长径比、产率等因素的影响可以发现，加入媒晶剂后，均可以促进脱硫石膏向晶须的转化，有利于晶须长径比的提高。当向反应溶液中分别加入 K_2SO_4、KCl、$MgCl_2$、$CuCl_2$、$AlCl_3$ 媒晶剂时，这些媒晶剂将发生解离，形成游离于溶液中的阴阳离子。游离阳离子的存在，将与 Ca^{2+} 竞争而夺去其结合水，从而促进 Ca^{2+} 的去溶剂化和晶须的形核。但由于媒晶剂种类不同，其水解特性各异，导致其作用效果也不相同。

以 K_2SO_4、KCl 为媒晶剂时，与 Ca^{2+}（$r_{Ca^{2+}}=0.100nm$）相比，K^+（$r_{K^+}=0.138nm$）半径较大，电价较低，与 Ca^{2+}竞争结合水的能力较弱。加之以 K_2SO_4 为媒晶剂时，由于同离子效应降低了脱硫石膏的溶解度，使反应溶液中 Ca^{2+}浓度过低，而 SO_4^{2-} 离子浓度较高。虽然较高的 SO_4^{2-} 浓度可以促进脱硫石膏溶液体系过饱和析晶，但由于 Ca^{2+}浓度较低，晶须形核数量相对减少，故所制备的晶须长径比相对较大。由于 KCl 与二水石膏发生复盐反应，降低了溶液中游离 K^+的数量，同时增加了平衡时脱硫石膏的溶解度，反而不利于溶液的过饱和析晶，这是造成 KCl 为媒晶剂时制备的晶须长径比较小、品质较差的原因所在。

以 $MgCl_2$、$CuCl_2$为媒晶剂时，尽管在水中 Mg^{2+}和 Cu^{2+}都会发生解离而形成不同价态的水合离子；然而，加入 H_2SO_4后，其水解并不发生。如在 pH<7 的情况下，溶液中的 Cu 主要以游离的 Cu^{2+}和少量的 $Cu(OH)^+$及液态 $Cu(OH)_2$的形式存在，随着 pH 的减小，游离 Cu^{2+}的浓度不断增加；当 pH<4 时，溶液中的 Cu 几乎完全以游离的 Cu^{2+}形式存在。因此，以 $MgCl_2$、$CuCl_2$为媒晶剂时，反应溶液中的 Mg、Cu 是以游离态的 Mg^{2+}和 Cu^{2+}存在的。与 K^+相比，Mg^{2+}（$r_{Mg^{2+}}=0.072$ nm）和 Cu^{2+}（$r_{Cu^{2+}}=0.073$ nm）具有较高的电价，较小的半径，与 Ca^{2+}竞争结合水的能力相对加强，从而促进了 Ca^{2+}的去溶剂化，促使 Ca^{2+}与 SO_4^{2-} 结合，有利于晶须的形核与生长。由于 Mg^{2+}与 SO_4^{2-} 结合形成 $MgSO_4^{(0)}$，一方面减少了溶液中游离 Mg^{2+}的数量，削弱了 Mg^{2+}与 Ca^{2+}竞争结合水的能力，另一方面使反应平衡时溶液中脱硫石膏溶解度增加，而降低了其过饱和析晶的能力。因此，以 $MgCl_2$为媒晶剂对硫酸钙晶须结晶控制的作用效果较 $CuCl_2$差，但又比 K_2SO_4和 KCl 有所提高。

以 $AlCl_3$为媒晶剂时，反应溶液中并没有加入 H_2SO_4，因此，$AlCl_3$在反应溶液中的解离情况与前述分析一致，并不发生变化。尽管 Al^{3+}比 Mg^{2+}和 Cu^{2+}具有更高的电价，更小的离子半径（$r_{Al^{3+}}=0.0535$ nm）；然而，反应溶液中的 Al 多以 $[Al(OH)]^{2+}$、$[Al(OH)_2]^+$、$[Al(OH)_3]$（aq）、$[Al(OH)_4]^-$、$[Al_3(OH)_4]^{5+}$、$[Al_{13}O_4(OH)_{24}(H_2O)_{12}]^{7+}$等水合络离子的形式存在，而以游离态存在的 Al^{3+}较少。因此，虽然 Al^{3+}与 Ca^{2+}竞争结合水的能力相对加强，但因其数量较少，反而削弱了 Ca^{2+}的去溶剂化，使其促进析晶的能力降低。

综合分析本文所研究媒晶剂对脱硫石膏溶解特性、晶须结晶品质的影响可以发现，不同媒晶剂在预处理脱硫石膏制备硫酸钙晶须的过程中，都可以改善晶须的结晶，但其作用效果存在明显差异。对于本书研究媒晶剂及其反应溶液体系下，媒晶剂对晶须结晶影响由强到弱呈以下规律。

（1）化学稳定性。所用的媒晶剂在反应溶液体系中，不会与溶剂、溶质、其他添加剂或全部体系组分发生化学反应，生成新的化合物，从而影响晶须的结晶和品质。如本书研究中，以 KCl 为媒晶剂时，因其与石膏发生复盐反应，使晶须结晶较差，生成的复盐附着在晶须表面，降低了晶须的品质。

（2）同离子效应（除非可以形成具有较高溶解度的中性离子对，如 $MgSO_4^{(0)}$）。同离子效应（尤其是阴离子同离子效应）极大地降低了脱硫石膏的溶解度，导致晶须形核与生长过程中，反应溶液中 Ca^{2+}浓度较低，晶须形核与生长困难，且晶须形核与生长同时进行，使得所制备的晶须直径与长径比差异较大，而平均长径比较小。以 K_2SO_4、$MgCl_2$ 为媒晶剂时，所制备的晶须品质的差异也说明了这一点。

（3）非水合游离阳离子数量。媒晶剂水解后，只有以游离态的非水合阳离子存在时，才能有效地促进 Ca^{2+}的去溶剂化析晶；若其水解后更多的是以液态分子或复杂水合离子的形式存在，将降低或很难发挥媒晶剂的作用。如以 $CuCl_2$ 为媒晶剂时制备的硫酸钙晶须品质明显优于 $AlCl_3$ 为媒晶剂时所制备的晶须。

因此，以预处理后的脱硫石膏为原料，以常见无机盐为媒晶剂制备硫酸钙晶须时，媒晶剂对晶须结晶影响呈以下作用规律：化学稳定性>同离子效应>非水合游离阳离子数量。

4.4 本章小结

（1）以预处理后的脱硫石膏为原料，分别以 K_2SO_4、KCl、$MgCl_2$、$CuCl_2$ 和 $AlCl_3$ 为媒晶剂，采用水热法可以制备出具有一定长径比的硫酸钙晶须；与水溶液所制备的晶须相比，加入媒晶剂后均可以改善晶须的结晶品质，但不同媒晶剂的作用效果存在明显差异，呈 $CuCl_2$>$MgCl_2$>$AlCl_3$>K_2SO_4>KCl 依次减弱的规律。

（2）媒晶剂种类不同，其用量和解离特性也不相同，对脱硫石膏溶解度、晶须结晶、H_2SO_4用量的影响存在明显的差异，但并不影响所制备晶须试样的物相组成，所有晶须试样均呈半水石膏相。

（3）当以 $CuCl_2$ 为媒晶剂时，在优化条件下所制备的硫酸钙晶须表面光洁，结晶形貌呈单一的纤维状，其直径 1~3μm，长度约 400~600μm，晶须直径与长度分布均匀，平均长径比达 200，其综合品质相对最优。

（4）媒晶剂在反应溶液中的化学稳定性、同离子效应（除非可形成具有较高溶解度的中性离子，如 $MgSO_4^{(0)}$）和非水合游离阳离子数量是影响硫酸钙晶须结晶品质的重要因素，且其对晶须结晶的影响呈化学稳定性>同离子效应>非水合游离阳离子数量的作用规律。

5 媒晶剂作用下硫酸钙晶须生长机制

结晶控制是晶体材料制备、提纯和应用中最为重要的一种控制技术，在材料研究中具有重要的地位。液相条件下可以较为方便地通过调整溶液参数而控制晶体结晶过程，从而获得其他制备方法难以得到的晶体品质。因此，对溶液环境下材料的结晶研究始终是科研工作者研究的热点之一。

以往对于溶液中不同物相石膏结晶形貌与结晶过程的控制研究，大多采用有机试剂。由于有机试剂中特有的官能团能够选择性吸附于石膏晶体不同晶面，并以环状配合物形态分布在石膏晶核表面，对 Ca^{2+}、SO_4^{2-} 的扩散和晶面叠加造成空间位阻，从而改变石膏晶体生长习性和结晶形貌。本文前述研究表明：在脱硫石膏制备硫酸钙晶须的过程中，加入无机媒晶剂后，将影响脱硫石膏的溶解度、H_2SO_4的用量，从而改变反应溶液的组成，并改善晶须的品质。因无机媒晶剂解离后产生的阴阳离子并不具有有机试剂所特有的官能团结构，在晶须制备过程中，无机媒晶剂究竟如何促进晶须的形核与生长，需进一步深入研究。

5.1 溶液组成对晶须品质的影响

在利用预处理脱硫石膏为原料制备硫酸钙晶须时，加入的硫酸和无机盐媒晶剂对脱硫石膏溶解特性、反应溶液的组成产生了重要影响，进而影响了晶须的结晶形貌及品质；但在硫酸钙晶须制备过程中，对于硫酸和无机盐各自的作用仍不明晰。因此，研究不同溶液组成条件下晶须的结晶生长和脱硫石膏的溶解度，对明确硫酸和媒晶剂各自的作用具有重要意义，也有助于进一步揭示无机媒晶剂的作用机理。

结合前述研究结果可知，$CuCl_2$为媒晶剂时所制备的硫酸钙晶须品质相对较优，故以 $CuCl_2$媒晶剂为例，对不同溶液组成条件下水热产物的显微结构、晶须表面状态、品质进行系统研究，以考察硫酸与无机盐媒晶剂在脱硫石膏制备硫酸钙晶须过程中各自的作用。

为此，本章分别对纯水（H）、H_2SO_4-H_2O(H-H)、$CuCl_2$-H_2O(C-H) 和 H_2SO_4-$CuCl_2$-H_2O(H-C-H) 溶液组成条件下硫酸钙晶须的结晶状况进行研究，具体试验方案设计如表 5.1 所示。

根据表 5.1 试验条件，反应结束后，将过滤后的滤饼干燥，制样后进行 SEM、XRD、XPS、TEM 等分析；滤液收集后迅速置于烧杯中，再将烧杯放入预先设定好温度的恒温水浴锅中，测定溶液中 Ca^{2+}的含量，并计算脱硫石膏在滤液中的溶解度。

表 5.1 不同溶液组成条件下硫酸钙晶须制备的试验条件

试验编号	温度/℃	$CuCl_2$用量/%	H_2SO_4浓度 /mol · L^{-1}	料浆浓度 /%	反应时间 /min
H	130	0	0	5.0	60
H-H	130	0	10^{-3}	5.0	60
C-H	130	1.5	0	5.0	60
H-C-H	130	1.5	10^{-3}	5.0	60

5.1.1 溶液组成对晶须结晶形貌的影响

图 5.1 是不同溶液组成体系下水热产物的 SEM 照片。

图 5.1 不同溶液组成条件下水热产物的 SEM 照片

(a) H; (b) H-H; (c) C-H; (d) H-C-H

当不加硫酸和$CuCl_2$时，脱硫石膏处于纯水溶液中，此时水热产物中晶须含量较少，且长径比较低，晶须存在明显的分叉、蚀坑、断裂等缺陷；大部分水热产物呈短柱状、颗粒状，并包含有少量的无定形态物质，其结果如图 5.1(a)所示。

向水中加入 10^{-3} mol/L 的 H_2SO_4，水热产物中颗粒状与无定形态形貌基本消失，仅存在少量短柱状结晶，水热产物几乎全部呈晶须形貌，大部分晶须长度处于 100~200μm，少量晶须长度较大，超过了 400μm；晶须直径 3~8μm，同时可以发现少量直径约 1μm 的晶须，其 SEM 结果如图 5.1（b）所示。这表明晶须直径、长度分布较宽。尽管此时晶须没有发现分叉、蚀坑、断裂等结晶缺陷，但表面“沟壑”状缺陷明显。

当溶液组成为 $CuCl_2$-H_2O 时，水热产物如图 5.1（c）所示，其形貌与 H_2SO_4-H_2O 的水热产物形貌组成相似，尽管其长度和长径比均明显增加，但直径以 1~3μm 为主，部分在 4~6μm，晶须直径差异较大，且晶须表面“沟壑”状缺陷未见改善迹象。

调整溶液组成为 H_2SO_4-$CuCl_2$-H_2O，晶须长度进一步增加，大部分晶须长度达 400~600μm，直径 1~3μm，晶须长径比明显增加，且直径分布更加均匀，如图 5.1（d）所示。此时，晶须表面光洁，无明显缺陷存在，仅见少量的细小斑点状析出物附着，晶须结晶得到了显著改善，几乎与晶须定义的要求完全一致。

5.1.2 溶液组成对晶须晶体结构的影响

为进一步研究不同溶液组成条件下水热产物的显微结构，对上述试验条件下所制备的试样进行了 XRD 分析，其结果如图 5.2 所示。

在所有的硫酸钙物相中，$d=6.0$Å 和 $d=3.48$Å（1Å$=10^{-10}$m）是半水石膏相特有的、唯一的标志。图 5.2 表明，利用脱硫石膏为原料、采用水热工艺时，无论溶液组成如何变化，所制备的产物试样均呈半水石膏相；但不同溶液组成条件下所制备试样的 XRD 图谱强度存在明显差异。当溶液组成为纯水时，试样的特征衍射峰强度较低，分别向纯水中加入$CuCl_2$和 H_2SO_4后，试样的特征衍射峰强度均有所提高，但与同时加入$CuCl_2$和 H_2SO_4所制备的试样相比，其特征衍射峰强度仍较低，这与 SEM 照片中试样的结晶形貌变化所反映的晶须结晶状况是一致的。

由于所制备的晶须呈半水石膏相，根据其结晶水含量也可以直观的判断晶须的结晶状况。对图 5.1 中（d）试样进行了热重分析，其结果如图 5.3 所示。

在升温过程中，当温度低于 120℃时，晶须的结构并不发生变化，其内部的结晶水并没有逸出；当煅烧温度高于 120℃时，晶须内的结晶水开始脱除，随温度的继续升高，脱水速度逐渐加快；当温度达到 200℃时，脱水已基本结束，晶

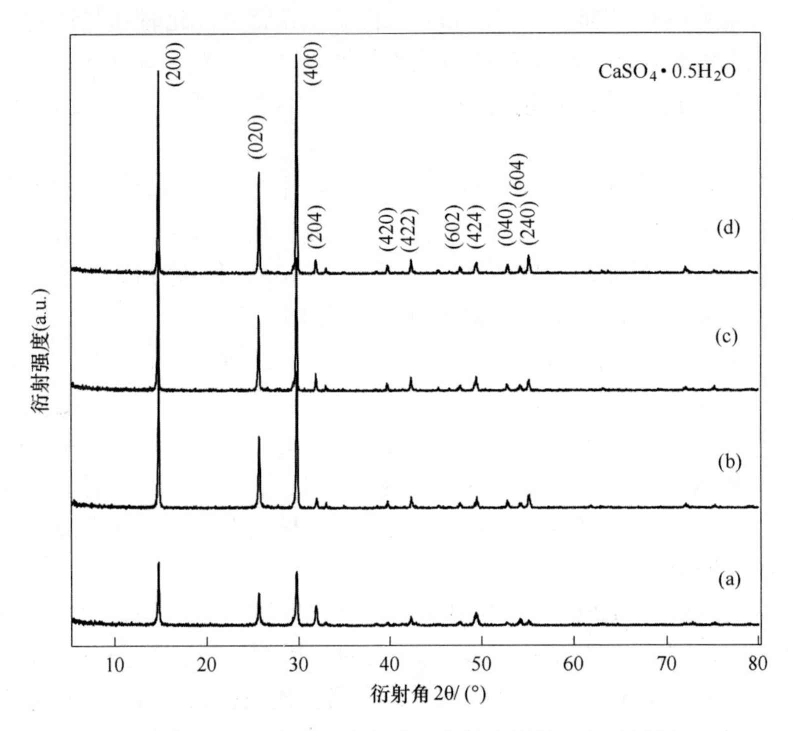

图 5.2　不同溶液组成条件下水热产物的 XRD 图谱

(a) H；(b) H-H；(c) C-H；(d) H-C-H

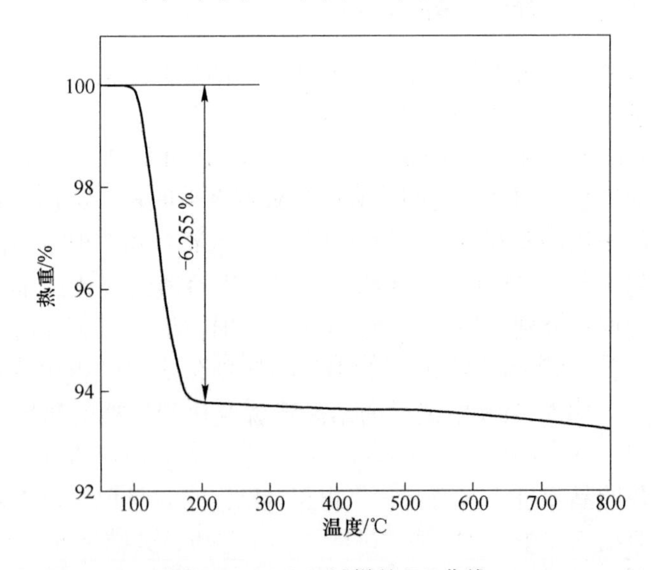

图 5.3　H-C-H 试样的 TG 曲线

须由半水石膏相转化为无水石膏相。在 200℃时，试样的失重为 6.255%，稍大于半水石膏结晶水理论含量 6.207%。这可能是因为半水石膏为亚稳相，容易吸收空气中的水分而水化为二水石膏所致。当温度高于200℃而低于石膏分解温度时，几乎无失重现象发生。综合分析图5.2和图5.3可知，在硫酸和氯化铜的共同作用下，可以制备出结晶良好的半水硫酸钙晶须。

5.1.3 溶液组成对脱硫石膏溶解度的影响

由图5.1可知，在不同的溶液组成中，所制备的硫酸钙晶须的结晶形貌与品质存在明显差异。溶液中DH、HH和AH的结晶，是一种典型的竞争形核结晶，尤其是在电解质溶液中。当溶液组成不同时，平衡条件下溶液中Ca^{2+}和SO_4^{2-}浓度也将不同，从而对形核界面能产生影响，导致形核速率发生变化。因此，测定反应后滤液中Ca^{2+}的浓度，对探究溶液组成对脱硫石膏溶解度的影响和明确无机盐与硫酸在晶须制备中的作用机理，实现对脱硫石膏晶须的结晶控制具有重要意义。

根据表5.1试验条件，将反应后收集的滤液进行Ca^{2+}浓度测定，计算脱硫石膏的溶解度，其结果如表5.2所示。

表5.2 不同溶液组成条件下脱硫石膏的溶解度 (g/kg)

试验编号	温度/℃			
	25	50	75	100
H	2.017	2.195	1.902	1.856
H-H	1.907	2.122	2.178	2.395
C-H	1.757	1.790	2.152	1.941
H-C-H	2.114	2.221	2.231	2.145

加入H_2SO_4后，除25℃时脱硫石膏的溶解度小于纯水外，随温度升高，其余溶解度均大于纯水中的溶解度。加入$CuCl_2$后，在温度低于50℃时，脱硫石膏溶解度小于纯水中溶解度，而温度高于50℃时，其溶解度又大于纯水中溶解度；但整个温度范围内，脱硫石膏溶解度都小于H_2SO_4-H_2O溶液体系。对于H_2SO_4-$CuCl_2$-H_2O溶液体系，除100℃时脱硫石膏溶解度小于H_2SO_4-H_2O溶液体系外，其余均大于纯水、H_2SO_4-H_2O和$CuCl_2$-H_2O溶液体系中的溶解度。因此，在纯水、H_2SO_4-H_2O、$CuCl_2$-H_2O和H_2SO_4-$CuCl_2$-H_2O溶液体系条件下，脱硫石膏的溶解度存在明显的差异。

前文中虽然详细分析了无机媒晶剂对硫酸钙晶须结晶和脱硫石膏溶解度的影响，但并未就H_2SO_4的影响展开系统研究。这使得单由表5.2所示的试验结果很难发现溶液组成变化对硫酸钙晶须结晶和脱硫石膏溶解度影响的变化规律，以及无机媒晶剂和H_2SO_4各自的作用机理。

5.1.4　H_2SO_4作用分析

由于在强电解质存在的溶液条件下，电解质的水解将影响到物质的溶解度变化，导致溶液组成发生变化，进而对材料的结晶产生影响。因此，系统研究H_2SO_4溶液环境下脱硫石膏溶解度的变化，对揭示无机媒晶剂作用机理及其作用下硫酸钙晶须的生长机制具有重要意义。

为此，根据本研究实际情况，特对低浓度H_2SO_4溶液（≤0.1mol/L）中脱硫石膏的溶解度进行了系统研究，设置6组试验，H_2SO_4溶液的浓度依次为0、0.01、0.03、0.05、0.07、0.1mol/L，按照附录所示方法，分别测定25、50、75、100℃时溶液中Ca^{2+}浓度，并计算脱硫石膏的溶解度，所得结果如图5.4所示。

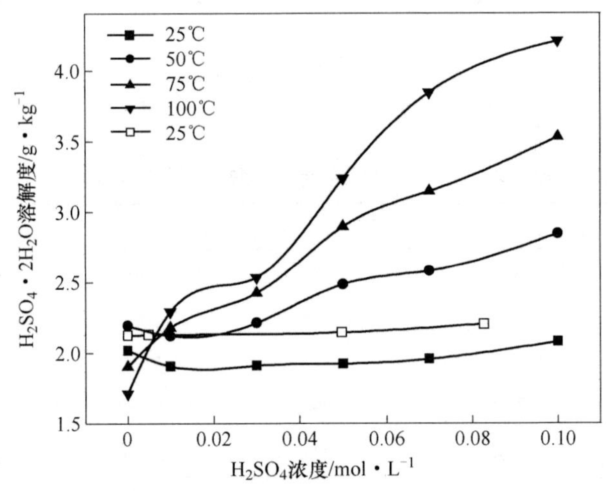

图5.4　提纯后脱硫石膏溶解度与低H_2SO_4浓度关系曲线

■，●，▲，▼—作者试验结果；□—Cameron et al. 研究结果

图5.4表明，当H_2SO_4浓度小于0.01mol/L时，在25、50℃条件下，脱硫石膏溶解度略有下降；但温度高于50℃后，脱硫石膏溶解度随H_2SO_4浓度增加而增加，这与文献反映的脱硫石膏溶解度的变化趋势是一致的。当H_2SO_4浓度为0.01~0.1mol/L时，各温度下预处理脱硫石膏的溶解度都随H_2SO_4浓度的增加而增加。

对于低浓度的H_2SO_4溶液，H_2SO_4将发生如式（5-1）所示的一级电离和如式（5-2）所示的二级电离。H_2SO_4的一级电离是完全无限的，而二级电离是部分发生的。

$$H_2SO_4 \longrightarrow H^+ + HSO_4^- \tag{5-1}$$

$$HSO_4^- \rightleftharpoons H^+ + SO_4^{2-} \tag{5-2}$$

在较低的温度和 H_2SO_4 浓度条件下，H_2SO_4 将发生如式（5-2）所示的二级电离，这使得溶液中 SO_4^{2-} 浓度增加，由于同离子效应，导致脱硫石膏溶解度减小。随着温度的升高和 H_2SO_4 浓度的增加，脱硫石膏溶解度显著增加，这可能是受硫酸不同解离状况的影响。当温度升高时，H_2SO_4 的二级解离迅速降低，而且其一级、二级解离常数均减小，这使得溶液中 SO_4^{2-} 浓度降低，为满足该温度下 Ca^{2+} 和 SO_4^{2-} 溶度积常数，导致脱硫石膏溶解度的增加。

当向反应溶液中加入 $CuCl_2$ 后，由第四章表 4.2 可知，脱硫石膏的溶解度随温度的升高先降低，后增加。与纯水中脱硫石膏溶解度相比，加入 $CuCl_2$ 后，在低温下，脱硫石膏溶解度小于纯水中溶解度，随温度升高到 100℃ 时，则恰好相反；但随 $CuCl_2$ 加入量的变化，脱硫石膏溶解度变化很小。这表明，在预设的反应温度范围内，当有 $CuCl_2$ 存在时，脱硫石膏溶解度的波动相对较小。

向反应溶液中同时加入 $CuCl_2$ 和 H_2SO_4 后，在低温下，脱硫石膏的溶解度大于其在 H_2SO_4-H_2O 和 NaCl-H_2O 中的溶解度；当温度在 100℃ 时，其溶解度介于二者之间。结合图 5.4 和前述不同盐对脱硫石膏溶解度的影响可以发现：在 H_2SO_4 溶液中，脱硫石膏的溶解度随 H_2SO_4 浓度的增加而增加，大于其在水中的溶解度（除 25℃），且随温度升高，溶解度增加更明显；而在 $CuCl_2$ 溶液中，脱硫石膏的溶解度随其用量的增加一般呈先减小、后增加的变化趋势，但溶解度的变化幅度较小。也就是说，在反应条件下 H_2SO_4 将提高脱硫石膏的溶解度，而 $CuCl_2$ 则相对保持了脱硫石膏溶解度的稳定。

结合第 4 章研究结果可知，同时加入 H_2SO_4 和少量无机盐，有利于保持溶液中较高的 Ca^{2+} 和 SO_4^{2-} 浓度及其相对稳定性，但二者作用并不相同。H_2SO_4 是为了提高脱硫石膏的溶解度，保证溶液中有足够的晶格离子，以满足反应过程中晶须形核与生长的要求；而加入无机盐，则主要是为了促进 Ca^{2+} 的去溶剂化析晶，以保证反应溶液可以在短时间内形成大量的有效晶核，尽可能避免形核与生长的同时进行，从而使所制备的晶须直径、长度更加均匀。

5.2 媒晶剂作用机理

溶液体系的改变，对晶体材料的形核、生长与形貌控制有着重要的影响。Sargut 等对石膏在 Cr^{3+}-柠檬酸-H_2O 溶液中结晶形貌的研究中发现，当有 Cr^{3+} 存在时，石膏结晶形貌将由水溶液中的玫瑰状向叶片状转变。一些学者正是利用这一技术手段，通过加入不同的添加剂，对石膏结晶过程及其形貌进行控制，以制备结晶良好、形貌可控的石膏材料。目前对于硫酸钙晶须的结晶控制，主要以柠檬酸钠、硬脂酸、硬脂酸钠、油酸钠、硬脂酸钠-油酸钠等有机试剂为主。

对于有机添加剂的作用机理，大部分研究认为：不同有机添加剂具有不同的官能团，它们吸附在硫酸钙晶核不同晶面，导致晶核各晶面的生长速度不同，从而影响晶须生长。前述无机盐对硫酸钙晶须结晶形貌控制的研究结果表明：尽管无机媒晶剂与有机试剂性能差别较大，但无机媒晶剂也可以实现对晶须结晶形貌的控制，提高晶须的品质，但其作用机理是否与有机试剂相同，需要进一步研究分析。

溶液中硫酸钙晶须的形核与生长过程中，媒晶剂水解后产生的阴阳离子与晶须相互作用可能有两种形式：一是媒晶剂离子进入晶须晶格，取代部分晶格离子形成固溶体而影响晶须的结晶；二是在晶须的表面进行吸附—解吸，影响晶须不同晶面的生长速率，从而改变晶须的结晶形貌。

为探究预处理脱硫石膏水热制备硫酸钙晶须过程中，媒晶剂究竟是以何种方式与晶须相互作用，从而影响硫酸钙晶须的结晶，特对不同溶液组成条件下水热产物主要晶面参数进行分析，以研究媒晶剂离子对晶须晶格参数的影响；同时采用 XPS 分析研究媒晶剂对晶须表面特性的影响，以明确媒晶剂与晶须之间的相互作用。

根据图 5.2 的 XRD 图谱，不同溶液组成条件下水热产物主要晶面参数如表 5.3 所示。

表 5.3 不同溶液组成条件下水热产物 XRD 图谱主要晶面参数分析

晶面	晶面参数	试验编号			
		H	H-H	C-H	H-C-H
(200)	$2\theta/(°)$	14.753	14.821	14.791	14.837
	$d/10^{-10}$m	6.000	5.973	5.984	5.966
	$I/\%$	100	100	100	93
(020)	$2\theta/(°)$	25.667	25.747	25.696	25.754
	$d/10^{-10}$m	3.468	3.457	3.464	3.456
	$I/\%$	50	50	62	46
(400)	$2\theta/(°)$	29.712	29.822	29.772	29.805
	$d/10^{-10}$m	3.004	2.994	2.998	2.995
	$I/\%$	77	94	97	100
(204)	$2\theta/(°)$	31.879	31.997	31.945	31.919
	$d/10^{-10}$m	2.805	2.795	2.799	2.802
	$I/\%$	30	6	13	6
(420)	$2\theta/(°)$	39.657	39.718	39.710	39.724
	$d/10^{-10}$m	2.271	2.268	2.268	2.267
	$I/\%$	3	4	4	3

续表 5.3

晶面	晶面参数	试验编号			
		H	H-H	C-H	H-C-H
(422)	$2\theta/(°)$	42.277	42.301	42.288	42.311
	$d/10^{-10}$m	2.136	2.135	2.136	2.134
	$I/\%$	9	5	9	6
(602)	$2\theta/(°)$	47.555	47.650	47.541	47.641
	$d/10^{-10}$m	1.911	1.907	1.911	1.907
	$I/\%$	4	3	1	3
(424)	$2\theta/(°)$	49.341	49.492	49. 424	49.439
	$d/10^{-10}$m	1.845	1.840	1.843	1.842
	$I/\%$	19	7	9	4
(040)	$2\theta/(°)$	52.732	52.766	52.750	52.879
	$d/10^{-10}$m	1.735	1.733	1.734	1.730
	$I/\%$	3	4	6	3
(604)	$2\theta/(°)$	54.114	54.192	54.189	54.198
	$d/10^{-10}$m	1.693	1.691	1.691	1.691
	$I/\%$	7	2	4	2
(240)	$2\theta/(°)$	55.093	55.111	55.145	55.088
	$d/10^{-10}$m	1.666	1.665	1.664	1.666
	$I/\%$	5	9	7	8

由表 5.3 可知，分别加入 $CuCl_2$、H_2SO_4后，试样主要衍射晶面有向高角度偏移的趋势，相应的晶面间距有所减小；相比而言，加入 H_2SO_4后的试样衍射晶面向高角度偏移的趋势更加明显。当同时加入 $CuCl_2$和 H_2SO_4后，试样的这一变化有被强化的趋势。这可能是因为溶液中非晶格离子浓度较高，尤其是 SO_4^{2-} 浓度的增加，将使生长晶面受到更大的静电斥力作用，从而导致生长晶面呈收缩趋势。由于晶格变化幅度微弱，单由表 5.3 所示的晶须晶格参数变化很难确定媒晶剂离子是否进入到晶须的晶格中。

如果有媒晶剂离子进入到晶须晶格中，将导致晶须生长过程中产生较多的缺陷，并影响晶须的化学组成和表面特性。因此，采用 XPS 分析试样表面特性，对探明媒晶剂究竟是以何种方式与晶须相互作用，是否进入晶须晶格具有重要意义。

为此，对不同溶液组成条件下制备的晶须试样的表面进行了 XPS 分析，图 5.5 是不同硫酸钙晶须试样全扫描 XPS 谱，表 5.4 为相应试样表面主要元素质量分数，图 5.6 分别为试样表面的 O 1*s*、C 1*s*、Ca 2*p* 和 S 2*p* 的窄扫描 XPS 图谱。

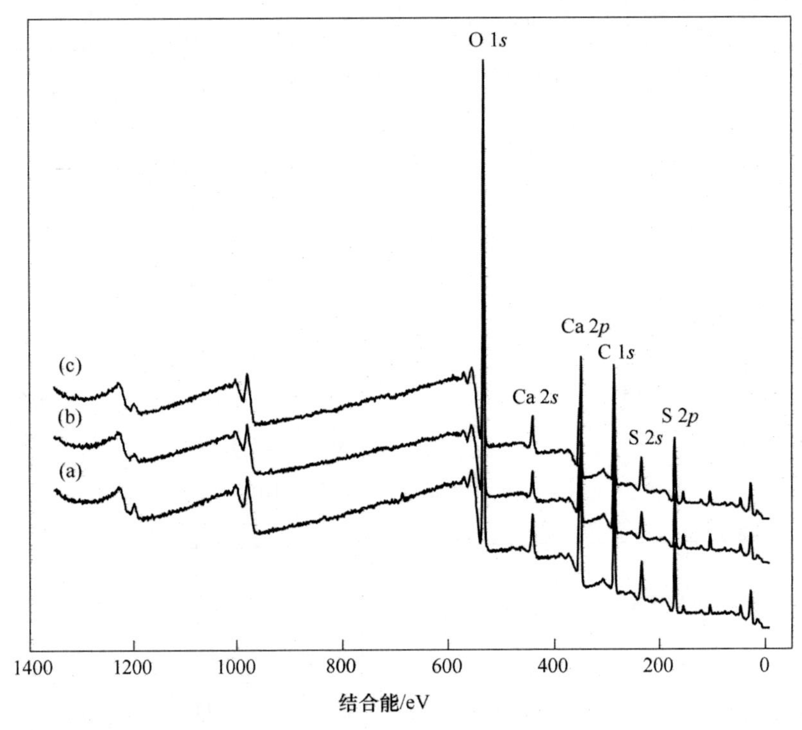

图 5.5　脱硫石膏不同条件下制备的硫酸钙晶须的 XPS 全谱

(a) H-H；(b) C-H；(c) H-C-H

表 5.4　硫酸钙晶须表面元素及其质量分数　(%)

样品	Ca	S	O	C	Cl	K	Na	Si	Al
(a)	10.3	11.55	41.37	28.85	0.62	0.24	0.78	3.34	2.95
(b)	7.50	8.96	35.92	37.58	0.7	0.39	0.40	5.69	2.86
(c)	8.68	10.25	38.65	33.57	0.88	0.28	0.47	4.47	2.76

由图 5.5 可知，不同条件下制备的硫酸钙晶须的 XPS 全谱中，除了钙、硫、氧、氯元素的峰外，还有碳元素的峰。结合表 5.3 可知，不同条件下制备的晶须样品表面元素 Ca、S、O 原子比例基本为 1∶1∶4，这说明制备的晶须均为硫酸钙晶须。需要指出的是，不同溶液组成条件下制备的晶须，其表面碳元素相对含

量都在30%左右。结合第2章图2.14预处理技术对脱硫石膏表面特性的影响分析可知，晶须表面所附着的碳主要是由预处理时浮选药剂引入所致。同样，试样表面的氯元素主要为一次球磨助磨剂NH_4Cl、酸洗时加入的盐酸和自来水介质中的氯元素与原料中颗粒表面的钙发生吸附反应所致（因为H_2SO_4溶液中所制备试样与加入$CuCl_2$所制备试样的Cl^-含量相当）。

表5.5列出了硫酸钙晶须表面对应于O 1*s*、S 2*p*、C 1*s*和Ca $2p_{3/2}$的结合能。结合图5.6可知，试样表面的O 1*s*结合能分别为531.88、531.78、531.80eV，接近$CaSO_4$表面的O 1*s*标准结合能（532.0eV），小于硫酸铜中的O 1*s*标准结合能（532.2 eV）；试样表面的S 2p结合能分别为170.59、170.24、170.38 eV，接近$CaSO_4$表面的S 2*p*标准结合能（169.6eV），可见在晶须制备过程中硫酸钙晶格中的氧原子并没有与媒晶剂引入阳离子发生反应。

表5.5　硫酸钙晶须表面的XPS结合能

样品	结合能/eV			
	Ca $2p_{3/2}$	S 2*p*	O 1*s*	C 1*s*
(a)	347.78	170.59	531.88	286.40
(b)	347.28	170.24	531.78	286.16
(c)	347.30	170.38	531.80	286.24

注：(a) H-H，(b) C-H，(c) H-C-H。

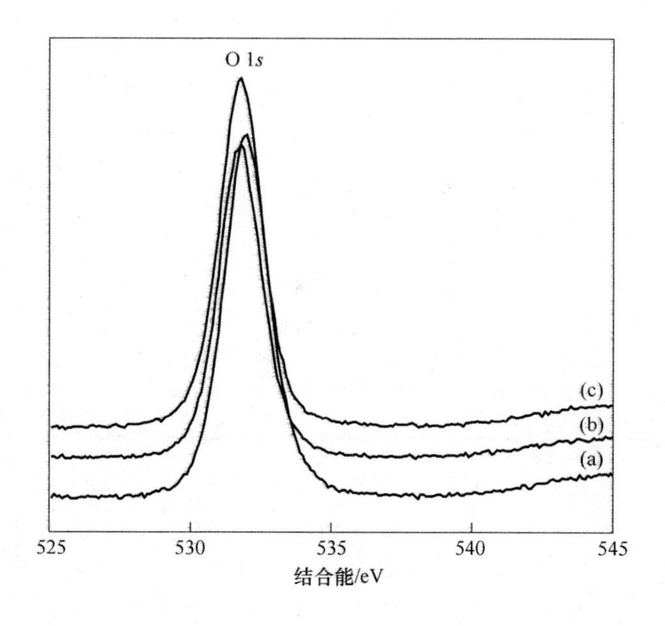

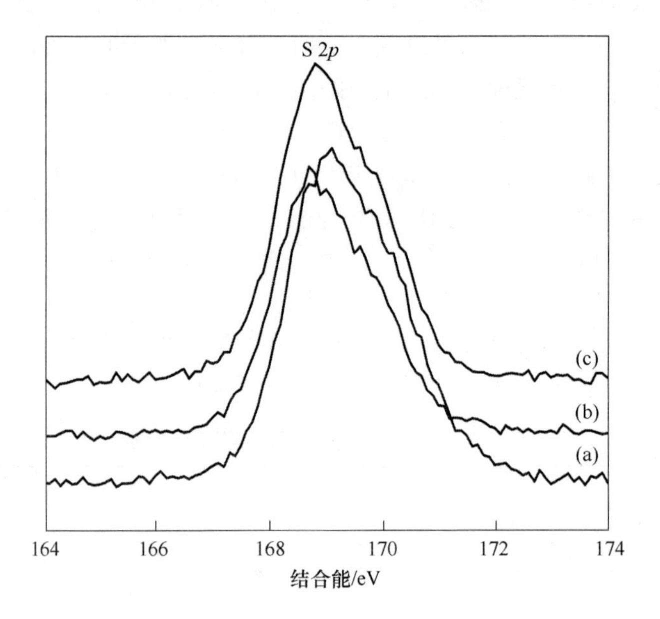
S 2p
(c)
(b)
(a)
164
166
168
170
172
174
结合能/eV

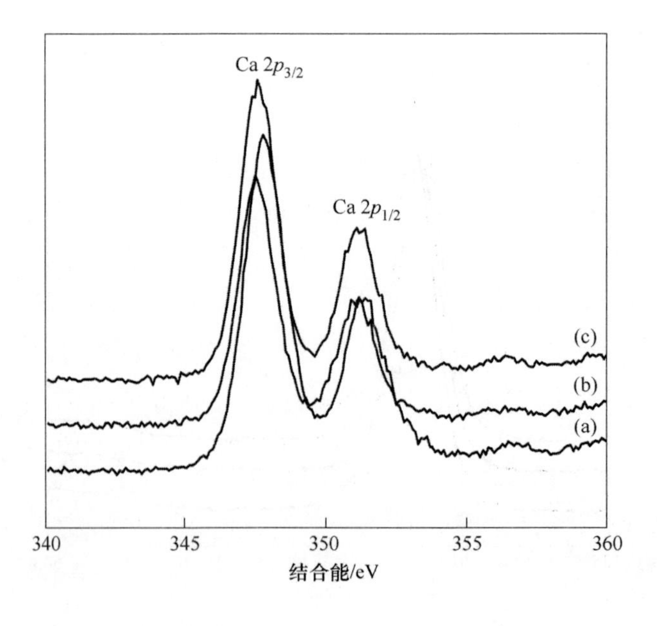
Ca 2p3/2
Ca 2p1/2
(c)
(b)
(a)
340
345
350
355
360
结合能/eV

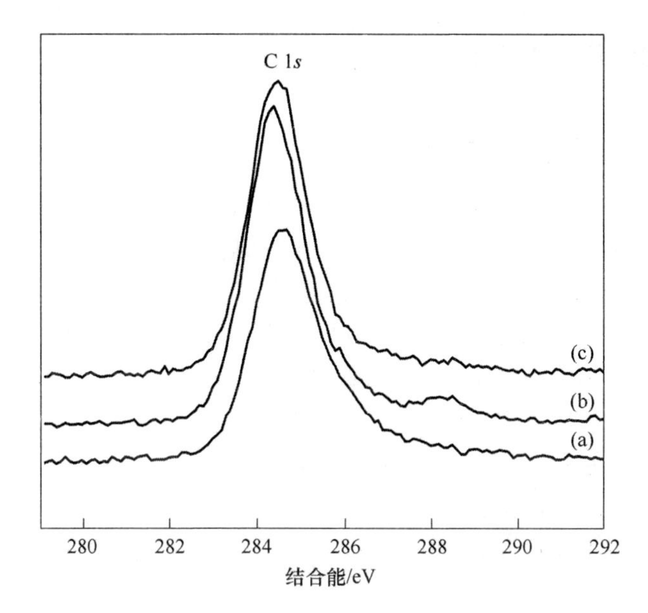

图 5.6 脱硫石膏不同条件下制备的硫酸钙晶须表面的窄扫描 XPS 谱

(a) H-H；(b) C-H；(c) H-C-H

试样表面的 Ca $2p_{3/2}$结合能分别为 347.78、347.28、347.30eV。三种条件下所制备试样表面的 Ca $2p_{3/2}$ 结合能均小于硫酸钙中钙原子的标准结合能（348.0eV），也小于氯化钙中的 Ca $2p_{3/2}$标准结合能（348.2eV），而接近于羧酸钙中 Ca $2p_{3/2}$标准结合能（347.5eV）。三种试样的 Ca $2p_{3/2}$均向低能方向发生了偏移，偏移大小分别为 0.22、0.72、0.70eV，这说明在反应结束后降温过程中，硫酸钙晶须表面的 Ca^{2+}仍然与原料预处理时引入的有机基团结合，这也是表 5.4 中的碳的质量分数较高的原因。

综合上述分析可见，媒晶剂引入阴阳离子在晶须制备过程中并不参与反应，即不会进入到晶须晶格中，而是以吸附—解吸的形式与晶须相互作用，最终在过滤清洗时被分离出去。Jones 等在相同过饱和条件下研究了 Na^+、K^+、Zn^{2+}、Cu^{2+}和 Al^{3+}对 $BaSO_4$结晶的影响，研究表明，这些阳离子可以与 $BaSO_4$晶体表面的 SO_4^{2-} 形成弱界面，在反应过程中，Ba^{2+}能够逐渐取代这些阳离子，使得 $BaSO_4$晶体在 c 轴的生长加快。Hamdona 等在对 DH 的结晶研究中还发现，正是由于金属离子在 DH 结晶表面的吸附，才影响到 DH 的结晶速率。这些研究结果也表明，媒晶剂解离后所引入的阴阳离子，主要是以吸附—解吸的形式与晶体材料相互作用的，与本文的结论是一致的，这也证实了前述分析是恰当的。

5.3 媒晶剂作用下晶须的生长机制

5.3.1 媒晶剂作用下晶须的形核

经典形核理论认为，在结晶的初期，离子（分子）簇很不稳定，易于溶解，只有其达到形核临界尺寸时，才能进一步生长结晶；而晶核的形成受自由能降低和表面能增加两者竞争结果的控制。只有当晶胚形成时的体自由能降低超过表面能的增加时，才有可能形核。对于形成尺寸为 z 的晶胚所需的功见式（5-3）。

$$W(z) = -zk_B T\ln S + \gamma A(z) \tag{5-3}$$

式中 S——过饱和比，无量纲；

k_B——波尔兹曼常数，1.38×10^{-23} J/K；

γ——界面能，J/m^2；

$A(z)$——晶簇表面积，m^2；

T——温度，K。

对上式求导，可得临界形核功和临界形核尺寸，分别如式（5-4）和式（5-5）所示：

$$W^* = \frac{16\pi V_0^2\gamma^3}{3(k_B T)^2\ln^2 S} \tag{5-4}$$

$$z^* = \frac{32\pi V_0^2\gamma^3}{3(k_B T)^3\ln^3 S} \tag{5-5}$$

式中 V_0——分子体积，m^{-3}，$V_0 = M/\rho N_A$（DH：1.24×10^{-28}，α-HH：8.75×10^{-29}）；

N_A——阿伏伽德罗常数。

由式（5-4）和式（5-5）可知，界面能 γ 和过饱和度 S 是影响形核过程的两个主要因素。此外，形核还受物相或晶型相互作用的影响，其形核速率如式（5-6）所示：

$$J = A\exp\left(-\frac{W^*}{k_B T}\right) = A\exp\left(-\frac{16\pi V_0^2\gamma^3}{3(k_B T)^3\ln^2 S}\right) \tag{5-6}$$

式中 A——动力学指前因子，m^{-3}/s。

$$A = \left(\frac{4\pi}{3V_0}\right)^{1/3}\left(\frac{\gamma}{k_B T}\right)^{1/2} Dc_e N_A \tag{5-7}$$

式中 D——扩散系数，m^2/s；

c_e——溶解度，g/m^3。

根据 Söhnel 等的研究，对于难溶性电解质盐，其界面能受其溶解性能的影响，如式（5-8）所示：

$$\gamma = \beta k_B T \frac{1}{V_0^{2/3}} \ln \frac{1}{V_0 c_e} \tag{5-8}$$

式中 β——形状因子，$\beta = 0.514$。

对于溶液中硫酸钙晶须的形核，溶解—再结晶论认为：硫酸钙晶须的生成实质上是溶解度较大的二水硫酸钙溶解在溶液中，然后转化为溶解度较小的半水硫酸钙，此过程的推动力应该是两种水合物的溶解度之差，即发生了如式（4-4）和式（5-9）所示的解离过程；与此同时，还存在少量的 $CaSO_4(aq)$。如果忽略 $CaSO_4(aq)$ 的影响，则加热反应前溶度积按式（5-10），加热反应后溶度积按式（5-11）计算。

$$Ca^{2+} + SO_4^{2-} + 0.5H_2O \rightleftharpoons CaSO_4 \cdot 0.5H_2O \tag{5-9}$$

$$K_{sp}^1 = [Ca^{2+}][SO_4^{2-}] \times \gamma_{Ca^{2+}} \times \gamma_{SO_4^{2-}} \times \alpha_{H_2O}^2 \tag{5-10}$$

$$K_{sp}^2 = [Ca^{2+}][SO_4^{2-}] \times \gamma_{Ca^{2+}} \times \gamma_{SO_4^{2-}} \times \alpha_{H_2O}^{0.5} \tag{5-11}$$

因此，溶解平衡时，二水石膏和半水石膏的溶解度可以分别表示为：

$$c_e^1 = \sqrt{[Ca^{2+}][SO_4^{2-}]} = \sqrt{\frac{K_{sp}^1}{\gamma_{Ca^{2+}} \times \gamma_{SO_4^{2-}} \times \alpha_{H_2O}^2}} \tag{5-12}$$

$$c_e^2 = \sqrt{[Ca^{2+}][SO_4^{2-}]} = \sqrt{\frac{K_{sp}^2}{\gamma_{Ca^{2+}} \times \gamma_{SO_4^{2-}} \times \alpha_{H_2O}^{0.5}}} \tag{5-13}$$

式中 K_{sp}^1——反应条件下 DH 的平衡常数；

K_{sp}^2——反应条件下 HH 的平衡常数；

$\gamma_{Ca^{2+}}$——反应条件下溶液中 Ca^{2+} 的活度系数；

$\gamma_{SO_4^{2-}}$——反应条件下溶液中 SO_4^{2-} 的活度系数；

α_{H_2O}——反应条件下水的活度。

当 $c_e^1 > c_e^2$ 时，DH 解离平衡后 Ca^{2+} 和 SO_4^{2-} 浓度大于生成 HH 时所需的 Ca^{2+} 和 SO_4^{2-} 浓度，溶液相对 HH 为过饱和溶液，将按照式（5-9）生成 HH，此时 Ca^{2+} 和 SO_4^{2-} 浓度将有减小的趋势，为保持 K_{sp}^1 不变，则原料将不断溶解，以补偿生成 HH 所消耗的 Ca^{2+} 和 SO_4^{2-}，这一过程不断进行，直到反应结束。当原料完全溶解后，由于 Ca^{2+} 和 SO_4^{2-} 得不到补充，迫使 DH 溶解度降低，直到 $c_e^1 = c_e^2$ 时，此时，溶液中 DH 和 HH 均达到解离平衡，且受 HH 解离平衡的控制。

随媒晶剂的加入，其水解产生的阴阳离子对溶液中 Ca^{2+}、SO_4^{2-} 和水的活度产生了影响。当整个反应体系达到平衡时，溶度积主要受各离子活度影响；而各离子活度系数与离子间作用强度和离子电荷数有关。当溶液体系达到平衡时，各离子浓度将保持动态平衡，因正负离子电荷数为一确定值，因此，反应物各离子活度系数与生成物各离子活度系数必然相等，即在硫酸钙晶须制备过程中，DH 溶解和 HH 结晶时，其 Ca^{2+} 和 SO_4^{2-} 的活度系数相等。由此，根据式（5-12）和式（5-13）可得：

$$c_e^2 = \sqrt{\frac{K_{sp}^2 a_w^{1.5}}{K_{sp}^1} c_e^1} \tag{5-14}$$

对于溶液体系下晶体材料的结晶，当采用易溶物质为原料时，其形核驱动力为溶液的相对过饱和度，即：

$$\delta = \frac{c}{c^*} - 1 \tag{5-15}$$

式中 c——初始条件下物质浓度，g/m^3；

c^*——平衡条件下物质浓度，g/m^3。

然而，对于采用微溶或难溶物质为原料制备晶体材料时，如以脱硫石膏为原料制备硫酸钙晶须，由于其微溶性，直接应用这一定义显然是不恰当的。鉴于硫酸钙晶须结晶的推动力为 DH 和 HH 的溶解度之差这一动力学特性，将 c 定义为平衡条件下 DH 的浓度，c^* 定义为平衡条件下 HH 的浓度更符合结晶环境的实际状况。

综上所述，硫酸钙晶须的形核不仅受自身结晶习性的影响，还受反应过程中原料溶解特性的影响。由于 K_{sp} 是与温度有关的函数，在硫酸钙晶须制备过程中，保温阶段虽然可以近似为一恒温过程，但微小的温度波动难以避免。随着温度的波动，K_{sp} 将产生波动，从而使反应条件下 DH 和 HH 的解离平衡发生变化，进而影响晶须的形核与生长。因此，如何保证反应过程中原料和结晶物质溶解平衡的稳定，将对晶须的结晶状况产生重要的影响。

由于溶液中同时出现 $CuCl_2$ 和 H_2SO_4 时，脱硫石膏的溶解度大于水中溶解度，且随温度的升高，溶解度逐渐增加。由式（5-8）可知，反应溶液中脱硫石膏溶解度的增加，将降低晶须形核界面能，有利于晶核的形成。图 5.7 为形核过程中温度随时间变化的关系曲线。

在升温过程中，随时间的延长，反应溶液体系温度逐渐升高；当温度达到 112.5℃时，溶液体系出现一个显著的吸热峰，体系温度降低到 105℃附近时，溶液体系又开始升温，直至达到保温温度。反应溶液体系温度变化的这一现象，正是晶须形核时吸收热量的宏观表现。由此可以推断，硫酸钙晶须的晶核是在短时间内集中爆发形成的，即在短时间内形成大量的有效晶核，这对制备直径细小均匀的硫酸钙晶须是十分重要的。

5.3.2 媒晶剂作用下晶须的生长

当溶液中形成大量有效晶核后，随着脱硫石膏的不断溶解，晶须逐渐开始生

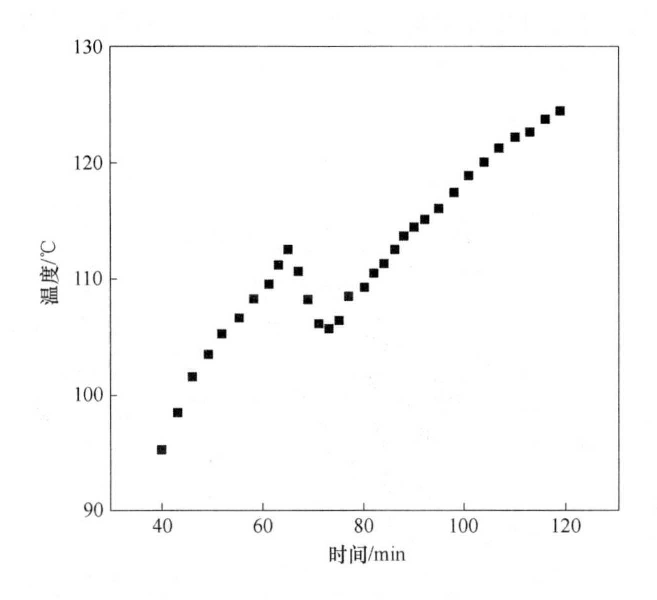

图 5.7 晶须制备过程中溶液体系温度随时间的变化曲线

长。由于晶体不同晶面原子排列性质与密度的差异，导致各晶面生长速率有所不同。硫酸钙晶须主要晶面上原子分布状况为：（200）面由 15 个 Ca^{2+}和 4 个 SO_4^{2-}组成；（020）面由 15 个 Ca^{2+}和 8 个 SO_4^{2-} 组成；（002）面则由 21 个 Ca^{2+}和 8 个 SO_4^{2-} 组成。相比之下，（002）面具有更高的原子排列密度，（020）面次之，而（200）面则最低，因此，溶液中的 Ca^{2+} 和 SO_4^{2-} 在（002）面结合速度最快，（020）面次之，而（200）面则最慢，故晶须最容易显露的晶面是（200）面，其次为（020）面。正是半水硫酸钙晶须不同晶面原子分布的差异，导致其各晶面生长速率的不同，这是影响硫酸钙晶须生长的内在因素。然而，由图 5.1(a)可知，在水溶液中，水热产物虽有向晶须生长的趋势，并具有一定的长径比，但长径比很小（平均长径比仅约 5），因此，单单依靠硫酸钙结晶生长的内在因素，是无法制备出具有较高长径比晶须的。

前述研究表明，媒晶剂水解后将产生非水合游离阳离子。因硫酸钙晶须（200）晶面面密度最低，该晶面原子分布易受媒晶剂引入离子的影响而发生变形，即可以与更多的非 Ca^{2+} 和 SO_4^{2-} 异性离子发生短时间的结合；（020）面次之；（002）面因具较高的原子排列密度，生长速度较快，使得该面原子分布和结合状况受媒晶剂引入离子的影响较小。媒晶剂水解后，晶须各晶面上短时间内结合有较多的异性离子，将增加 Ca^{2+}和 SO_4^{2-} 与引入异性离子的交换数量，从而阻碍 Ca^{2+}和 SO_4^{2-} 在该晶面的结合。由于外加离子在半水硫酸钙晶须各晶面的分布有所不同，使得溶液体系在宏观区域内虽然是均匀的。但在晶须附近的微观区域内，离子分布发生了变化而不再均匀。其中，（200）晶面和（020）晶面周围非 Ca^{2+} 和 SO_4^{2-} 浓度较高；而（002）晶面由于生长较快，Ca^{2+} 和 SO_4^{2-} 消耗较大，其附近 Ca^{2+} 和 SO_4^{2-} 浓度相对降低，在浓度梯度的作用下，迫使 Ca^{2+} 和 SO_4^{2-} 向（002）晶面迁移，以满足该晶面的生长需求。

Hamdona 等在对 DH 的结晶研究中发现，阳离子对 DH 的结晶速率具有明显影响。Mg^{2+}、Cr^{3+}、Fe^{3+}、Cu^{2+} 和 Cd^{2+} 阻碍了 DH 的结晶沉淀，降低了 DH 结晶的速率，其降低的顺序为：$Cd^{2+}>Cu^{2+}>Fe^{3+}>Cr^{3+}>Mg^{2+}$。因此，媒晶剂阳离子降低了 DH 结晶，将迫使溶液中 Ca^{2+} 和 SO_4^{2-} 向溶解度更低的 HH 转化，从而促进了 HH 的结晶。这是促进晶须定向生长的外在因素。由此可见，在预处理脱硫石膏制备硫酸钙晶须的过程中，尽管石膏有向晶须结晶的内在因素，但只有在适当的媒晶剂促进下，才能生长成为结晶良好、长径比较高的晶须。

据此分析并结合图 5.2 的 XRD 图谱可知，脱硫石膏水热制备的硫酸钙晶须，其（h00）面显露最为明显，尤其是加入 $CuCl_2$ 和 H_2SO_4 后。如果以全部（h00）面衍射峰强度之和与所有晶面衍射峰强度之和进行比较，其比值 P 可以表示为式（5-16）所示。根据 P 值的大小，可以反映出不同制备条件下晶须沿（h00）晶面定向生长的相对大小。根据表 5.3，对不同溶液组成条件下制备晶须试样的 P 值进行计算，其结果如表 5.6 所示。

$$P = \sum I(\mathrm{h00}) / \sum I(\mathrm{hkl}) \tag{5-16}$$

式中　$\sum I(\mathrm{h00})$——XRD 图谱中全部（h00）晶面衍射峰强度之和；

$\sum I(\mathrm{hkl})$——XRD 图谱中所有晶面衍射峰强度之和。

表 5.6　不同溶液组成条件下制备的晶须试样定向生长分析结果

样品	(a)	(b)	(c)	(d)
定向生长比例/%	57.65	68.31	63.14	70.44

注：(a) H，(b) H-H，(c) C-H，(d) H-C-H。

在水中所制备的试样，全部（h00）晶面衍射峰的相对强度占所有衍射峰强度的比值 P 为 57.63%；分别加入 $CuCl_2$ 和 H_2SO_4 后，P 值都有所增加，且在 H_2SO_4 作用下，P 值增加更明显；当同时加入 $CuCl_2$ 和 H_2SO_4 后，P 值达最大。这说明 H_2SO_4 和无机盐都可以促进硫酸钙晶须沿（h00）晶面定向生长；当二者协同作用时，晶须定向生长的趋势更加明显。

综合上述分析，对媒晶剂引入离子与晶须的作用形式及其对晶须的定向生长，可以由图 5.8 简要说明。

当以脱硫石膏为原料，以无机盐为媒晶剂时，硫酸钙晶须的定向生长除了其自身结晶习性外，主要是因为媒晶剂引入的阳离子暂时与晶核表面的 SO_4^{2-} 吸附，而阴离子暂时与 Ca^{2+} 吸附，降低了吸附面晶格能；随着结晶时间的推移，晶格离

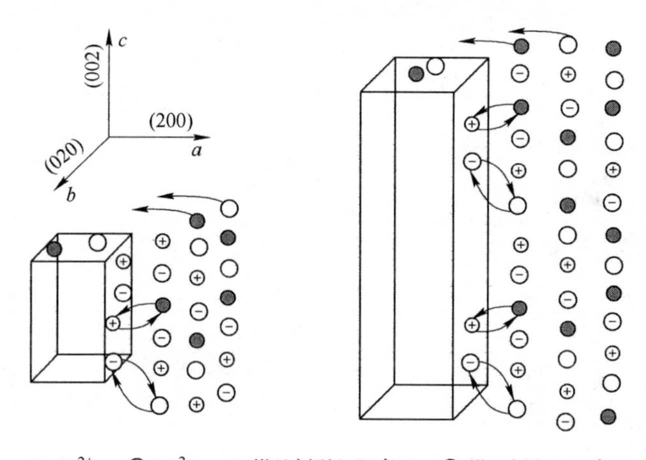

图 5.8 媒晶剂作用机理示意图

子逐渐取代媒晶剂引入的吸附离子，从而促进了晶须的快速生长。由于硫酸钙晶须（200）晶面面密度最低，引入异性离子的可能性最大，从而阻碍 Ca^{2+} 和 SO_4^{2-} 在该晶面的结合，使得该晶面生长速度最慢，（020）面次之，（002）面因具较高的原子排列密度，引入异性离子的可能性最小，Ca^{2+} 和 SO_4^{2-} 将在该晶面直接结合，使得该晶面生长速度最快，从而促进了晶须的定向生长。

综上，媒晶剂在制备结晶良好、高长径比的晶须试样中起到了关键作用。无机盐解离所产生的阴阳离子先被吸附于生长界面，并在短时间内被晶格离子取代，最终并不参与到晶须的晶格中或者与其发生化学反应，主要以吸附—解吸的形式与晶须相互作用，是结晶过程的媒介，故本书把所加入的无机盐称之为媒晶剂是恰当的。

5.3.3 媒晶剂作用下晶须生长机制

目前石膏水热反应结晶机制主要存在“溶解—再结晶”和“定向自组装”两种观点。由于脱硫石膏的微溶性，晶须在溶液中的结晶生长可能更符合“溶解—再结晶”机制。为了证实媒晶剂作用下晶须的生长是否遵循“溶解—再结晶”理论，对 $CuCl_2$-H_2SO_4-H_2O 溶液体系下制备试样进行了 TEM 分析，结果如图 5.9 所示；其中，图 5.9(a) 是晶须试样的 TEM 照片，图 5.9（b）、（c）分别是该晶须不同选区 1、2 处所拍摄的电子衍射花样照片。

由图 5.9 可以发现，晶须表面光洁，并无孔洞、表面粗糙等明显缺陷，仅在晶须边缘可见层状台阶出现，且其不同部位的电子衍射花样完全相同，呈规律的斑点状分布，说明整根晶须是由单晶构成的，符合晶须定义所要求的单晶结构。

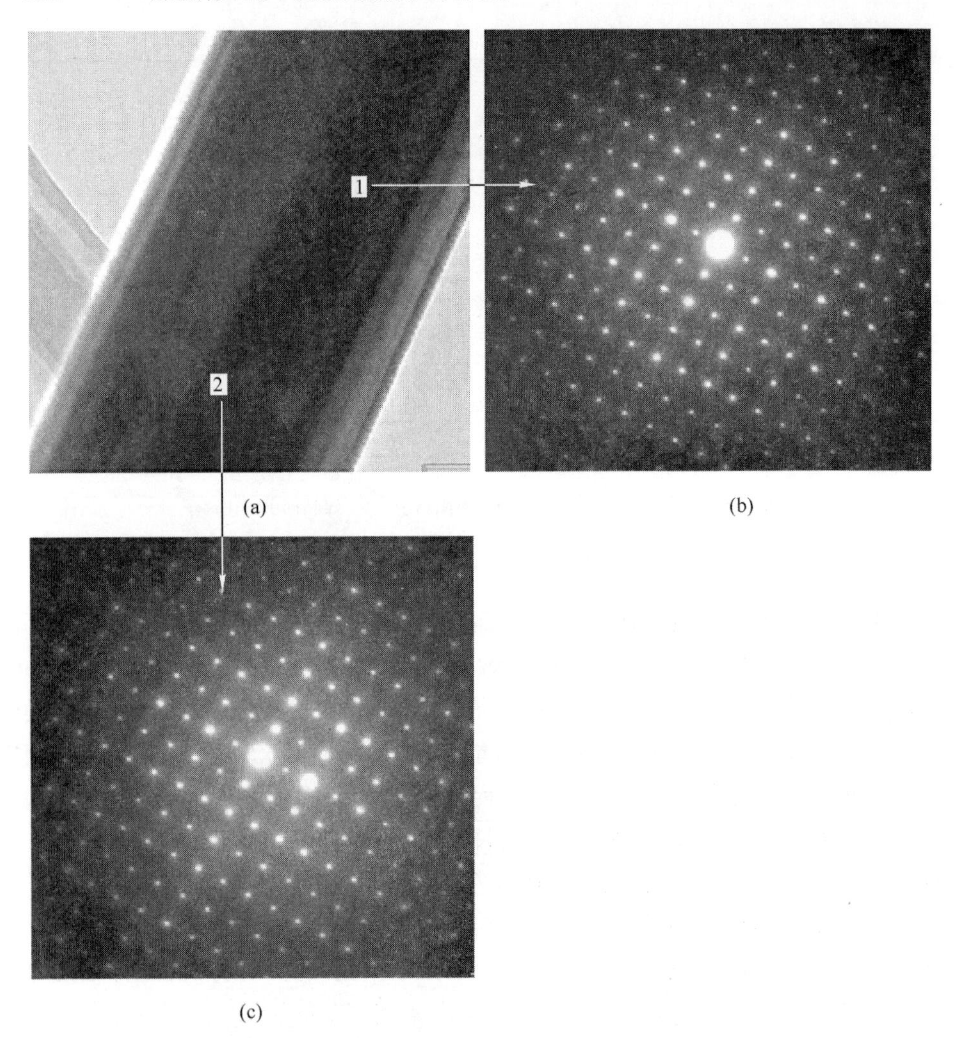

(a)　(b)　(c)

图 5.9　硫酸钙晶须的 TEM 照片和微区电子衍射

(a) TEM 照片；(b) 选区 1 的电子衍射花样；(c) 选区 2 的电子衍射花样

Wang 等在聚苯乙烯磺酸盐控制 $CaCO_3$ 结晶的研究中发现，在 $CaCO_3$ 结晶初期，首先形成疏松多孔的微晶颗粒，其电子衍射花样则呈多圆环状分布；然后由微晶颗粒自组装形成 $CaCO_3$ 颗粒，所形成的颗粒表面较为粗糙，如图 5.10 所示。

Yu 等在全亲水性嵌段共聚物诱导纳米晶自组装形成螺旋结构 $BaCO_3$ 的研究中发现，所制备的螺旋结构 $BaCO_3$ 表面亦呈粗糙状态。Van Driessche 等在以半水石膏为稳定前驱体制备 DH 的研究中，利用高分辨透射电镜发现了 DH 纳米棒晶体上存在 2~30nm 的孔洞。这些文献研究结果表明，由介观粒子为中间产物通过自组装理论形成的晶体，孔洞和表面的粗糙化是一种普遍的现象。

然而，本文在对 H_2SO_4(0.001mol/L)-$CuCl_2$(15g/kg)-H_2O 条件下制备的晶

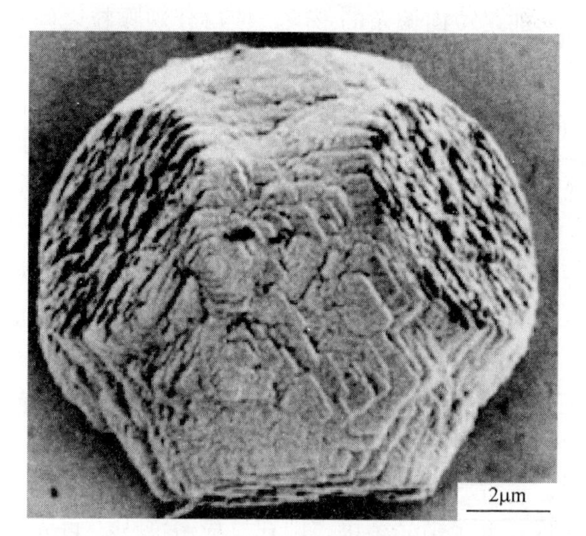

图 5.10 $CaCO_3$定向自组装结晶后的 SEM 照片

须放大 2 万倍观察发现，所制备的晶须表面光洁，并无孔洞、粗糙现象发生，如图 5.11 所示。

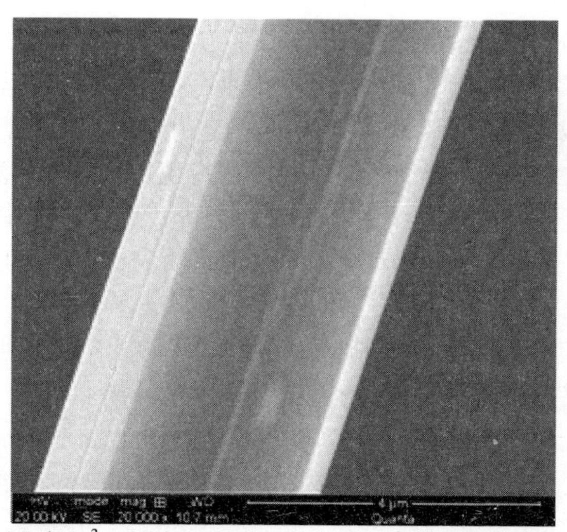

图 5.11 H_2SO_4(10^{-3}mol/L)-$CuCl_2$(1.5%)-H_2O 条件下水热产物的 SEM 照片

由此可见，对于定向自组装所形成的晶体，虽然通过一定的反应时间可以转化为单晶结构，但在介观颗粒定向自组装过程中，总是存在微小的位向偏差（可能受制备条件的影响），使得晶体表面粗糙，甚至出现孔洞。在介观颗粒内部，晶体取向高度一致，为单晶结构；然而，介观颗粒经自组装后，它们之间将形成界面，尽管在晶体生长过程中会向晶体边界迁移而逐渐消失，但由于晶体的生长时间往往是受限的，加之位向偏差的影响，使得介观颗粒之间所形成的界面难以彻底消失，使得自组装后晶体呈多晶结构。也就是说，遵循定向自组装理论所形成的晶体，在稳定的介观颗粒内部，晶体取向高度一致而为单晶结构；但整个晶体由于介观颗粒之间界面的存在和微小的位向偏差，晶体的取向并不完全一致而呈多晶结构，表现为其电子衍射呈多晶环状衍射花样和单晶斑点衍射花样并存的现象。

因此，采用溶液法制备晶体材料时，晶体表面的光滑与粗糙程度在一定程度上反映出了晶体材料的结晶方式。当晶体表面光滑时，晶体是由溶液中的离子在晶核上结晶而逐渐生长的；当晶体表面粗糙或晶体含有较多的孔洞时，溶液中的离子首先形成具有一定稳定性的介观颗粒，然后由介观颗粒定向自组装形成晶体。

根据上述分析，结合脱硫石膏为微溶物质可知，在晶须结晶过程中，必将伴随着脱硫石膏的溶解，直至结晶结束，即在反应溶液中，首先形成稳定的有效晶核，然后溶液中的 Ca^{2+} 和 SO_4^{2-} 在晶核上逐渐结晶生长而形成晶须，其形核、生长过程符合溶解—再结晶理论。

5.4 本章小结

（1）溶液组成对晶须结晶形貌具有明显的影响，但并不改变水热产物的物相组成。在本文研究试验条件下，晶须呈半水石膏相，且为单晶结构。

（2）溶液组成对脱硫石膏的溶解度有一定的影响，进而影响了反应溶液体系下硫酸钙晶须的结晶动力学特性。在本书研究范围内，H_2SO_4 提高了脱硫石膏的溶解度，以满足晶须形核与生长的要求；无机盐则促进了 Ca^{2+} 的去溶剂化析晶，尽可能避免了形核与生长的同时进行。二者协同作用时，所制备的晶须更加优异。

（3）在不同溶液组成条件下制备的晶须，其晶格并未发生畸变，晶须表面分析也没有发现媒晶剂离子的存在，这表明媒晶剂解离后所产生的阴阳离子是以吸附—解吸的形式与晶须相互作用，其阳离子暂时与晶核表面的 SO_4^{2-} 吸附，而阴离子暂时与 Ca^{2+} 吸附，并在短时间内被晶格离子所取代，最终并不参与到晶须的晶格中。

（4）由于硫酸钙晶须（200）晶面面密度最低，引入异性离子的可能性最大，从而阻碍了 Ca^{2+} 和 SO_4^{2-} 在该晶面的结合，使得该晶面生长速度最慢，（020）面次之，（002）面因具较高的原子排列密度，引入异性离子的可能性最小，Ca^{2+} 和 SO_4^{2-} 在该晶面直接结合，使得该晶面生长速度最快，从而促进了晶须的定向生长。

（5）以提纯后的脱硫石膏为原料，采用水热法制备硫酸钙晶须的过程中，始终伴随着脱硫石膏（DH）的溶解和晶须（HH）的生长，直至结晶结束，DH和HH的溶解度差是晶须形核与生长的推动力。硫酸钙晶核是在短时间内集中爆发形核产生的，在媒晶剂作用下，溶液中的Ca^{2+}和SO_4^{2-}在晶核上逐渐定向生长形成了晶须，其形核、生长过程符合溶解—再结晶理论。

6 硫酸钙晶须水化过程及水化机理研究

关于人工合成的半水、无水可溶硫酸钙晶须的水化过程及其机理鲜见报道，众多学者只是对半水石膏的水化过程和水化机理进行过研究，并倾向于认为其水化机理符合溶解析晶理论：熟石膏遇水后，首先是半水石膏在水中的溶解，当溶液对二水石膏来说达到过饱和状态时，就会结晶生成二水石膏。二水石膏析出后，半水石膏的溶解平衡受到破坏而进一步溶解，以补偿溶液中由于二水石膏析晶所消耗的 Ca^{2+} 和 SO_4^{2-}，这样反复地进行，直到最终完全水化为二水石膏。与半水石膏相比，人工合成的半水硫酸钙晶须结晶好、纯度高、晶体缺陷少，因而两者的水化过程和水化机理也不尽相同。鉴于此，本章针对半水硫酸钙晶须水化过程中的形貌变化和物相组成进行了研究，并在此基础上对半水硫酸钙晶须水化过程进行了划分。

6.1 硫酸钙晶须的水化过程

6.1.1 硫酸钙晶须水化产物的形貌观测

试验对半水硫酸钙晶须的水化产物形貌进行了光学显微镜实时观测和扫描电镜的非实时观测。实时观测在室温条件下进行，并分别在水中停留 10、20、30、40、60、80、100、120min 时进行拍照，在不同时间观测到的晶须形貌如图 6.1 所示。其中图 6.1（d）中下部的晶须由于补加水的作用移至图 6.1（e）~（h）的左下方。

从晶须形貌的实时观测可以看出：在保持水化条件下，半水硫酸钙晶须的水化过程较长。前 40min 晶须的形貌几乎没有改变，从 60min 开始直到 120min（图 6.1e~h）晶须开始出现裂口、溶解现象。在较小的水化浓度下，半水硫酸钙晶须首先表面由光滑变为粗糙，逐渐发展至断裂，最后完全溶解。另外，在 120min 以内几乎观测不到晶须的粗化现象，这些现象可能与晶须的水化浓度过小，溶解的 Ca^{2+} 和 SO_4^{2-} 达不到二水硫酸钙的过饱和浓度有关。由于实时观测时水化浓度不易测定并且观测时间过短，为了对半水硫酸钙晶须的水化过程有更完整的认识，对水化产物的形貌又进行了非实时观测。取样时间分别为 10min、20min、1h、4h、24h，观测结果见图 6.2。

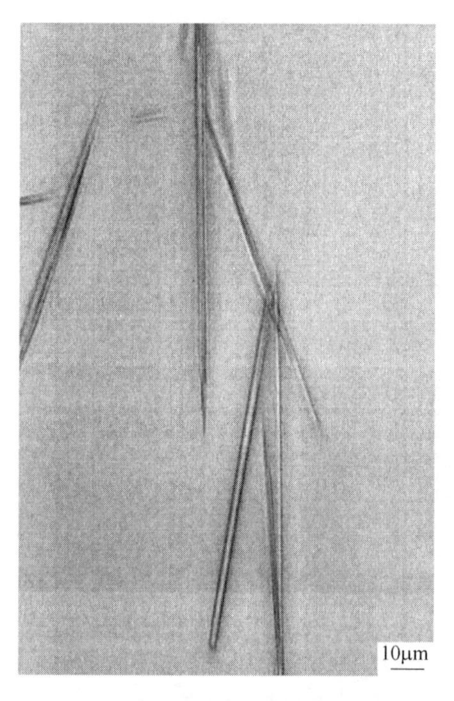

(a)

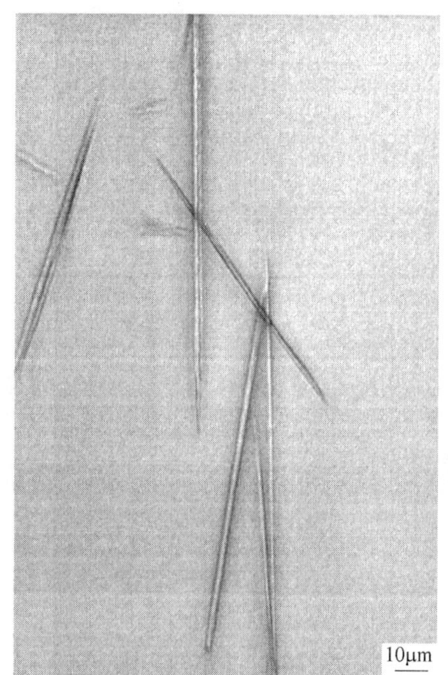

(b)

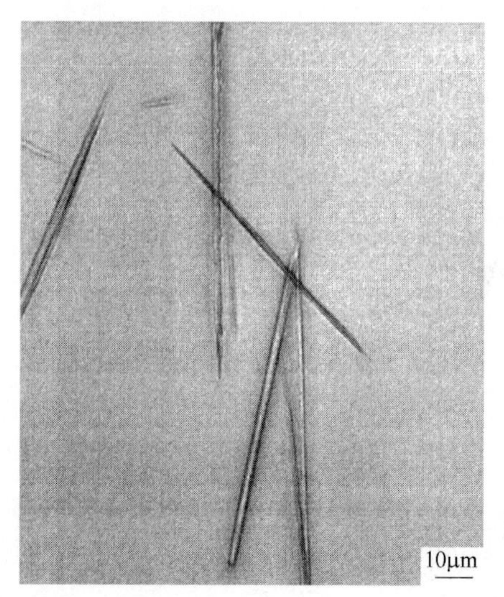

(c)

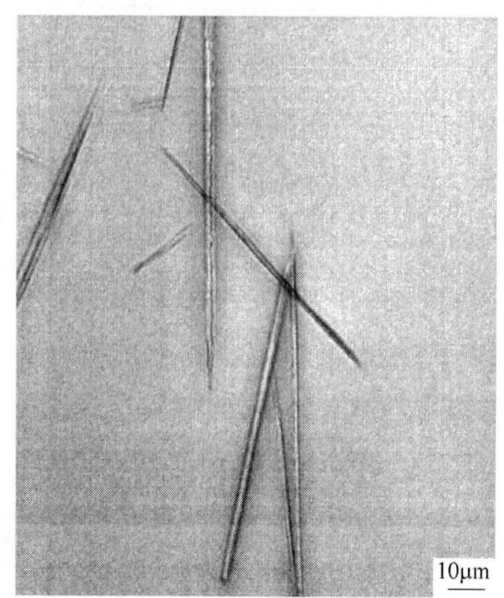

(d)

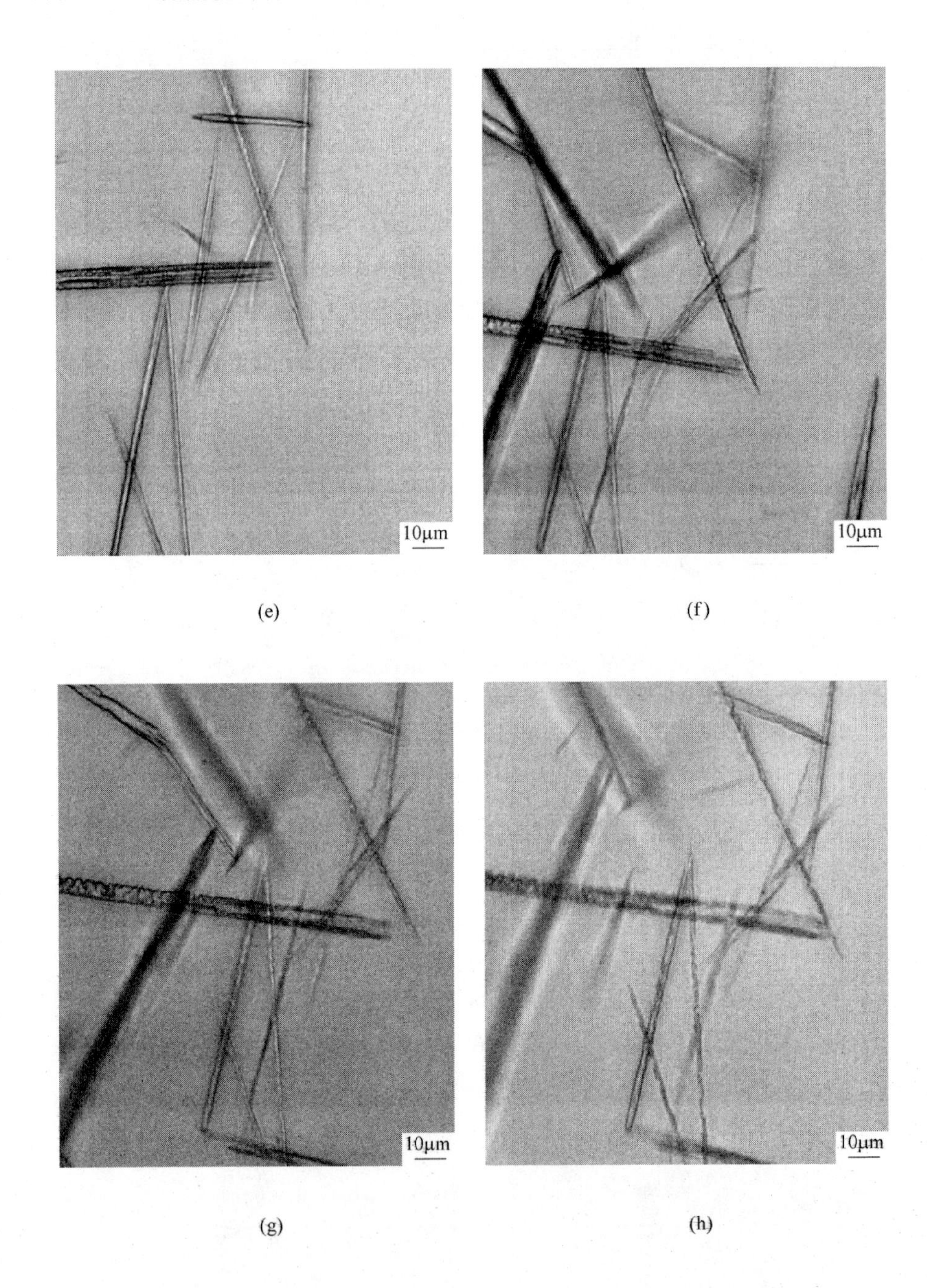

(e)　(f)　(g)　(h)

图 6.1　显微镜下半水硫酸钙晶须不同时间水化产物的观测图片

(a) 10min；(b) 20min；(c) 30min；(d) 40min；
(e) 60min；(f) 80min；(g) 100min；(h) 120min

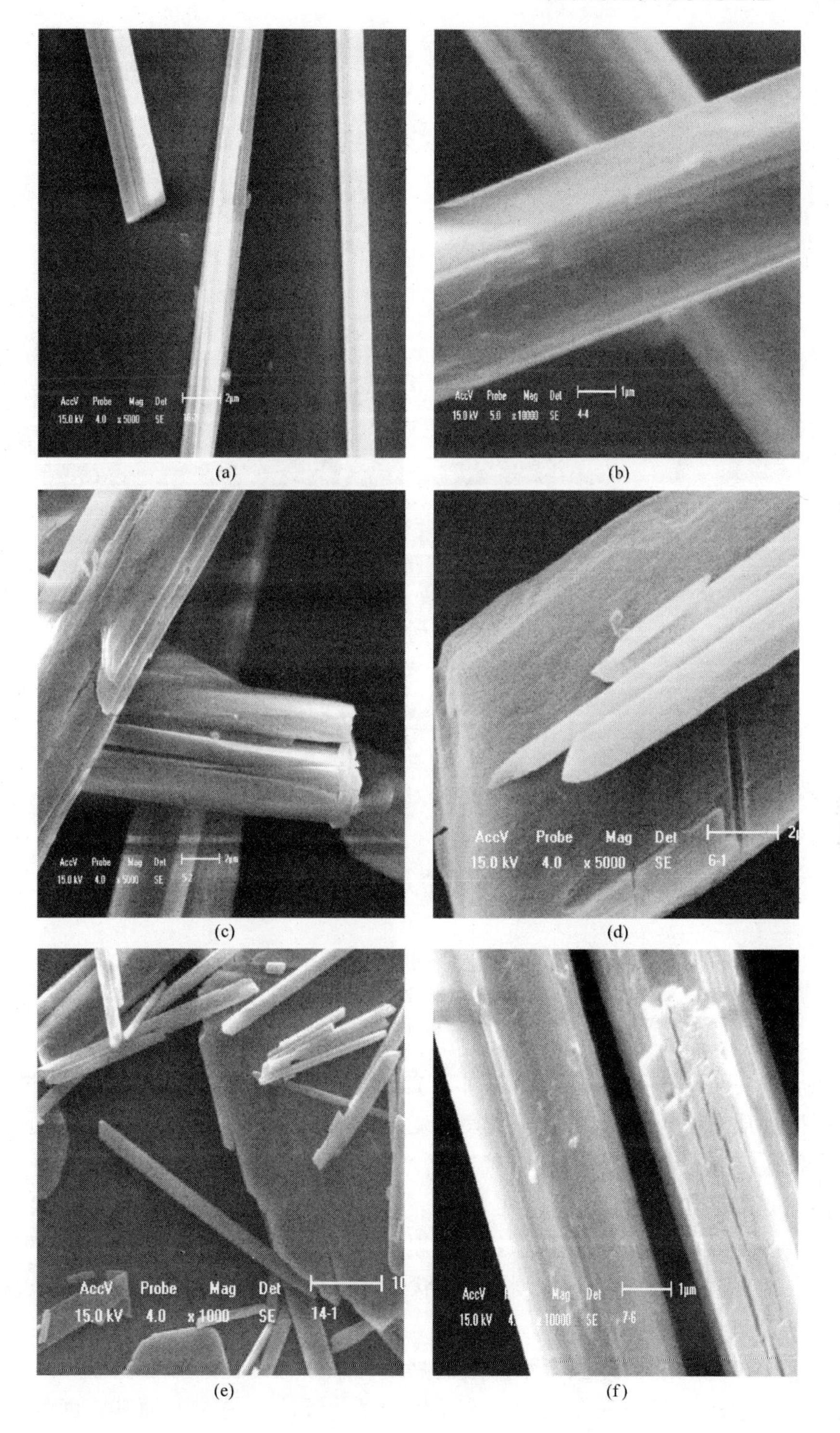
AccV Probe Mag Det 2μm
15.0 kV 4.0 x 5000 SE
AccV Probe Mag Det 1μm
15.0 kV 5.0 x10000 SE 4-4
AccV Probe Mag Det
15.0 kV 4.0 x 5000 SE 6-1
AccV Probe Mag Det
15.0 kV 4.0 x 1000 SE 14-1
AccV Mag Det 1μm

(a) (b)

(c) (d)

(e) (f)

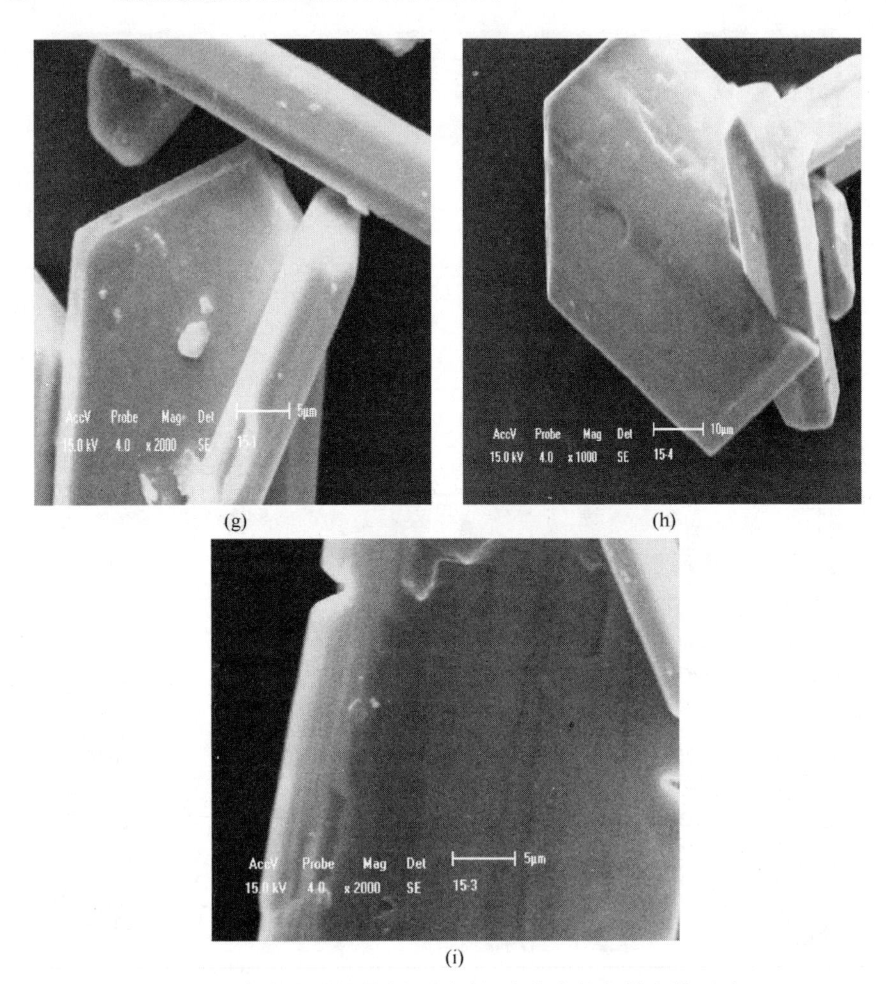

图 6.2　半水硫酸钙晶须不同时间水化产物扫描电镜照片

(a) 0min；(b) 10min；(c) 20min；(d) 1h；(e) 4h-1；
(f) 4h-2；(g) 24h-1；(h) 24h-2；(i) 24h-3

从非实时观测的扫描电镜照片可以看出，在半水硫酸钙晶须的水化过程中，晶须表面性质及晶须形貌发生了很大的变化：在水化的前 20min 内晶须的形貌几乎没有发生变化，只是晶须的直径有所增加，另外在 10min 时晶须表面不再光滑，20min 时晶须出现了裂缝；在 1h 时晶须进一步粗化；到 4h 时有片状产物出现，剩余晶须表面裂缝进一步增多，晶须表面也有颗粒出现；24h 时大部分晶须形貌由最初的纤维状转变为板状和柱状，并且产物表面有锯齿状缺口等晶体缺陷。

在水化过程的前期即当半水硫酸钙晶须和水接触时，一方面由于 Ca^{2+} 的活性较大，易于把水分子吸附在晶须表面发生羟基化反应，另一方面其表面的 Ca^{2+} 和

SO_4^{2-} 向水中溶解。羟基化反应又减弱了晶须表面 SO_4^{2-} 和 Ca^{2+}之间的束缚力，从而促进 Ca^{2+}从晶须表面进入溶液。在溶解过程中由于 SO_4^{2-} 体积比 Ca^{2+}大得多，向外扩散困难，因此部分滞留在晶须的表面，而 Ca^{2+}则由于体积小、扩散能力强，很快进入液相。Ca^{2+}和 SO_4^{2-} 之间向溶液中扩散速度的不同使晶须表面由光滑逐渐变得粗糙。晶须粗化的原因一方面在于生成的二水硫酸钙晶须和半水硫酸钙晶须相比几何体积的增大；另一方面则在于当液相中 Ca^{2+}和 SO_4^{2-} 浓度达到二水硫酸钙晶须的过饱和溶液浓度后，Ca^{2+}和 SO_4^{2-} 在二水硫酸钙晶须的表面沉淀导致晶体逐步长粗。在饱和度相对较高的体系中形成的晶体由于结晶过快会形成较多的结构缺陷，所以在二水硫酸钙晶须表面出现了许多裂缝（图 6. 2c、d、e）。这些裂缝和晶须之间存在相互粘连、交错、共生现象（图 6. 2d 、e），使其在溶液中并不稳定，表面的 Ca^{2+}和 SO_4^{2-} 也会向溶液中溶解，最终生成板状二水硫酸钙晶体，生长条件不理想使得产物表面存在锯齿状缺口（图 6. 2h、i）等缺陷。

对照水化前后的扫描电镜照片还可以发现，在半水硫酸钙晶须水化过程中还伴随着晶须长径比减小的现象，而且在半水硫酸钙晶须水化的不同时间内，晶须的长径比变化是不同的。前 20min 内只是二水硫酸钙晶须的形成引起的直径增大，因而变化较小；其后长径比的减小在于晶须的生长所造成的粗大化和晶须自身的断裂等原因，变化则较大。

6.1.2 硫酸钙晶须水化产物的物相分析

为了对半水硫酸钙晶须的水化产物的物相组成进行分析，试验将半水硫酸钙晶须不同水化时间的产物进行了 X 射线衍射分析。各水化产物的 X 射线衍射图如图 6. 3 所示。

从图 6. 3 可以看出：没有水化时的衍射峰完全为半水硫酸钙晶须的特征峰。半水硫酸钙晶须开始水化后在其水化过程中显示了一定的规律性，即随着水化过程的进行，半水硫酸钙晶须的衍射峰逐渐递减而二水硫酸钙的衍射峰逐渐递增。从水化 10min 的衍射图可以看出此时水化产物为半水和二水硫酸钙晶须的混合物，并且在半水硫酸钙晶须水化的前 20min 内半水硫酸钙晶须的衍射峰一直存在，且为谱线中的最强峰，只是随着水化进程的进行逐步递减，到 20min 时基本完全转化为二水硫酸钙晶须的特征峰。20min 后直至 1h 的水化过程中水化产物的衍射峰完全为二水硫酸钙的特征峰，并且二水硫酸钙的衍射峰强度逐步增加。结合对半水硫酸钙晶须水化产物的形貌变化分析并与半水石膏的水化过程相比，半水硫酸钙晶须与半水石膏的水化过程略有不同：半水石膏的水化产物二水石膏是由半水石膏直接溶解再结晶生成的，而半水硫酸钙晶须的水化过程中并不是直接生成板状等晶形的二水硫酸钙晶体，而是首先在水化的 20min 内生成二水硫酸

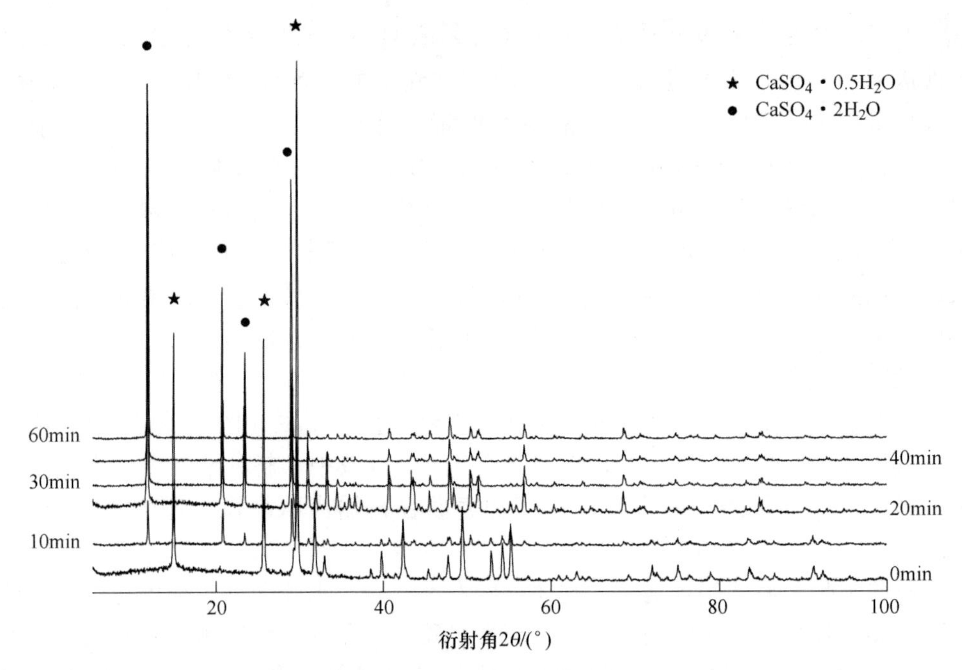

图 6.3　半水硫酸钙晶须水化产物的 XRD 图

钙晶须这个过渡产物，然后才逐渐生成不同晶形的二水硫酸钙晶体的。

6.1.3　水化过程的划分

结合前面对半水硫酸钙晶须水化产物形貌的实时观测和非实时观测结果以及水化产物 X 射线衍射图谱的分析，可将半水硫酸钙晶须的水化过程分为以下 3 个阶段：

（1）半水硫酸钙晶须水化初始期，即单层水分子在半水硫酸钙晶须表面活性点——钙离子羟基化作用下吸附于表面的阶段，由于该吸附属于物理吸附，因此过程进行得十分迅速。在该阶段晶须表面的 Ca^{2+} 和 SO_4^{2-} 也向溶液中不断扩散溶解。

（2）二水硫酸钙晶须形成阶段。该阶段半水硫酸钙晶须表面的水分子在晶须内部孔道的毛细吸力作用下逐渐进入半水硫酸钙晶须内部，并且通过与半水硫酸钙的化合反应导致二水硫酸钙晶须的生成。与半水硫酸钙晶须相比，二水硫酸钙晶须的几何体积有所增大，该阶段大概在 20min 内完成。

（3）二水硫酸钙晶须的粗化和不同晶形的二水硫酸钙晶体生成阶段。该阶段由于二水硫酸钙晶须在自身生成的同时形成了裂缝、缺口等晶体缺陷，使得体系处于亚稳定状态，有晶体缺陷的二水硫酸钙晶须逐渐发生溶解乃至断裂。在液相离子浓度达到二水硫酸钙的过饱和浓度后，悬浮液中的一部分 Ca^{2+} 和 SO_4^{2-} 在残存的二水硫酸钙晶须表面沉淀使得晶须逐步长粗，另外一部分 Ca^{2+}和 SO_4^{2-} 则在溶液中形成新的晶核逐渐生长为二水硫酸钙晶体，如此不断进行，最终二水硫酸钙晶须完全转变为板状、柱状、片状和粒状二水硫酸钙晶体。

此外，半水硫酸钙晶须在各个水化阶段的水化速度控制因素是不同的。阶段（1）和阶段（2），水化速度主要由半水硫酸钙晶须的表面能和比表面积控制，因而受温度影响较大。阶段（3）为二水硫酸钙晶须晶体成长和溶解阶段，此时反应速度主要由晶须悬浮液浓度和温度控制。

6.2 硫酸钙晶须的水化机理研究

由于矿物粉体表面存在悬空键，因而形成了决定其表面反应活性的各种官能团，这些裸露的官能团带有表面断键和电荷，处于较高的能态，具有较强的选择吸附能力。矿物粉体的表面官能团不仅决定其表面活性位的特征与分布，还进而影响矿物表面的物理化学作用。因此，要研究硫酸钙晶须的水化机理，就必须对半水硫酸钙晶须、无水可溶硫酸钙晶须和无水死烧硫酸钙晶须的表面结构、表面性质和晶体结构进行研究。

6.2.1 硫酸钙晶须的 XRD 分析

试验采用水热法制备硫酸钙晶须，并将过滤后的硫酸钙滤饼置于马弗炉内在 115、300、600℃条件下分别干燥 4h，然后对其进行 XRD 检测。图 6.4 是不同温

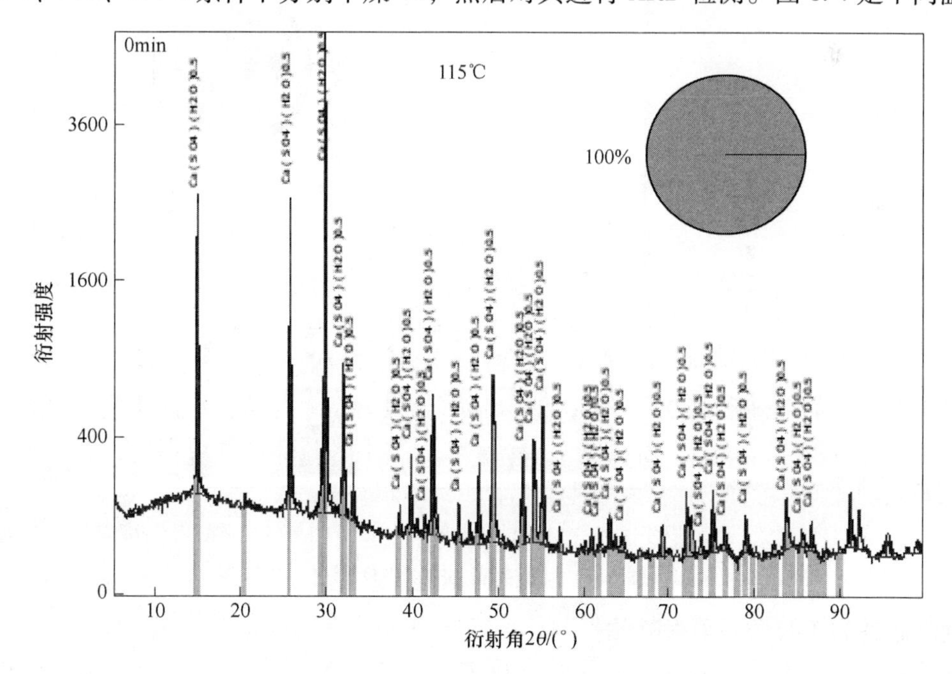

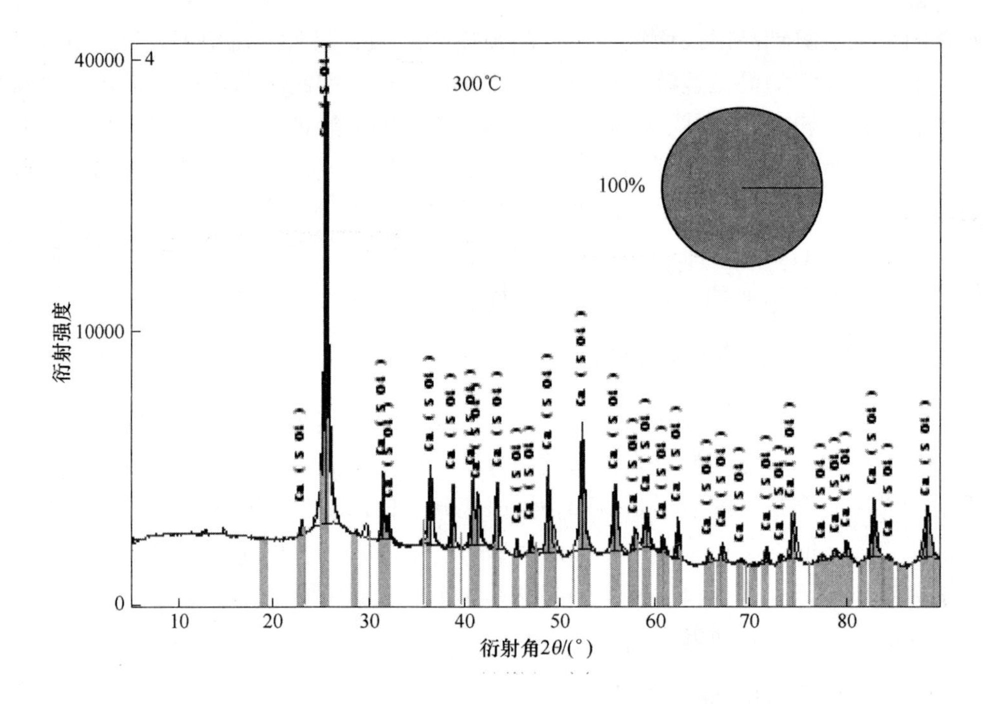

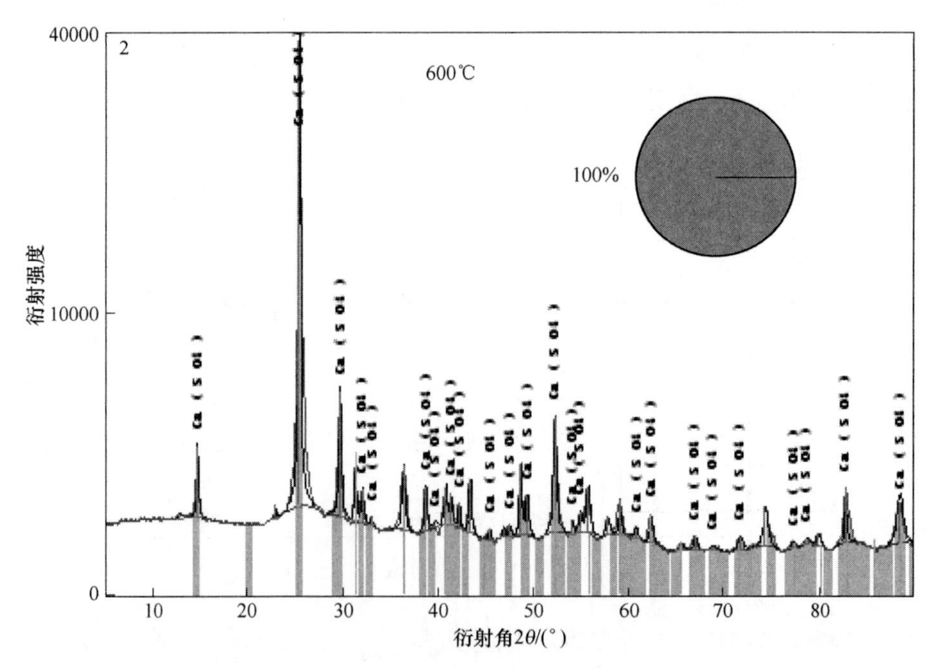

图 6.4　硫酸钙晶须的 XRD 图谱

度下制备的硫酸钙晶须 XRD 图。

从图 6.4 可以看出，115、300、600℃条件下干燥所得的硫酸钙晶须主要衍射峰分别与 JCPDS 标准卡中的半水硫酸钙、无水硫酸钙和不溶硫酸钙衍射峰相符，表 6.1~表 6.3 列出了半水硫酸钙晶须、无水可溶硫酸钙晶须和无水死烧硫酸钙晶须的 XRD 参数实测值与标准值，其中晶面的面间距利用布拉格衍射方程计算而得。此外，物相的相对含量分析结果也表明，它们的含量均为 100%，纯度极高。

表 6.1 半水硫酸钙晶须的 XRD 参数（实测值与标准值的比较）

hkl	2θ/(°)	$d/10^{-10}$m
100	14.8337 (14.734)	5.97223 (6.00762)
110	25.7575 (25.663)	3.45884 (3.46850)
200	29.8179 (29.718)	2.99645 (3.00381)
102	31.8896 (31.874)	2.80536 (2.80536)
211	42.3084 (42.238)	2.13789 (2.13789)
122	49.3485 (49.313)	1.84645 (1.84645)

注：括号内的数据是 JCPDS 卡片号 01-081-1849 的标准值。

表 6.2 无水可溶硫酸钙晶须的 XRD 参数（实测值与标准值的比较）

hkl	2θ/(°)	$d/10^{-10}$m
200	14.8331 (14.658)	5.97246 (6.03835)
310	25.5755 (25.529)	3.48305 (3.48644)
400	29.7339 (29.563)	3.00472 (3.01918)
202	32.1201 (32.005)	2.78674 (2.79422)
422	49.5198 (49.254)	1.84075 (1.84854)

注：括号内的数据是 JCPDS 卡片号 01-083-0437 的标准值。

表 6.3 无水死烧硫酸钙晶须的 XRD 参数（实测值与标准值的比较）

hkl	2θ/(°)	$d/10^{-10}$m
020	25.6199 (25.461)	3.47711 (3.49550)
102	31.5151 (31.380)	2.83885 (2.84838)
022	38.8191 (38.646)	2.31988 (2.32791)
122	40.9097 (40.822)	2.20602 (2.20873)
302	48.8368 (48.740)	1.86488 (1.86683)

注：括号内的数据是 JCPDS 卡片号 01-072-0503 的标准值。

6.2.2 硫酸钙晶须的表面性质

6.2.2.1 硫酸钙晶须的表面 SEM 和 EDS 检测

试验对半水硫酸钙晶须、无水可溶硫酸钙晶须和无水死烧硫酸钙晶须形貌进行了观测，结果见图 6.5。同时结合扫描电镜的 EDS 对硫酸钙晶须的表面元素种类和相对含量进行了初步检测，每个样品均在表面任取 3 个点，检测结果见表 6.4。

(a)　(b)　(c)

图 6.5　硫酸钙晶须扫描电镜图

(a) 半水硫酸钙晶须；(b) 无水可溶硫酸钙晶须；(c) 无水死烧硫酸钙晶须

表 6.4 EDS 分析结果 (%)

样品	检测点	Ca	S	O	总和
半水硫酸钙晶须	①	16.05	16.19	67.76	100.00
	②	15.84	16.42	67.74	100.00
	③	15.98	16.34	67.68	100.00
无水可溶硫酸钙晶须	①	15.26	16.24	68.50	100.00
	②	15.60	16.13	68.27	100.00
	③	15.42	16.36	68.38	100.00
无水死烧硫酸钙晶须	①	16.56	16.58	67.86	100.00
	②	16.78	16.53	67.79	100.00
	③	16.68	16.49	67.93	100.00

图 6.5 是半水、无水可溶和无水死烧硫酸钙晶须的形貌图。从图中可以看出：三种硫酸钙晶须都呈纤维状，并且晶须表面光滑、尺寸均匀，没有明显的裂缝等晶体缺陷，同时晶须分散良好，其间极少见颗粒状石膏。

图 6.6 是半水硫酸钙晶须、无水可溶硫酸钙晶须和无水死烧硫酸钙晶须表面的 EDS 图。从图中可以看出，三种硫酸钙晶须的表面元素都是 Ca、S、O，出现的其他峰中碳是来自空气中的 CO_2 污染，钠和没有标示的硅则是载玻片基底里的

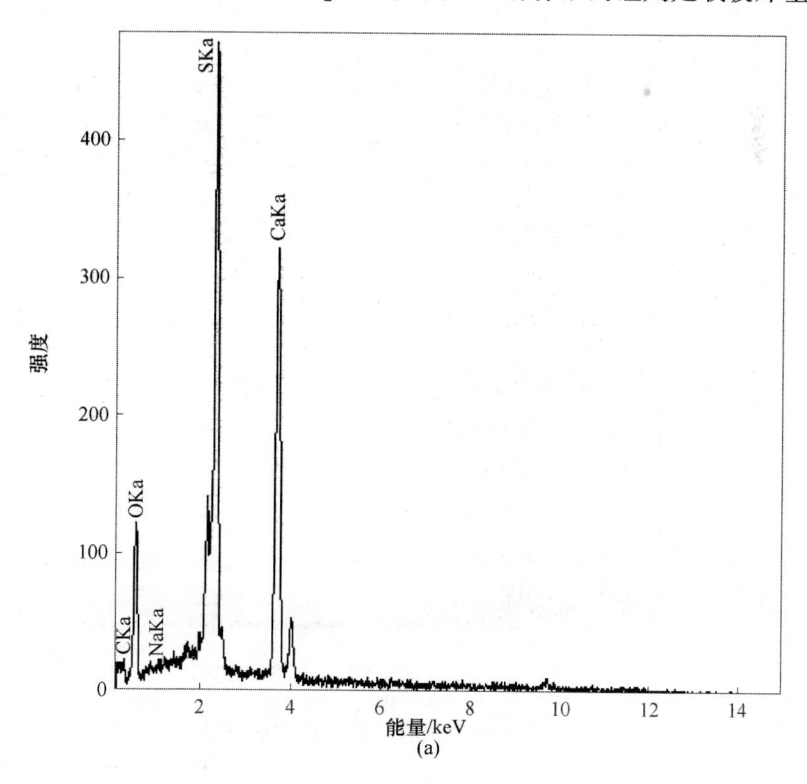

(a)

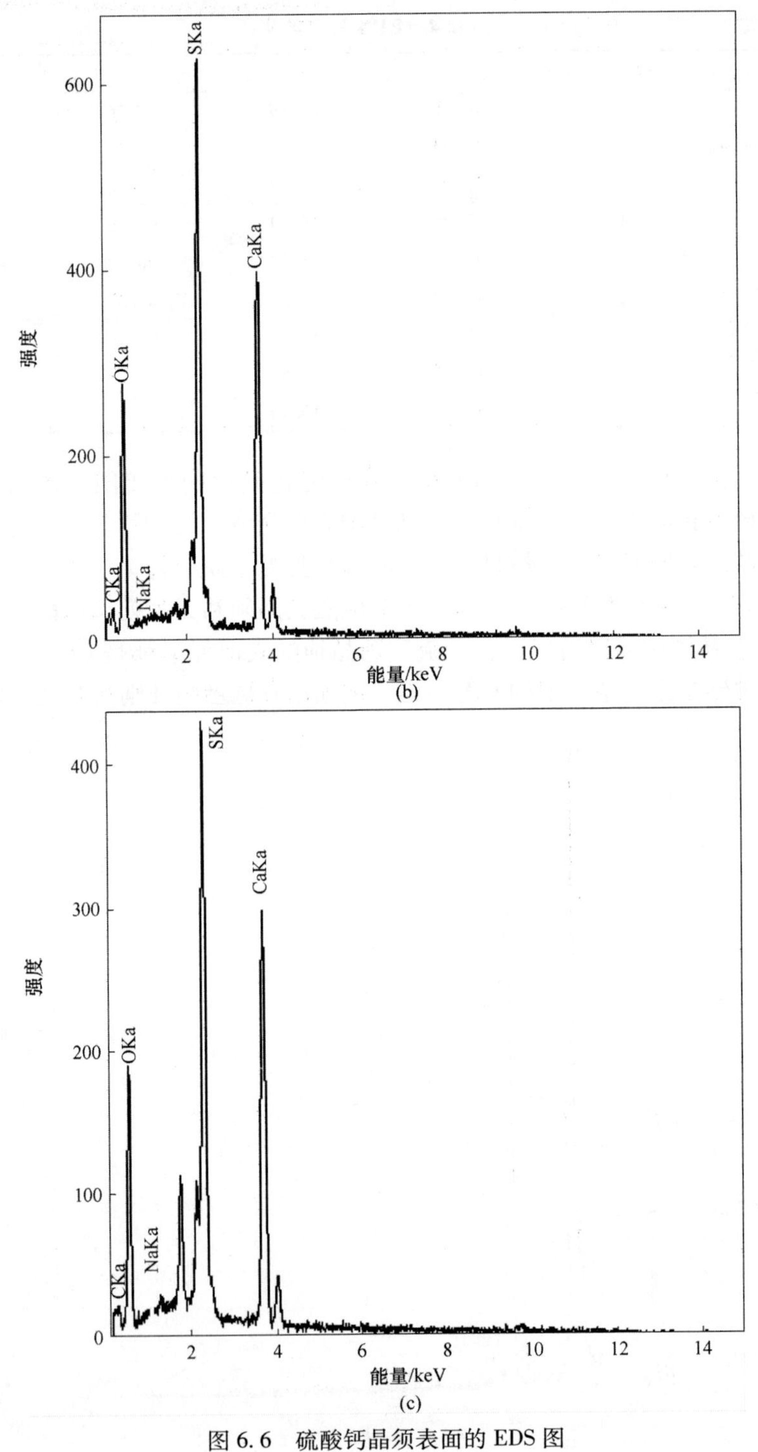

图 6.6　硫酸钙晶须表面的 EDS 图

（a）半水硫酸钙晶须；（b）无水可溶硫酸钙晶须；（c）无水死烧硫酸钙晶须

元素。从表 6.4 可以看出，每个检测点的 Ca 和 S 原子的含量都低于理论值 16.7%，而氧原子的含量则都高于理论值 67.6%，这可能是因为硫酸钙晶须吸附空气中的 H_2O 或 CO_2 所致。对于同一个样品的不同微区检测点，同种元素的相对含量大小基本一样，相差不大。说明硫酸钙晶须在制备过程中结晶良好、发育完全，所制备的半水硫酸钙晶须、无水可溶硫酸钙晶须和无水死烧硫酸钙晶须表面组成都是均匀的。

6.2.2.2 硫酸钙晶须的表面 XPS 检测

XPS 在化学分析、结构鉴定和表面研究等方面具有较强的优势，特别是电子计算机等新技术的应用又增强了这一检测方法的应用性。同种原子由于处于不同的化学环境，引起内壳层电子结合能变化，在谱图上表现为谱线的位移，这种现象称为化学位移，它实质上是结合能的变化值。所谓某原子化学环境不同，大体上有两方面的含义：一是指与它相结合的元素种类和数量不同；二是指原子具有不同的价态。

试验对不同硫酸钙晶须的表面进行了 XPS 检测。图 6.7 和图 6.8 分别为半水硫酸钙晶须、无水可溶硫酸钙晶须和无水死烧硫酸钙晶须的全扫描 XPS 谱和硫酸

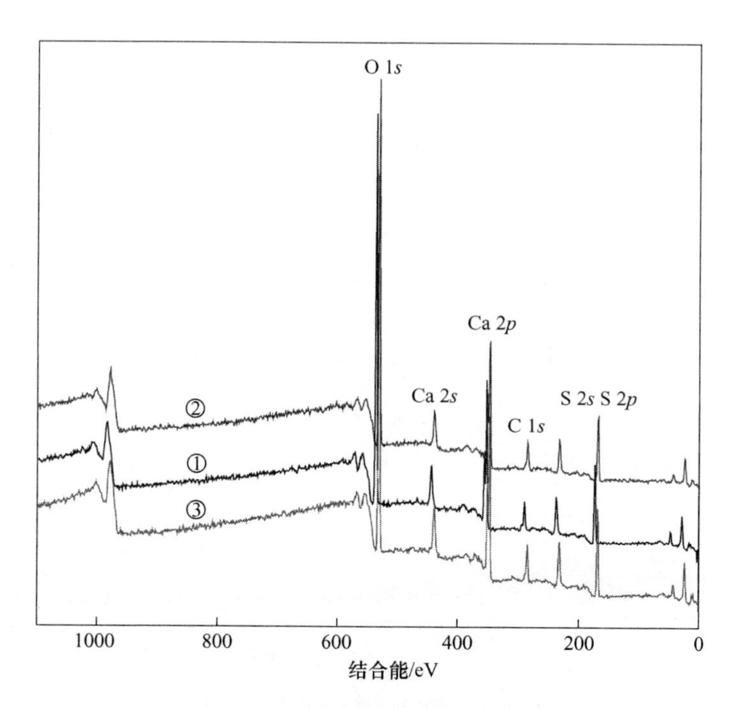

图 6.7 硫酸钙晶须表面的 XPS 全谱

钙晶须表面的 Ca 2*p*、S 2*p* 和 O 1*s* 的窄扫描 XPS 图谱。图中①、②、③分别是半水、无水可溶和无水死烧硫酸钙晶须。

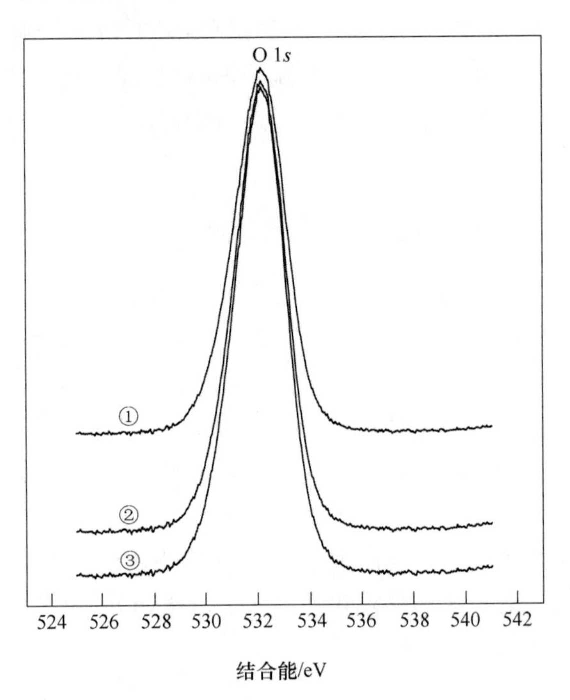

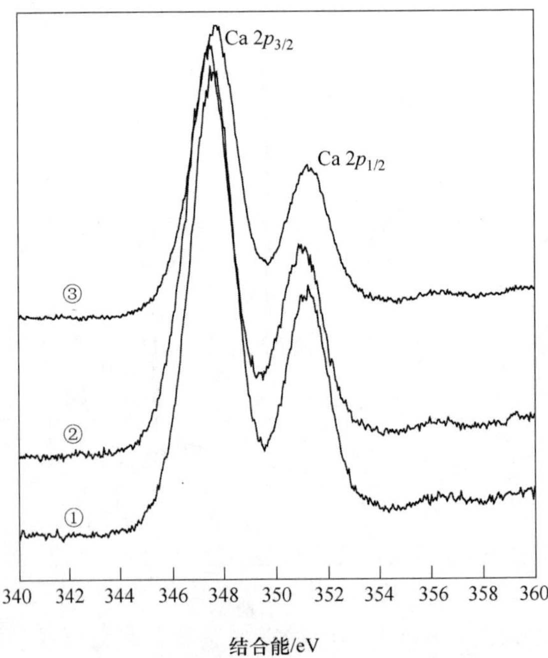

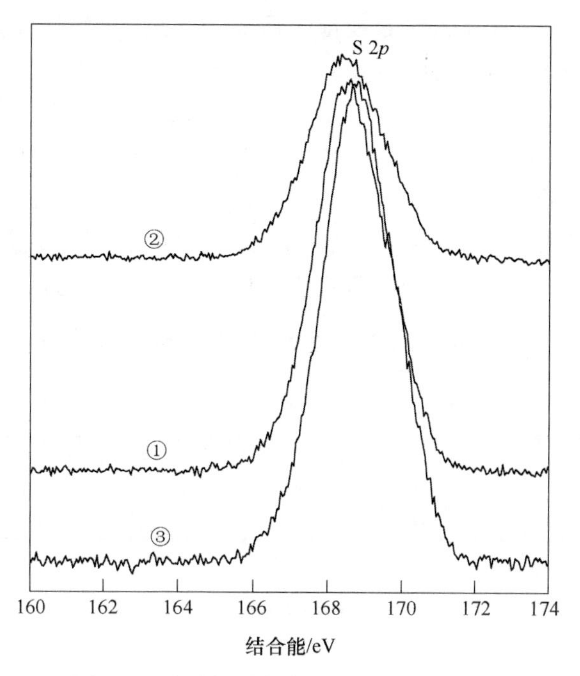

图 6.8 硫酸钙晶须表面的窄扫描 XPS 谱

由图 6.7 可见，不同硫酸钙晶须的谱图，谱中除了钙、硫和氧外，还有被污染的碳。除了部分次要峰（碳）的强度有所不同外，其他主要峰的强度差别不大。表 6.5 为不同硫酸钙晶须的表面主要元素及其质量分数，由表 6.5 可见，不同硫酸钙晶须的样品表面主要元素有 Ca、S 和 O，这和扫描电镜 EDS 的分析结果一致，并且它们的相对原子比例大致都接近（1∶1∶4），这说明所制的硫酸钙晶须表面组成都符合 $CaSO_4$ 的化学分子式。

表 6.5 硫酸钙晶须表面元素及其质量分数 (%)

试　样	Ca	S	O
半水硫酸钙晶须	16.5	16.9	66.4
无水可溶硫酸钙晶须	16.7	16.4	66.6
无水死烧硫酸钙晶须	16.3	16.8	66.7

从图 6.8 中可以看出：不同硫酸钙晶须表面的 O 1s 均位于 532.15eV，而 Ca 2$p_{3/2}$、S 2p 则都不同。表 6.6 列出了硫酸钙晶须表面对应于 Ca 2$p_{3/2}$、S 2p 和 O 1s 的结合能。由表 6.6 可知，硫酸钙晶须表面的 O 1s 都要高于硫酸钙的 O 1s 结合能（532eV），但又低于水分子的 O 1s 结合能（532.8eV），这说明硫酸钙晶须表面可能存在物理吸附的水分子，即硫酸钙晶须表面会有羟基的存在；与硫酸钙的 Ca 2$p_{3/2}$结合能（348eV）相比，无水死烧硫酸钙晶须、半水硫酸钙晶须和无

水可溶硫酸钙晶须的 Ca $2p_{3/2}$结合能都向低能方向发生偏移，偏移的大小分别为 0.15、0.35、0.4eV，同时它们的 S $2p$ 也相应分别偏移了 0.2、0.45eV，这说明硫酸钙晶须表面的部分 Ca^{2+}可能和空气中的水分子发生了羟基化反应，晶须表面存在质子化表面位大于 CaOH。参考 $Ca(OH)_2$中的 Ca $2p_{3/2}$结合能（346.7eV）可知，无水可溶硫酸钙晶须的 Ca $2p_{3/2}$结合能与之最接近，半水硫酸钙晶须次之，无水死烧硫酸钙晶须相差最大。由此可见，无水可溶硫酸钙晶须、半水硫酸钙晶须和无水死烧硫酸钙晶须表面的 Ca^{2+}羟基化反应趋势即 Ca^{2+}活性不同，且依次减小。

表 6.6　硫酸钙晶须表面的 XPS 结合能

样　品	结合能/eV		
	Ca $2p_{3/2}$	S $2p$	O $1s$
半水硫酸钙晶须	347.5	168.6	532.15
无水可溶硫酸钙晶须	347.45	168.35	532.15
无水死烧硫酸钙晶须	347.85	168.8	532.15

6.2.2.3　硫酸钙晶须表面的红外光谱分析

由于矿物粉体的一切化学过程都是从表面开始的，当矿物从溶液中结晶或发生溶解、吸附等化学过程时，这些作用就是发生于表面或界面。因此，硫酸钙晶须表面基团及其表面作用的确定，对研究其水化机理有重要意义。图 6.9 是不同硫酸钙晶须的红外光谱比较图，图中①、②、③分别是半水、无水可溶、无水死烧硫酸钙晶须。

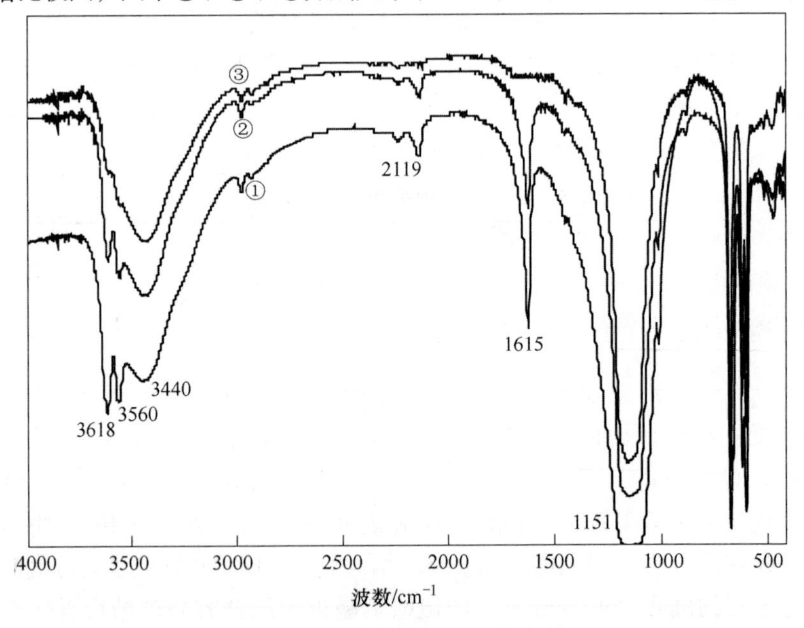

图 6.9　硫酸钙晶须的红外光谱

由图 6.9 可以看出：3618、3550、3440cm^{-1}处都是羟基的伸缩振动峰，其中前两个是由晶须内部的结晶水所产生，后者由晶须表面钙离子的羟基化反应产生；1615cm^{-1}处出现了十分尖锐的羟基不对称伸缩振动峰；而 1151、657、599cm^{-1}等处则是 SO_4^{2-}的吸收峰，2119cm^{-1}处是 SO_4^{2-}的合频伸缩振动峰。从以上分析可知：硫酸钙晶须表面主要含有—OH、SO_4^{2-}等基团。

对比硫酸钙晶须表面的羟基振动峰强度可知，由晶须内部的结晶水所产生的羟基吸收带强度以半水硫酸钙晶须最强，无水可溶硫酸钙晶须次之，而无水死烧硫酸钙晶须则不存在。这说明无水死烧硫酸钙晶须没有与水发生水化反应，无水可溶硫酸钙晶须则部分发生了水化反应，并且水分子进入晶须内部形成了结晶水。此外，比较 3440.09cm^{-1}处由晶须表面钙离子羟基化反应所产生的羟基振动峰强度可知，无水可溶硫酸钙晶须要比其他两种硫酸钙晶须的强度大，说明无水可溶硫酸钙晶须的表面钙离子最为活泼，羟基化趋势也最强烈，这与硫酸钙晶须表面的 XPS 分析结果也一致。

6.2.3 硫酸钙晶须的晶体结构差异

据相关研究，原生半水石膏、无水可溶石膏和无水难溶石膏分属三方晶系、六方晶系和正交晶系。表 6.7 为 XRD 检测所得的硫酸钙晶须晶格参数，由表 6.7 可知，硫酸钙晶须的晶体结构也有所不同，三种硫酸钙晶须分别属于六方晶系、六方晶系和正交晶系。此外，半水硫酸钙晶须、无水可溶硫酸钙晶须和无水死烧硫酸钙晶须之间的晶格参数也不同：半水硫酸钙晶须、无水可溶硫酸钙晶须和无水死烧硫酸钙晶须的 c_0分别由 6.3450Å 变为 6.3400、6.238Å（1Å = 10^{-10}m），这导致三者晶格内原子堆积也相应变得逐渐紧密。

表 6.7 硫酸钙晶须的晶格参数

试 样	参考卡片	晶系	$a_0/10^{-10}$m	$b_0/10^{-10}$m	$c_0/10^{-10}$m	$\alpha_0/(°)$	$\beta_0/(°)$	$\gamma_0/(°)$
半水硫酸钙晶须	01-081-1848	六方	6.9307	6.9370	6.3450	90	90	120
无水可溶硫酸钙晶须	01-026-0329	六方	6.9820	6.9820	6.3400	90	90	120
无水死烧硫酸钙晶须	01-072-0503	正交	6.9910	6.9960	6.2380	90	90	90

无水可溶硫酸钙晶须的晶体结构如图 6.10（a）所示。Ca^{2+}的配位数为 6，与相邻的四个 SO_4^{2-}四面体中的 6 个 O^{2-}联结，在（100）和（010）面上，Ca^{2+}联结 SO_4^{2-}四面体形成层状结构，而在（001）面上则并不形成层，Ca^{2+}和 SO_4^{2-}在平行于 c 轴的方向联结成链状，因此半水硫酸钙晶须呈平行于 c 轴的纤维状，链和链之间存在有约 0.3nm 的孔道，其中可以容纳结晶水，它与半水硫酸钙晶须的主要差别在于层间的半个水分子已被脱出，从垂直于 c 轴的晶体结构投影图可以看到有近似圆形的干枯沟通，这种密布的干沟道形成了大量的内表面，这使其比表

面积比半水硫酸钙晶须的更大，遇水后因无水通道中余键引力较大而强烈吸水，并先形成半水硫酸钙晶须，之后再进一步水化。和无水可溶硫酸钙晶须相比，半水硫酸钙晶须在平行于 c 轴的孔道内存在着半个水分子，结晶水通过氢键联结于 SO_4^{2-} 上。

图 6.10（b）是无水死烧硫酸钙晶须的晶体结构图。由图可知，Ca^{2+} 的配位数为 8，与相邻的四个 SO_4^{2-} 四面体中 O^{2-} 联结，每个四面体有 2 个 O^{2-} 和 Ca^{2+} 相连接。在（100）和（010）面上，Ca^{2+} 和 SO_4^{2-} 分布成平整的层，而在（001）面上，它们则不能形成平整的层。根据对半水石膏、无水可溶石膏和无水难溶石膏的结构测定，可推知无水死烧硫酸钙晶须的 Ca—O、S—O 和 Ca—Ca 要比半水硫酸钙晶须、无水可溶硫酸钙晶须的相应原子间距要短而紧密。因此，无水死烧硫酸钙晶须的晶体结构要比其他两种晶须的晶体结构牢固，难于水化。

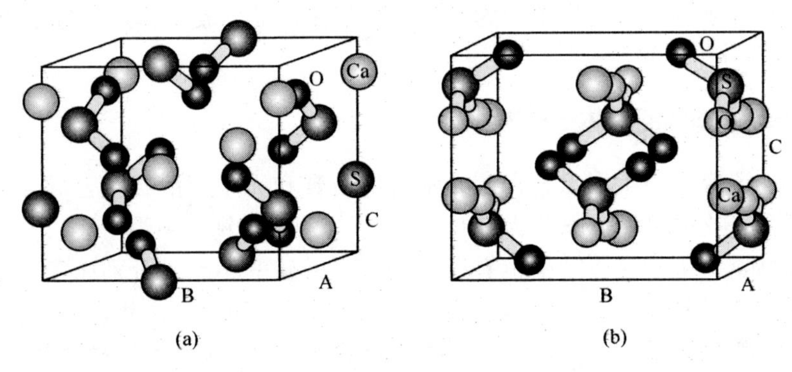

图 6.10 无水硫酸钙晶须的晶体结构
（a）无水可溶硫酸钙；（b）无水死烧硫酸钙

6.2.4 硫酸钙晶须的水化机理和稳定化处理途径分析

如前所述，无水死烧硫酸钙晶须由于内部没有孔道，且其晶格结构最为致密，因而晶须在水中不发生水化。半水硫酸钙晶须和无水可溶硫酸钙晶须的内部则存在孔道，同时表面还有—OH、SO_4^{2-} 等基团，因而呈现一定的静电力。当它们置于水溶液中或在潮湿环境中会吸附相反的电荷形成双电层和扩散层，同时晶须表面的活性离子 Ca^{2+} 会通过静电作用和水产生羟基化反应。此外晶须表面的羟基也通过氢键的方式和水分子结合，而晶须内部的孔道也通过毛细吸力吸引外部的水分子到达晶须表面。在以上三种作用的联合作用下水分子逐渐被吸附于半水硫酸钙晶须和无水可溶硫酸钙晶须表面。此后，晶须表面的水分子在内部孔道的毛细吸力作用下继续进入晶须内部的沟道中，而晶须外部的水分子则在晶须表面吸附，这样周而复始的进行，直至半水硫酸钙晶须和无水可溶硫酸钙晶须的水化反应最终完成。

因此，半水硫酸钙晶须和无水可溶硫酸钙晶须的水化根本原因在于晶须的内部孔道和表面活性点——钙离子以及表面羟基的存在。而要实现半水硫酸钙晶须和无水可溶硫酸钙晶须的稳定性，可以通过以下三条途径来实现：通过煅烧改变半水硫酸钙晶须和无水可溶硫酸钙晶须的晶体结构，使之转变为无水死烧硫酸钙晶须，从而消除晶须内部的孔道，使晶须进一步稳定，达到硫酸钙晶须的稳定化目的；填充半水硫酸钙晶须和无水硫酸钙晶须的内部孔道，使晶须表面吸附的水分子无法进入晶须内部，从而避免硫酸钙晶须的水化；使用稳定剂和晶须表面的钙离子反应，使钙离子不和水分子发生羟基化反应，同时隔绝晶须表面与水的接触，最终实现半水硫酸钙晶须和无水可溶硫酸钙晶须的稳定化。

6.3 不同类型硫酸钙晶须水化能力差异

研究对半水硫酸钙晶须和无水可溶硫酸钙晶须的水化过程进行了对比。不同种类硫酸钙晶须的制备方法均为水热法，其中在110℃左右通过煅烧制得半水硫酸钙晶须，在200~600℃下制得无水硫酸钙晶须，并对其进行水化试验。水化试验的硫酸钙晶须用量为20g、水化浓度5%、水化时间20min。最后对硫酸钙晶须的水化产物进行XRD等检测。

6.3.1 硫酸钙晶须水化产物的物相变化

试验对晶须的水化产物进行了XRD的物相组成检测，结果如图6.11所示。

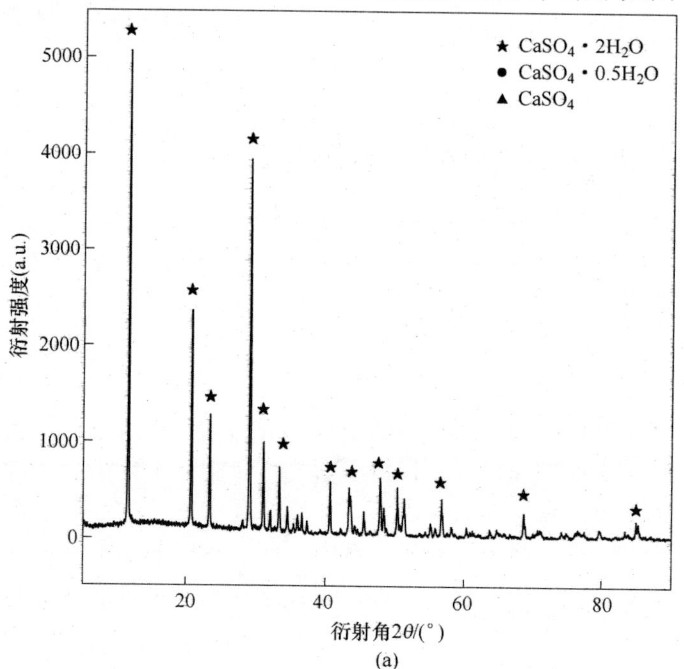

(a)

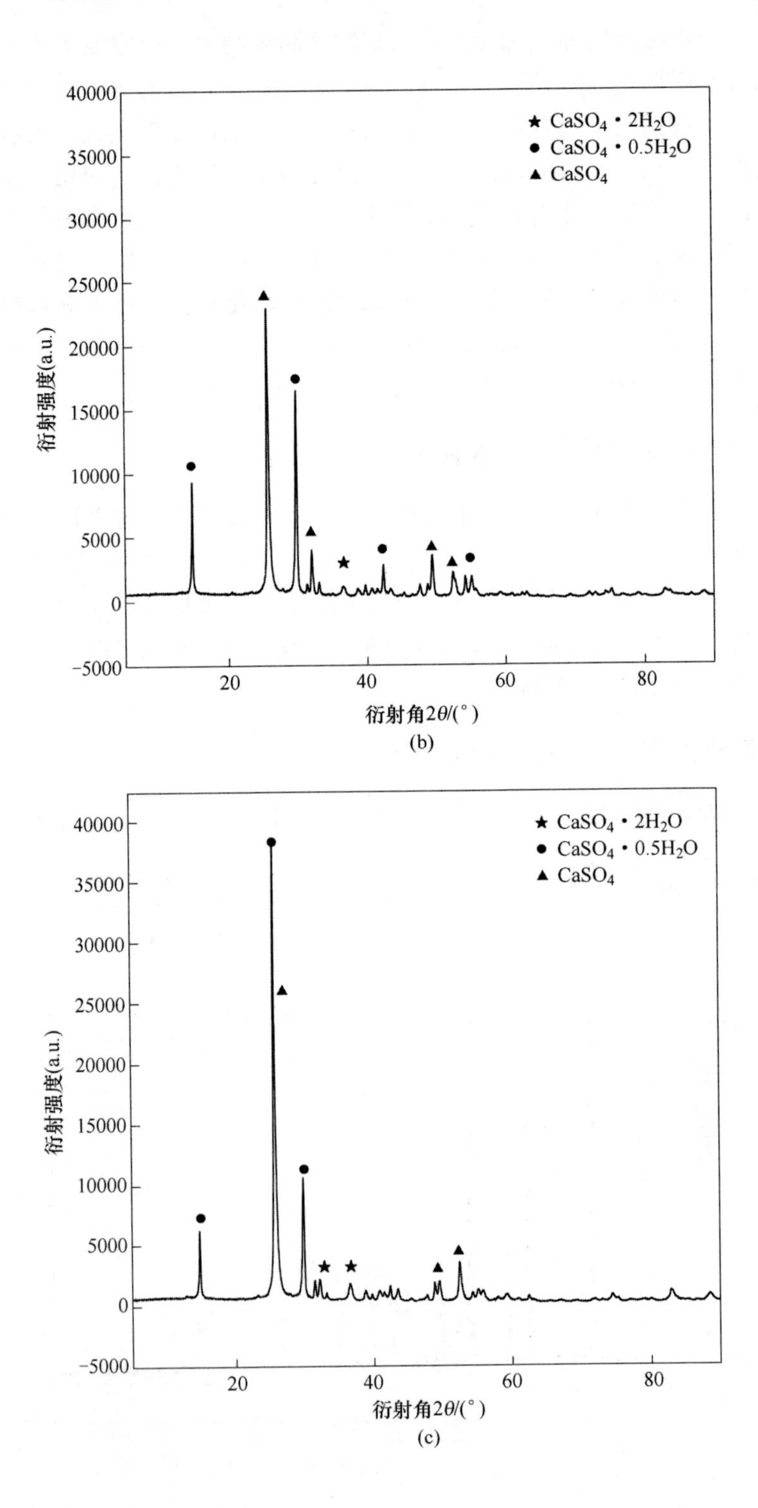
★ $CaSO_4 \cdot 2H_2O$
● $CaSO_4 \cdot 0.5H_2O$
▲ $CaSO_4$
衍射强度(a.u.)
衍射角2θ/(°)
★ $CaSO_4 \cdot 2H_2O$
● $CaSO_4 \cdot 0.5H_2O$
▲ $CaSO_4$
衍射强度(a.u.)
衍射角2θ/(°)

(b)

(c)

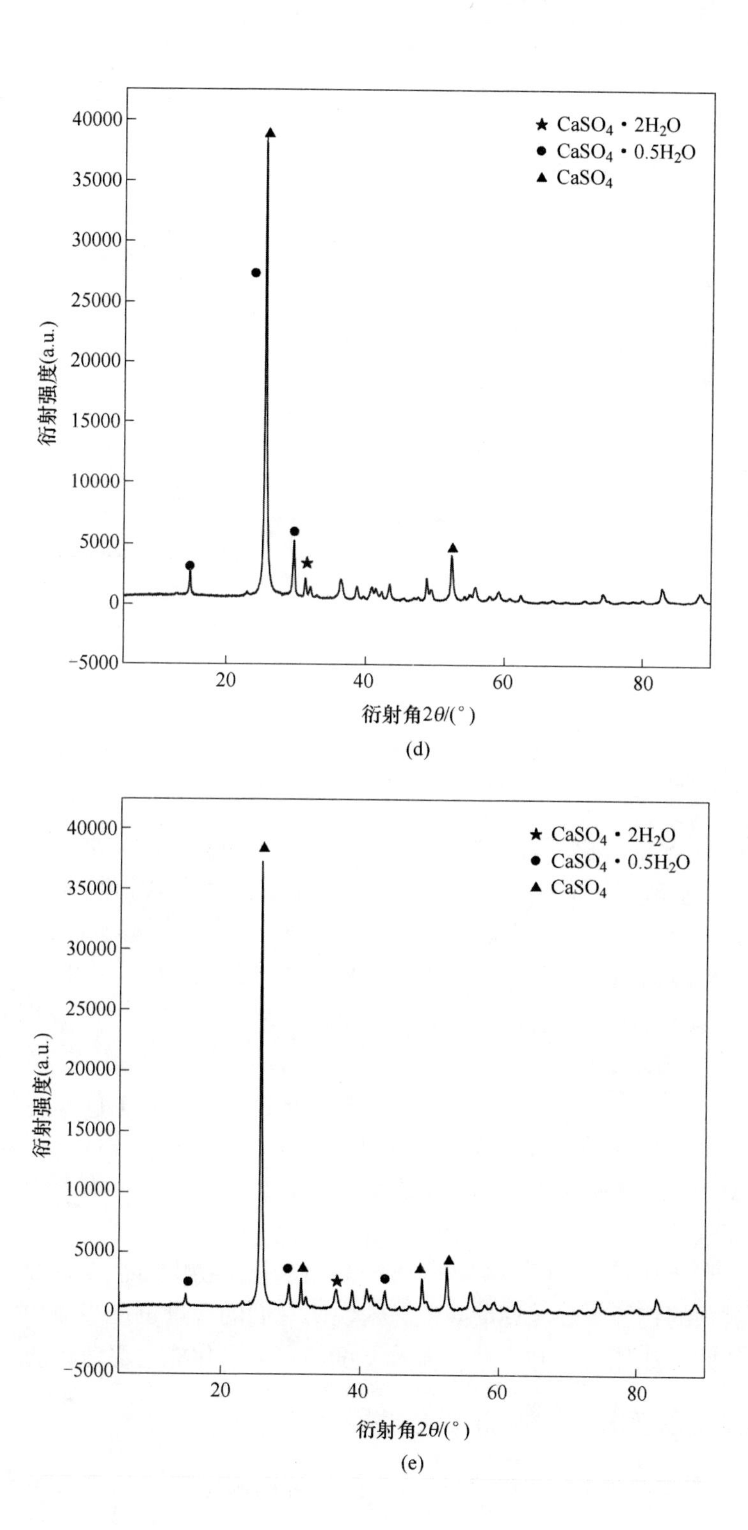
★ $CaSO_4 \cdot 2H_2O$
● $CaSO_4 \cdot 0.5H_2O$
▲ $CaSO_4$
衍射强度(a.u.)
衍射角2θ/(°)
(d)
★ $CaSO_4 \cdot 2H_2O$
● $CaSO_4 \cdot 0.5H_2O$
▲ $CaSO_4$
衍射强度(a.u.)
衍射角2θ/(°)
(e)

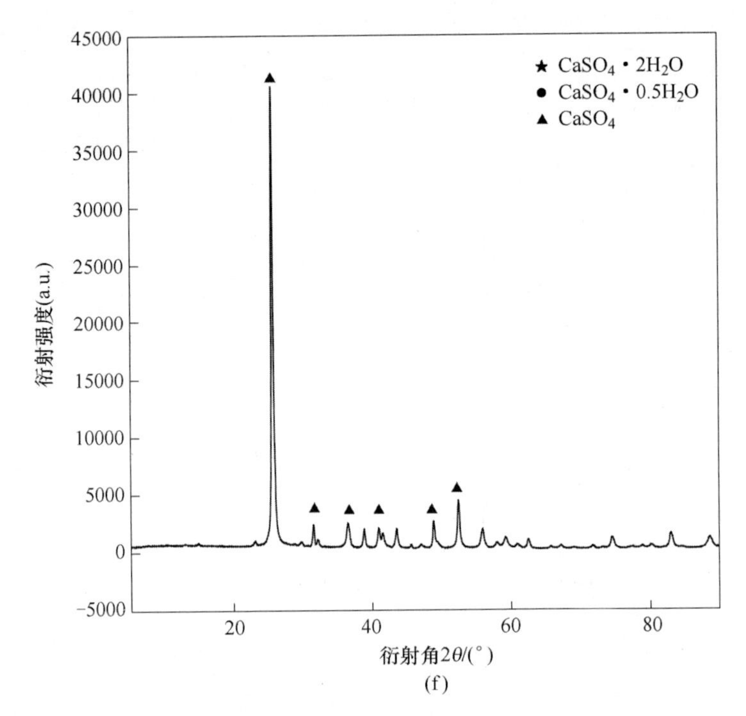

图 6.11　不同煅烧温度的硫酸钙晶须水化产物 XRD 图谱
(a) 110~120℃；(b) 200℃；(c) 300℃；(d) 400℃；(e) 500℃；(f) 600℃

从图 6.11 可以看出，110℃煅烧温度下的半水硫酸钙晶须水化 20min 时已经完全转化为二水硫酸钙晶须，其他在 500℃以下煅烧时硫酸钙晶须的水化产物都是无水死烧硫酸钙晶须、半水硫酸钙晶须和二水硫酸钙晶须的混合物。对 200℃煅烧温度的硫酸钙晶须水化产物进行了 XRD 的半定量分析，结果显示无水死烧硫酸钙晶须、半水硫酸钙晶须和二水硫酸钙晶须的相对含量分别是 53.4%、44.6%和 2%，而该温度煅烧的硫酸钙晶须则分别含无水死烧硫酸钙晶须和无水可溶硫酸钙晶须 83%、17%。这说明在晶须的水化过程中，不仅无水可溶硫酸钙晶须已经完全水化成了半水硫酸钙晶须和二水硫酸钙晶须，并且一部分无水死烧硫酸钙晶须也发生了水化，转化为半水或二水硫酸钙晶须，这种情况在 500℃以下煅烧的硫酸钙晶须的水化过程中都存在。

此外，在 200~500℃的煅烧条件下的晶须水化产物中的半水硫酸钙晶须和二水硫酸钙晶须的特征峰强度逐渐降低，这说明它们的含量也逐步减少，也说明煅烧所得晶须的水化能力各异，并且随着温度的升高水化能力逐渐降低。

6.3.2　硫酸钙晶须水化产物的形貌分析

图 6.12 是晶须水化产物的形貌图。不同煅烧温度的硫酸钙晶须水化能力的

差异还可以从水化产物微区形貌差异比较，研究以晶须表面是否光滑、平整、粗糙来比较晶须的水化能力差异。

从图 6.12（a）上部可以看出，水化产物表面坑凹不平，单根晶须不同地方粗细不一，这是由于晶须在水化过程的体积膨胀以及表面钙离子和硫酸钙离子的溶解速度差异不同所造成。图 6.12（b）下部以及图 6.12（c）和图 6.12（d）也可以看到这种现象，而在图 6.12（e）中则观察不到这种现象，这是由于500℃下煅烧的晶须中虽然含有无水可溶硫酸钙晶须，但是其含量相对其他温度更小，只有 7%左右，因而在其水化产物中不易看到坑凹不平的现象。图 6.12（f）的晶须则粗细均匀，表面光滑。

(a) (b)

(c) (d)

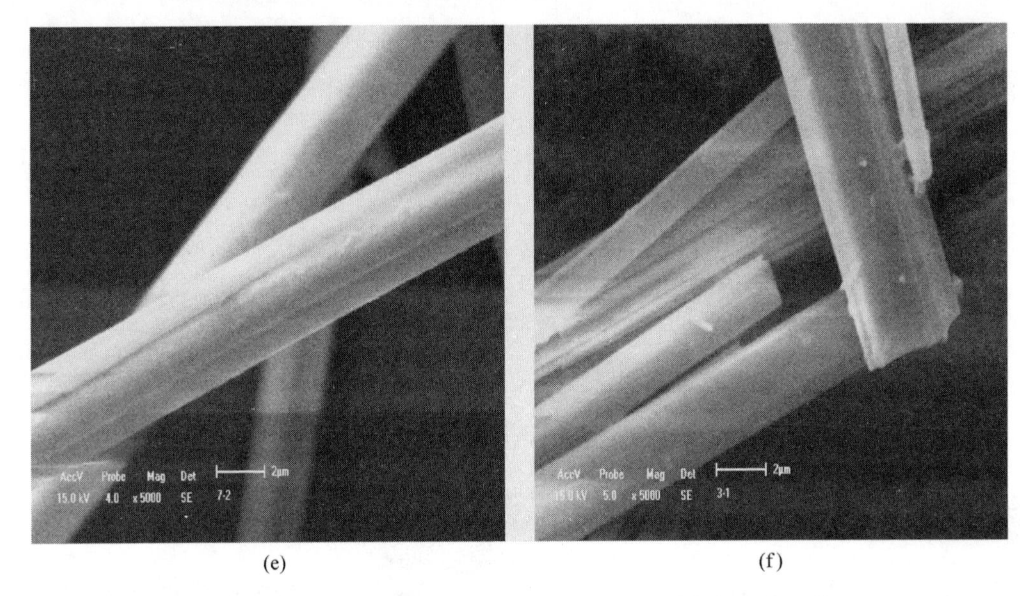

(e)　　　　(f)

图 6.12　不同煅烧温度的硫酸钙晶须水化产物扫描电镜照片

(a) 110~120℃；(b) 200℃；(c) 300℃；(d) 400℃；(e) 500℃；(f) 600℃

6.3.3　硫酸钙晶须水化产物的 FTIR 分析

试验分别对 500℃以下煅烧硫酸钙晶须的水化产物进行了红外分析，结果见图 6.13。

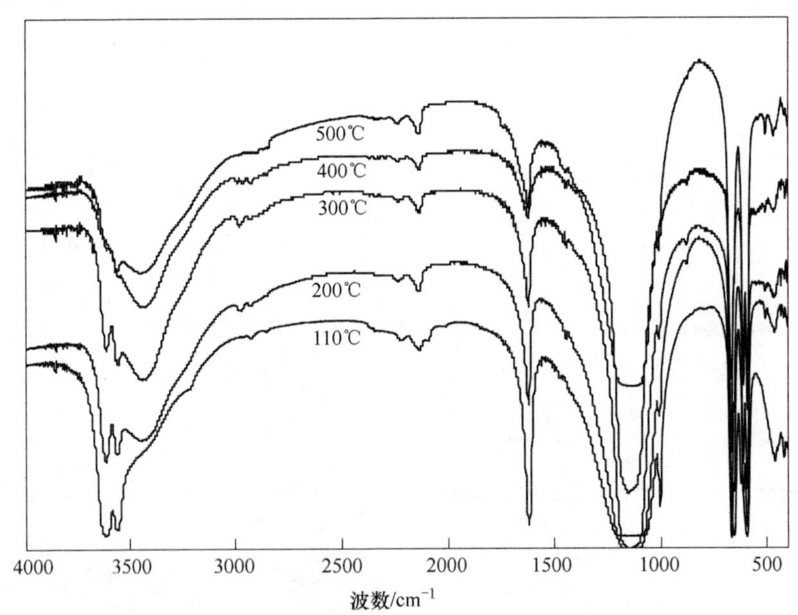

图 6.13　不同煅烧温度的硫酸钙晶须水化产物的红外光谱

图 6. 13 是不同煅烧温度的硫酸钙晶须水化产物的红外光谱比较图。从图中可以看出：500℃以下煅烧的硫酸钙晶须水化产物在 $3600cm^{-1}$ 和 $1619.35cm^{-1}$ 附近都有结晶水所产生的羟基伸缩振动峰，说明此时晶须内部含有结晶水，也就是发生了水化，这与 XRD 的物像分析结果也相吻合。但是 $1619.35cm^{-1}$ 附近的羟基不对称伸缩振动峰在 110～500℃范围内的强度又有很大不同。110～300℃时硫酸钙晶须水化产物表面的羟基不对称伸缩振动峰峰形尖锐，这是由于水化产物内部的结晶水和表面活性点钙离子的羟基化反应双重影响所致。400～500℃时硫酸钙晶须水化产物表面的羟基不对称伸缩振动峰强度逐渐变小，并且 $3600cm^{-1}$ 附近有结晶水所产生的羟基伸缩振动峰不太明显，这说明它们的水化程度要比其他温度下煅烧的晶须小，也即水化能力较低。

6.4 本章小结

（1）半水硫酸钙晶须水化过程的显著特点在于其晶形的改变和由此引起的长径比减小。前者是半水硫酸钙晶须水化前后的形状改变即由纤维状变为板状、柱状、片状和粒状，后者则由二水硫酸钙晶须的生成和断裂所引起。

（2）与半水石膏的水化过程相比，半水硫酸钙晶须的水化过程略有不同。具体表现为两者的最终水化产物形成方式不同：后者在其水化过程中首先产生了二水硫酸钙晶须，最后才形成了不同晶形的二水硫酸钙晶体，而前者的最终水化产物则是直接在半水石膏的溶解过程中形成的。

（3）半水硫酸钙晶须的水化过程可以划分为三个阶段，即半水硫酸钙晶须水化初始期、二水硫酸钙晶须生成期以及二水硫酸钙晶须的粗化和不同晶形的二水硫酸钙晶体生成期。

（4）半水硫酸钙晶须、无水可溶硫酸钙晶须和无水死烧硫酸钙晶须的表面元素为 Ca、S 和 O，且三种元素相对含量比都为 1∶1∶4，硫酸钙晶须表面组成都符合 $CaSO_4$ 的化学分子式。无水可溶硫酸钙晶须、半水硫酸钙晶须和无水死烧硫酸钙晶须的晶体结构不同，同时其表面活性点即钙离子的活性大小也不同，并且依次减小。

（5）硫酸钙晶须表面的活性点——钙离子、表面羟基和晶须内部孔道的存在是硫酸钙晶须发生水化的主要原因。而要实现硫酸钙晶须的稳定性，关键在于对晶须表面钙离子的封闭和晶须内部孔道的消除。

（6）对半水硫酸钙晶须水化过程特点、对其水化过程的划分以及硫酸钙晶须表面性质、表面结构、水化机理和稳定化处理途径的研究对提高硫酸钙晶须质量的稳定性具有指导意义。

7　煅烧对硫酸钙晶须晶体结构及稳定性的影响

本章采用水热法制备硫酸钙晶须，通过对不同煅烧温度和煅烧时间下产物及其水化产物的物相组成分析，同时结合对水化产物的 SEM 和 FTIR 分析，研究了煅烧时间和煅烧温度对硫酸钙晶须晶体结构和稳定性的影响，以期为硫酸钙晶须的工业化生产提供一定的理论指导。

7.1　硫酸钙晶须煅烧原理

由前可知，在制备无水硫酸钙晶须时，需要对所得半水硫酸钙晶须滤饼在不同温度下煅烧。煅烧时的分解方程式为：

$$CaSO_4 \cdot \frac{1}{2}H_2O \xrightarrow{\text{一定温度}} CaSO_4 + \frac{1}{2}H_2O \tag{7-1}$$

由前可知，煅烧温度为 110～120℃时产品为半水硫酸钙晶须，晶须内部的分子水没有逸出。当煅烧温度大于 120℃后，半水硫酸钙晶须的结构受到破坏，内部的水分子逐渐脱除，而随着煅烧温度的不同，所得硫酸钙晶须也不同。为确定硫酸钙晶须的煅烧试验的起始温度，对半水硫酸钙晶须进行了 DSC-TG 分析，结果见图 7.1。

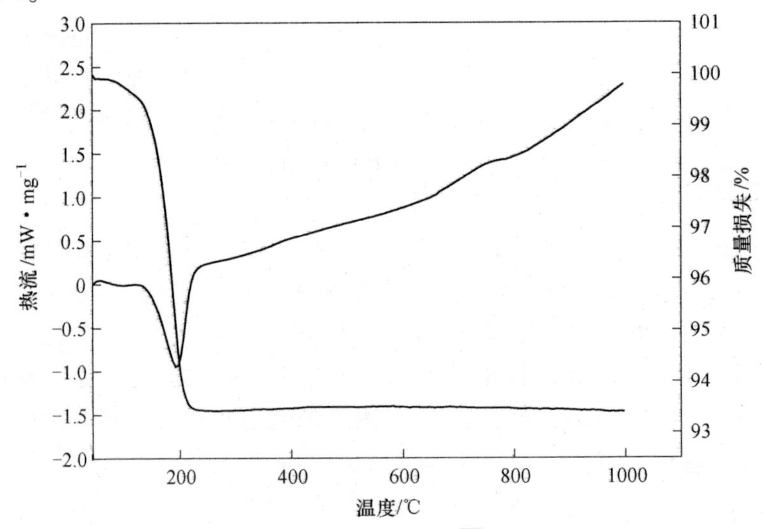

图 7.1　半水硫酸钙晶须的 DSC-TG 曲线

从图 7.1 可以看出：根据热重曲线，半水硫酸钙晶须从 140℃左右开始失重，到 200℃时样品失重率为 6.57%，稍大于半水硫酸钙结晶水的理论含量 6.21%，这可能是半水硫酸钙晶须不稳定，吸收空气中的水分所致。与 TG 曲线相对应，DSC 曲线在 200℃附近有一明显的吸热峰。结合半水硫酸钙晶须的煅烧分解方程可知，在 200℃附近出现的吸热峰和失重现象是由于半水硫酸钙晶须逐渐失水转变为无水硫酸钙晶须引起的。

7.2 煅烧对硫酸钙晶须物相组成和晶体结构的影响

7.2.1 煅烧时间对硫酸钙晶须的影响

根据对半水硫酸钙晶须的差热-热重分析，半水硫酸钙晶须在 200℃时失去全部结晶水，转变为无水硫酸钙晶须。因此，将煅烧试验的起始温度定为 200℃。试验研究了煅烧时间对硫酸钙晶须物相组成和晶体结构的影响，煅烧时间分别为 30min、1、2、4、6、8h，并对煅烧产物进行 XRD 检测，以分析各自的物相组成和晶体结构。

7.2.1.1 煅烧时间对硫酸钙晶须物相组成的影响

半水硫酸钙晶须在 200℃下煅烧 30min 时产物 XRD 图如图 7.2 所示，煅烧 1、2、8h 时硫酸钙晶须的 XRD 图谱如图 7.3 所示。

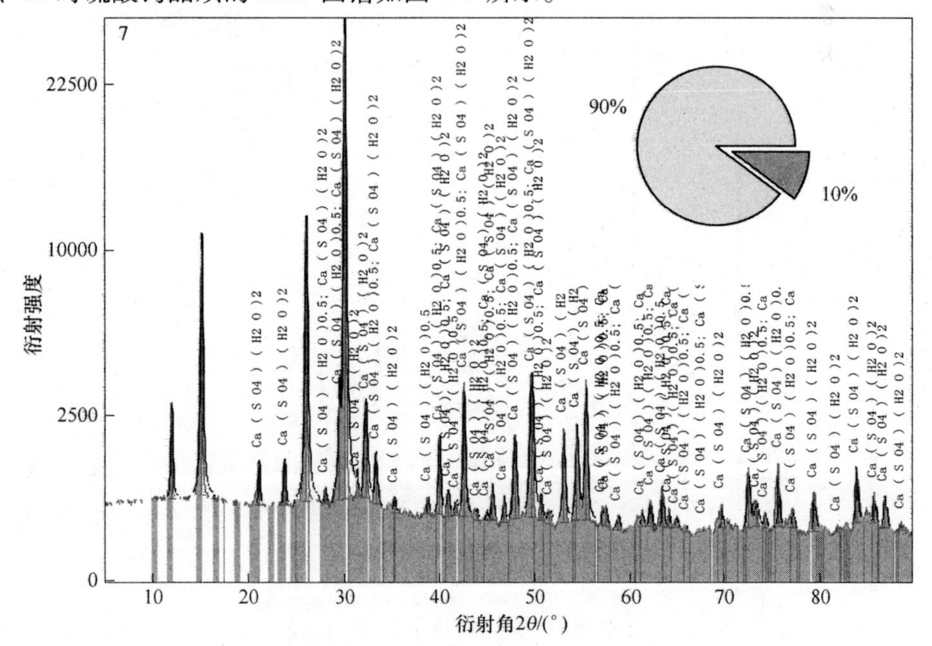

图 7.2 200℃煅烧 30min 时的硫酸钙晶须 XRD 图谱

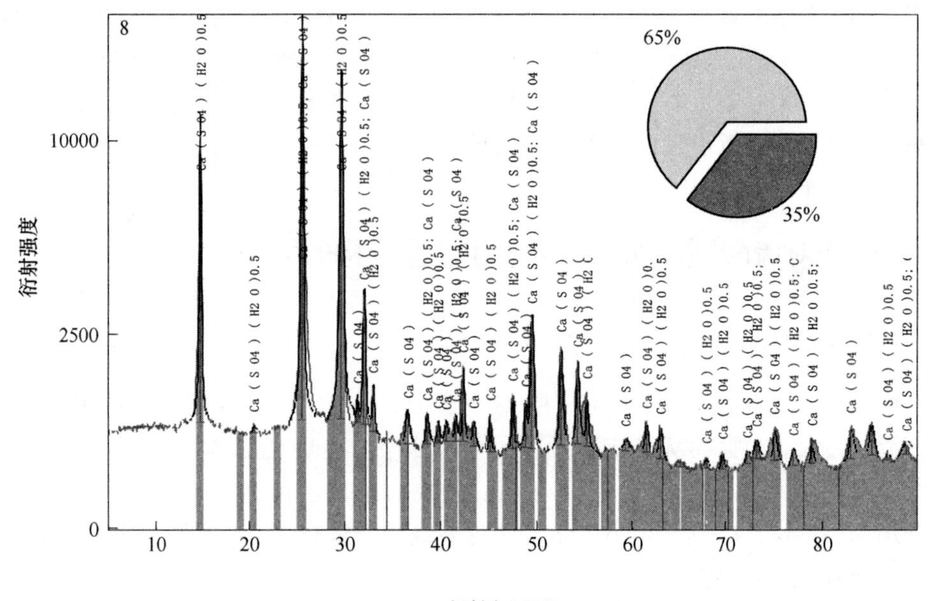
8
65%
35%
衍射强度
10000
2500
0
10
20
30
40
50
60
70
80
衍射角2θ/(°)

(a)

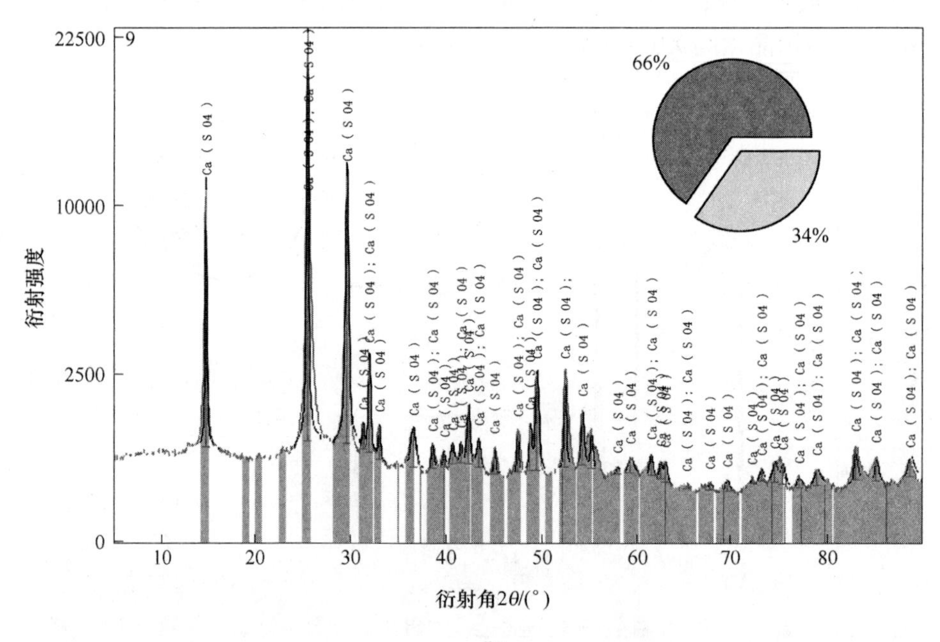
9
66%
34%
衍射强度
22500
10000
2500
0
10
20
30
40
50
60
70
80
衍射角2θ/(°)

(b)

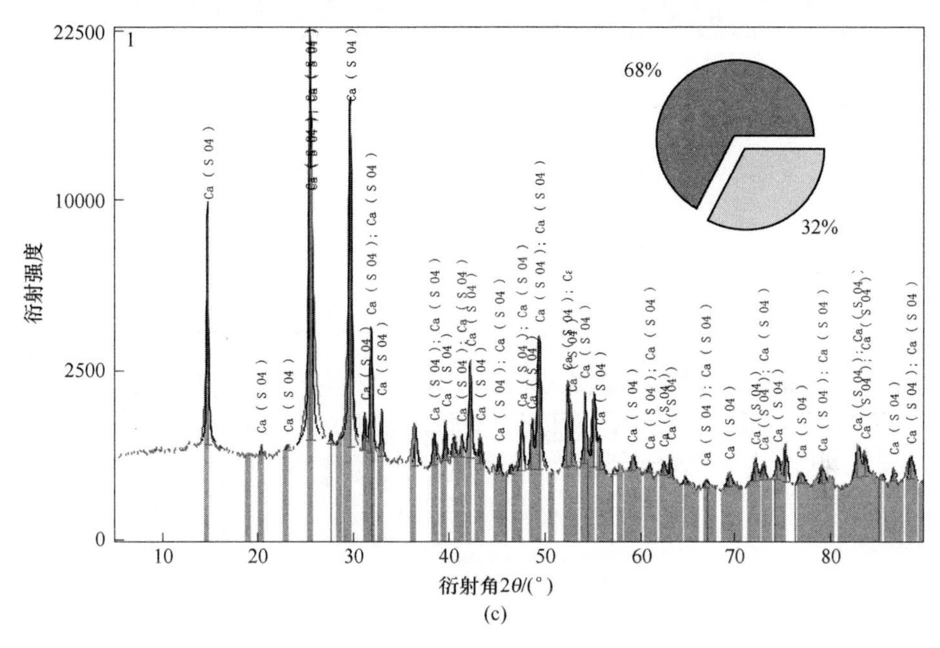

(c)

图 7.3 不同煅烧时间的硫酸钙晶须 XRD 图谱

(a) 1h; (b) 2h; (c) 8h

从图 7.2 可以看出，当煅烧 30min 时，硫酸钙晶须为半水硫酸钙晶须和二水硫酸钙晶须的混合物，半定量分析说明半水硫酸钙晶须相对含量为 90%。这说明此时由于煅烧时间过短，半水硫酸钙晶须滤饼表面吸附的大约 15%～20%的自由水分子还没有完全脱除，可能和半水硫酸钙晶须发生了水化反应，生成了二水硫酸钙晶须。从图中还可以看出，在衍射角 2θ 为 11.9947°和 15.0861°处对应的衍射峰没有标出所属化学式的名称。对照标准卡片可知，11.9947°处对应的是二水硫酸钙的（020）晶面，属于二水硫酸钙的次强峰，但是和理论衍射角度（11.673°）相比发生了偏移，向右移动了 0.3217°。而 15.0861°处对应的是半水硫酸钙的（200）晶面，属于半水硫酸钙的最强峰，和理论值相比也偏移了 0.2471°，这两个衍射峰的偏移现象可能是半水硫酸钙晶须和二水硫酸钙晶须之间的相互影响造成的。

表 7.1 和表 7.2 分别列出了煅烧时间从 1h 到 8h 时无水硫酸钙晶须和无水死烧硫酸钙晶须各主要衍射峰的相对强度。从表中可以看出，随着煅烧时间的延长，无水可溶硫酸钙晶须的衍射峰强度逐渐减弱，而无水死烧硫酸钙晶须的衍射峰强度则逐渐增强。无水可溶硫酸钙晶须衍射峰强度的降低，说明它的晶格结构开始被破坏，这反映了随着煅烧时间的延长，硫酸钙晶须由无水硫酸钙晶须逐渐向无水死烧硫酸钙晶须转变的过程。

表 7.1 不同煅烧时间下无水可溶硫酸钙晶须各衍射峰的相对强度 (%)

煅烧时间/h	200	400	202	422	602
1	61.40	77.01	18.65	19.4	8.88
2	47.20	71.67	13.66	16.06	6.26
4	46.12	49.95	10.52	12.53	4.63
6	38.52	39.77	5.31	9.46	2.28
8	22.39	32.93	3.92	3.83	1.77

表 7.2 不同煅烧时间下无水死烧硫酸钙晶须各衍射峰的相对强度 (%)

煅烧时间/h	020	102	022	122	302
1	100.00	1.08	0.78	0.65	2.28
2	100.00	1.20	0.94	0.76	2.69
4	100.00	1.26	1.62	0.84	3.44
6	100.00	2.09	2.00	1.14	3.50
8	100.00	3.12	2.24	1.36	3.83

从图 7.3 中可以看出，当煅烧时间为 1h 时，煅烧产物为半水硫酸钙晶须和无水可溶硫酸钙晶须的混合物，两者分别占 65%和 35%。随着煅烧时间为 2h 时，煅烧产物中半水硫酸钙晶须消失，全部为无水可溶硫酸钙晶须和无水死烧硫酸钙晶须的混合物，两者分别占 34%和 66%。随着煅烧时间的延长，无水死烧硫酸钙晶须的含量逐渐增加，但是增幅不大。当煅烧时间为 8h 时，煅烧产物仍然是无水可溶硫酸钙和无水死烧硫酸钙晶须的混合物，两者的相对含量则分别为 32%和 68%。和 2h 相比，无水死烧硫酸钙晶须的含量仅增加了 2%，这说明在煅烧温度为 200℃时，煅烧时间对无水死烧硫酸钙晶须的物相组成影响不太明显。

7.2.1.2 煅烧时间对硫酸钙晶须结构的影响

由衍射原理可知，当晶体被 X 射线照射到不同的晶面时，得到的衍射峰强度也不同，各不同晶面的特征值形成一系列数字特征反映了该晶体的衍射峰特点。由此可知，每一条衍射线代表不同的晶面，反映了晶体的破坏程度。对 200℃条件下不同煅烧时间所得硫酸钙晶须的 XRD 分析发现，不同煅烧时间的硫酸钙晶须衍射峰出现了半高宽变化的现象，这说明半水硫酸钙晶须和无水可溶硫酸钙晶须以及无水可溶硫酸钙晶须在其向无水死烧硫酸钙晶须过程中存在着不同程度的晶格畸变。图 7.4 和图 7.5 分别是无水可溶硫酸钙晶须和无水死烧硫酸钙晶须最强衍射峰和次强衍射峰的半高宽随煅烧时间的变化趋势图。

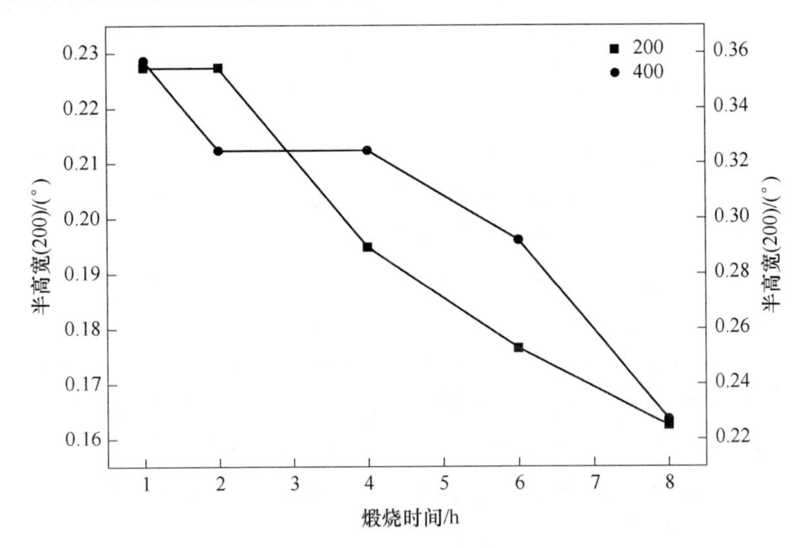

图 7.4 煅烧时间对无水可溶硫酸钙晶须半峰宽的影响

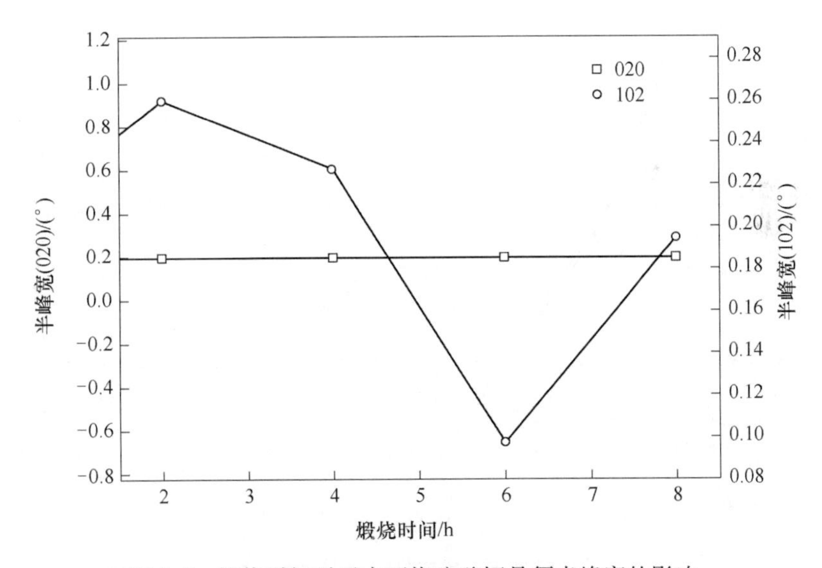

图 7.5 煅烧时间对无水死烧硫酸钙晶须半峰宽的影响

从图 7.4 可以看出，无水可溶硫酸钙晶须（200）和（400）衍射峰的半峰宽随时间的变化趋势相同，即随着煅烧时间的延长，它们的半峰宽都逐渐减小。从图 7.5 可以看出，无水死烧硫酸钙晶须的（020）和（102）的变化趋势则不同，最强峰（020）在 2h 到 8h 的煅烧过程中没有发生变化，而次强峰（102）在 2h 到 6h 的煅烧过程中先减小，然后逐渐增大。由此可见，在煅烧温度固定的情况下，煅烧时间对无水硫酸钙晶须晶体结构的影响要大于对无水死烧硫酸钙晶须的影响。

7.2.1.3 煅烧时间对硫酸钙晶须晶体结构的影响

在硫酸钙晶须的煅烧时间试验中，硫酸钙晶须随着煅烧时间的延长，晶型逐渐由半水硫酸钙晶须或二水硫酸钙晶须转变为无水可溶硫酸钙晶须和无水死烧硫酸钙晶须的混合物。这几种硫酸钙晶须的晶格参数互不相同，二水硫酸钙晶须、半水硫酸钙晶须、无水可溶硫酸钙晶须和无水死烧硫酸钙晶须的晶格参数依次变小，晶格内原子的堆积密度也逐渐紧密。而不同煅烧时间所得的无水可溶和无水死烧硫酸钙晶须产物晶格中原子堆积也有所不同，这些在 XRD 图谱上都表现为特征衍射峰面间距的不同。根据对不同煅烧时间下硫酸钙晶须的 XRD 分析，发现无水可溶硫酸钙晶须的面间距 d_{200} 和 d_{400} 以及无水死烧硫酸钙晶须的面间距 d_{020} 和 d_{102} 有一定的变化规律，对它们按照布拉格衍射方程式进行计算，得到它们的变化趋势分别如图 7.6 和图 7.7 所示。

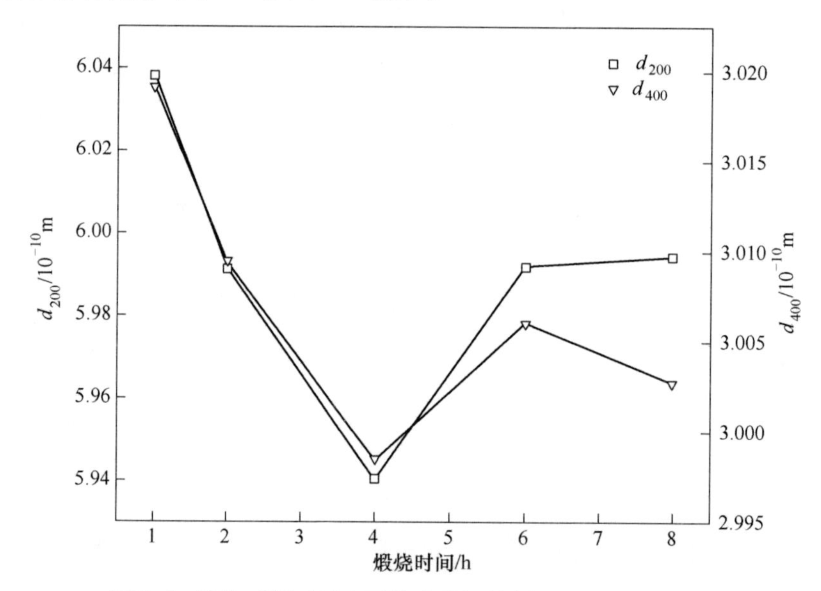

图 7.6 煅烧时间对无水可溶硫酸钙晶须 d_{200} 和 d_{400} 的影响

从图 7.6 和图 7.7 可以看出，不同煅烧温度下所得无水可溶硫酸钙晶须的 d_{200} 和 d_{400} 值从 1h 到 4h 内一直都有减小趋势，说明其晶体结构是随着煅烧温度的升高而逐渐变致密的。当大于 4h 时，d_{200} 和 d_{400} 又开始逐渐增大，晶体结构也开始膨胀。不同煅烧时间所得无水死烧硫酸钙晶须的 d_{020} 和 d_{102} 变化趋势和无水可溶硫酸钙晶须的一样，也是先减小后增大，由此可见，煅烧时间为 4h 的硫酸钙晶须晶体结构最为致密，煅烧时间以 4h 为宜。

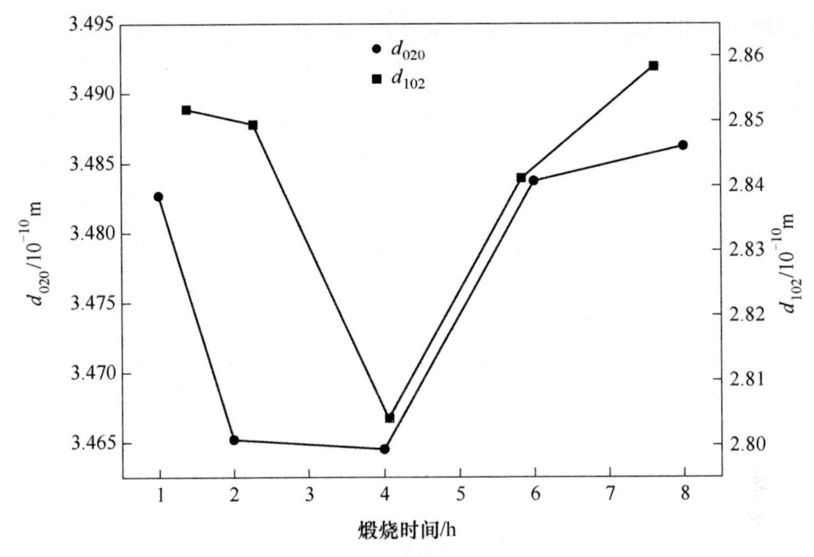

图 7.7 煅烧时间对无水死烧硫酸钙晶须 d_{020} 和 d_{102} 的影响

7.2.2 煅烧温度对硫酸钙晶须物相组成和晶体结构的影响

7.2.2.1 煅烧温度对硫酸钙晶须的物相组成影响

对水热法制备的半水硫酸钙晶须进行了 200~700℃的煅烧试验，煅烧时间为 4h，并对煅烧产物进行了 XRD 物相检测，检测结果见图 7.8。

图 7.8 中的衍射谱线从①~⑧分别为 200、300、400、500、550、600、650、

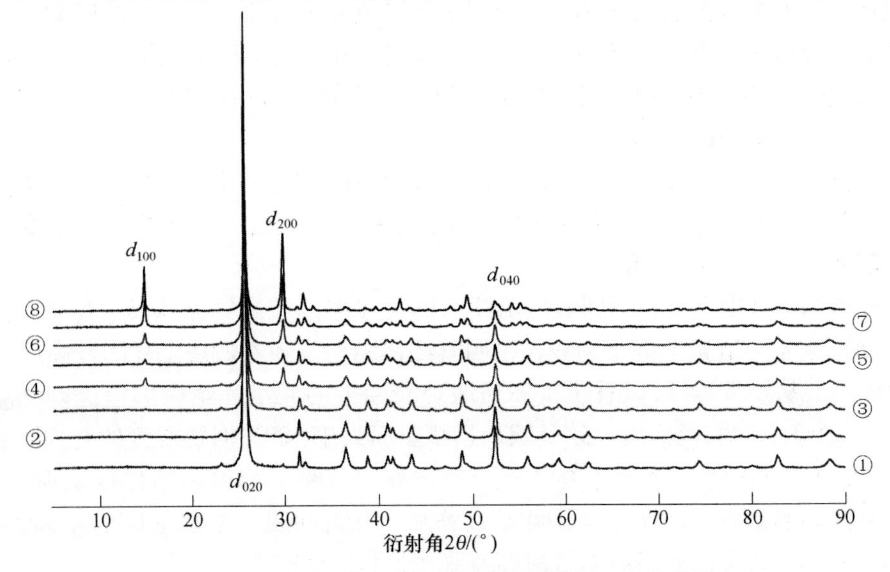

图 7.8 不同煅烧温度下硫酸钙晶须的 XRD 衍射图

700℃下煅烧产物的 XRD 图谱谱线。从图中可以看出：随着煅烧温度的提高，无水可溶硫酸钙晶须的特征峰 d_{200}(0.605352nm) 和 d_{100}(0.302676nm) 等逐渐减弱直至消失而无水死烧硫酸钙晶须的特征峰 d_{020}(0.34955nm) 和 d_{040}(0.1749nm) 等逐渐出现并增强。同时，在 200~700℃的煅烧温度条件下产生的硫酸钙晶须物相组成各不相同。200~550℃时均为无水可溶硫酸钙晶须和无水死烧硫酸钙晶须的混合产物，而在 600℃以上则都是无水死烧硫酸钙晶须，各种晶须的相对含量见表 7.3。

表 7.3　不同煅烧温度下的硫酸钙晶须成分表

煅烧温度/℃	半水硫酸钙晶须含量/%	无水可溶硫酸钙晶须含量/%	无水死烧硫酸钙晶须含量/%
110	100	0	0
200	—	17	83
300	—	11	89
400	—	8	92
500	—	7	93
550	—	7	93
600	—	0	100
650	—	0	100
700	—	0	100

7.2.2.2　煅烧温度对硫酸钙晶须晶体结构的影响

在硫酸钙晶须的煅烧过程中随着煅烧温度的升高，其晶型逐渐由半水硫酸钙晶须转变为无水可溶硫酸钙晶须直至无水死烧硫酸钙晶须，三者的晶格参数也依次变小，导致晶格内原子堆积更加紧密。此外，在不同温度下煅烧的无水可溶和无水死烧硫酸钙晶须产物晶格中原子堆积有所不同，这些在 XRD 图谱上表现为特征衍射峰面间距的不同。

根据图 7.8，对无水可溶硫酸钙晶须的面间距 d_{100} 和 d_{110} 以及无水死烧硫酸钙晶须的面间距 d_{020} 和 d_{040} 按照布拉格衍射方程式进行计算，得到它们的变化趋势如图 7.9 和图 7.10 所示。

从图 7.9 可以看出，不同煅烧温度下的无水可溶硫酸钙晶须 d_{100} 和 d_{110} 值从 200℃到 550℃一直都呈减小趋势，说明其晶体结构是随着煅烧温度的升高而逐渐变致密的。从图 7.10 可以看出，不同煅烧温度下的无水死烧硫酸钙晶须 d_{020} 和 d_{040} 值在 300~600℃范围内大致呈减小趋势。而大于 600℃时随温度的升高 d_{020} 和 d_{040} 值又呈增大趋势，这可能是由于冷却过程中硫酸钙晶须的晶体碎裂不完整，造成晶须的细度增大，反映为面间距的增大。由此可见，在煅烧温度为 600℃左右的无水死烧硫酸钙晶须晶体结构最为致密，其水化能力也可能最小。

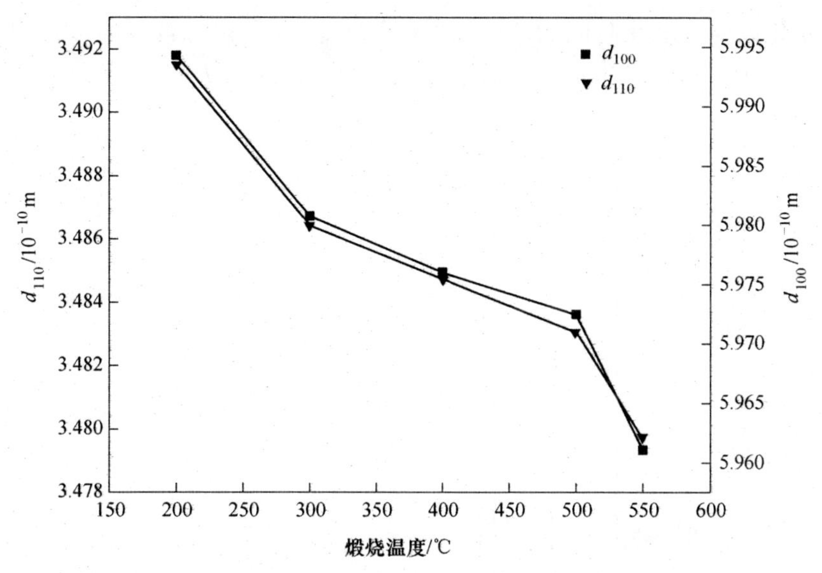

图 7.9 煅烧温度对无水可溶硫酸钙晶须 d_{100}和 d_{110}的影响

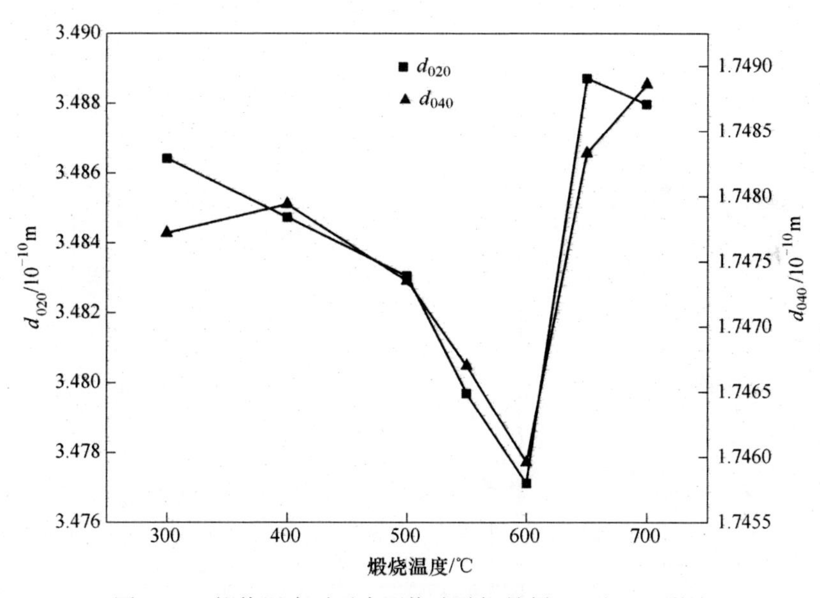

图 7.10 煅烧温度对无水死烧硫酸钙晶须 d_{020}和 d_{040}影响

7.3 煅烧温度对硫酸钙晶须稳定性的影响

7.3.1 硫酸钙晶须水化产物的 XRD 分析

为了对不同温度所得硫酸钙晶须的稳定性进行比较，试验将不同硫酸钙晶须进行了水化试验，水化时间为 20min，水化浓度 5%。并对各自的水化产物进行了 X 射线衍射分析，各水化产物的 X 射线衍射图谱如图 7. 11 所示。

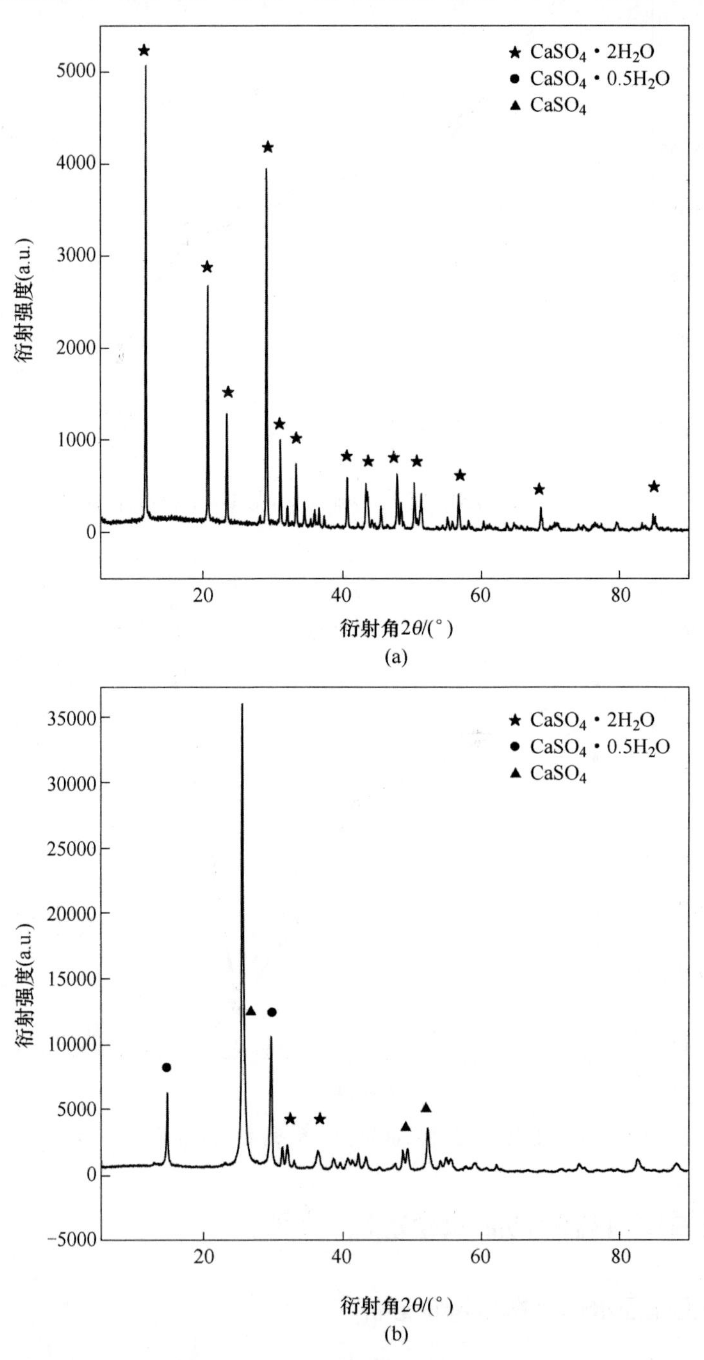

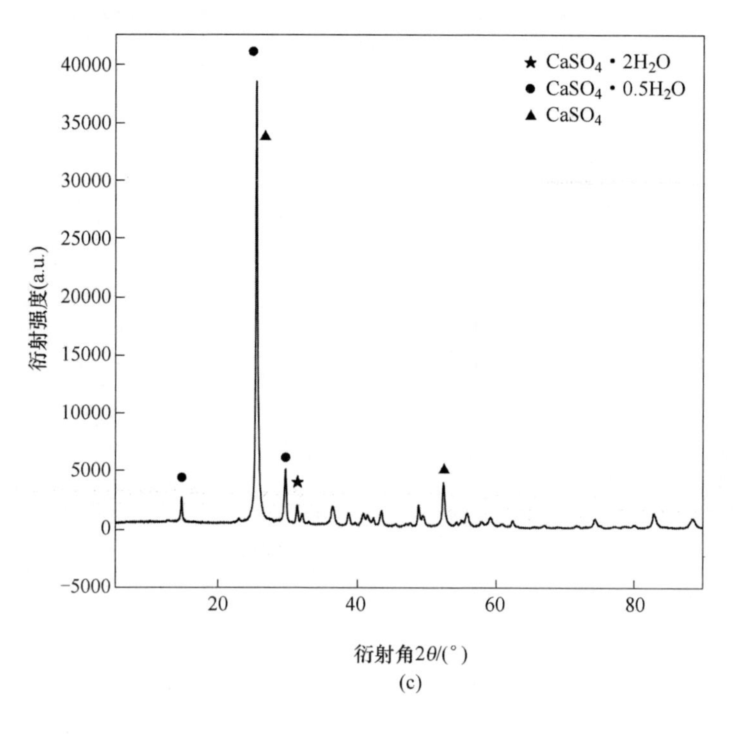
★ $CaSO_4 \cdot 2H_2O$
● $CaSO_4 \cdot 0.5H_2O$
▲ $CaSO_4$
衍射强度(a.u.)
衍射角2θ/(°)
(c)

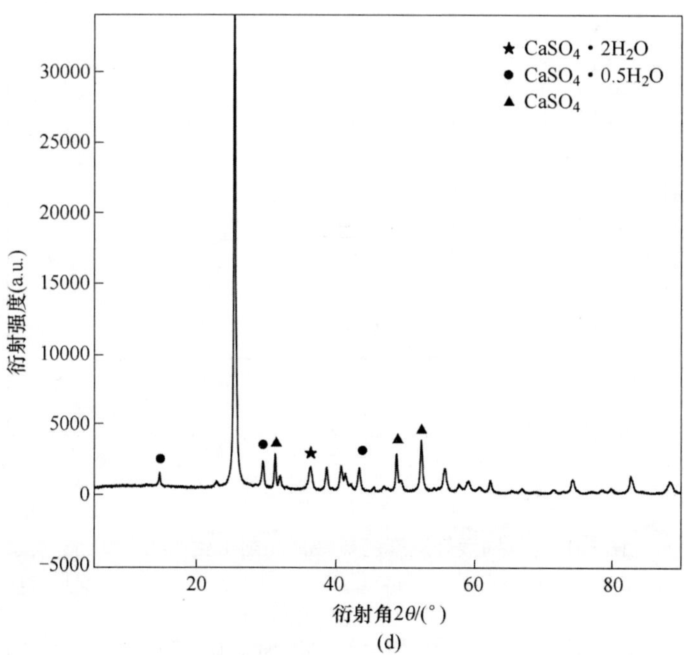
★ $CaSO_4 \cdot 2H_2O$
● $CaSO_4 \cdot 0.5H_2O$
▲ $CaSO_4$
衍射强度(a.u.)
衍射角2θ/(°)
(d)

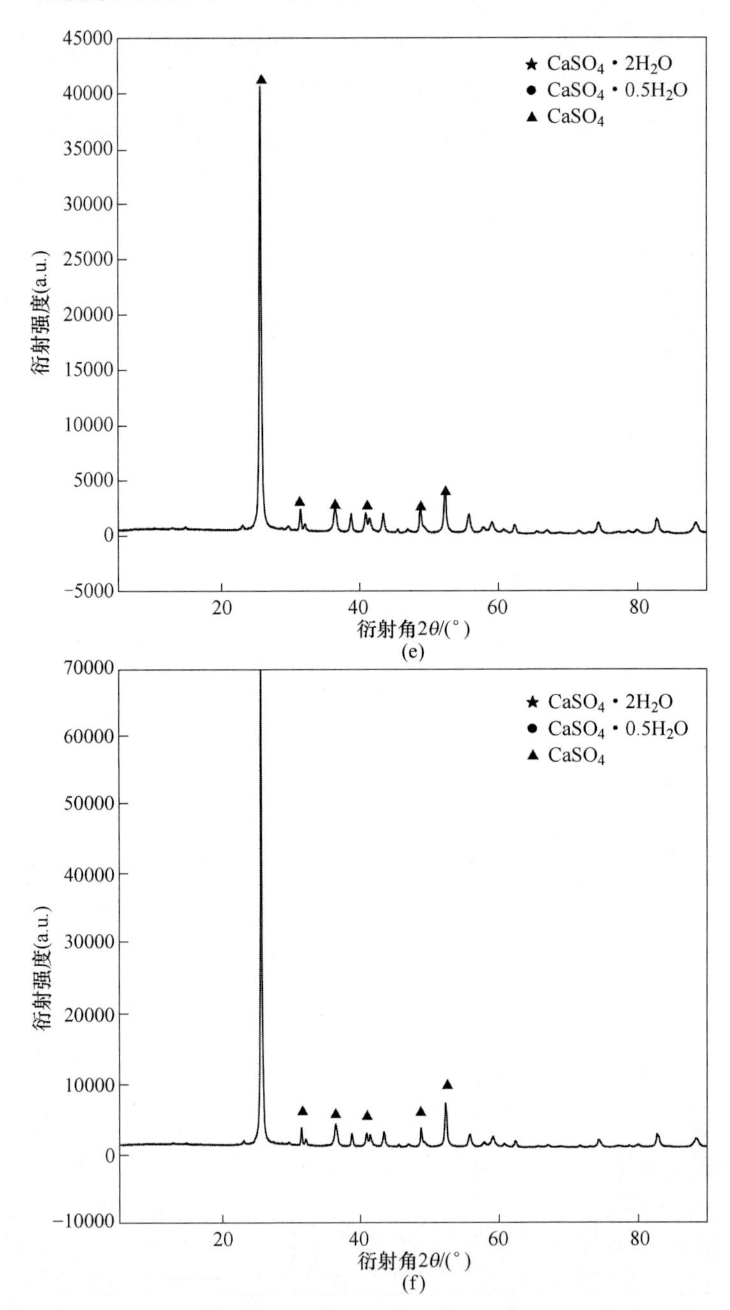

图 7.11　不同煅烧温度的硫酸钙晶须水化产物 XRD 图

(a) 110℃；(b) 200℃；(c) 400℃；(d) 550℃；(e) 600℃；(f) 700℃

从图 7.11 可以看出，110℃煅烧温度下的晶须水化 20min 已经完全转化为二水硫酸钙晶须，在 550℃以下煅烧的硫酸钙晶须的水化产物都含有无水死烧硫酸钙晶须、半水硫酸钙晶须和二水硫酸钙须，而600~700℃时煅烧的硫酸钙晶须水化产物则只有无水死烧硫酸钙晶须。在200~550℃温度下煅烧的晶须水化产物中的半水硫酸钙晶须和二水硫酸钙晶须的特征峰强度逐渐降低，这说明它们的含量也逐步减少。

对200℃煅烧温度的硫酸钙晶须水化产物进行了XRD的半定量分析，结果显示无水死烧硫酸钙晶须、半水硫酸钙晶须和二水硫酸钙晶须的相对含量分别是53.4%、44.6%和2%，而该温度煅烧的硫酸钙晶须则分别含无水死烧硫酸钙晶须和无水可溶硫酸钙晶须83%、17%。这说明在晶须的水化过程中，不仅无水可溶硫酸钙晶须已经完全水化成了半水硫酸钙晶须和二水硫酸钙晶须，并且一部分无水死烧硫酸钙晶须也发生了水化，转化为半水或二水硫酸钙晶须，这种情况在600℃以下煅烧的硫酸钙晶须的水化过程中都存在。与600℃以上煅烧生成的无水死烧硫酸钙晶须相比，600℃以下煅烧生成的无水死烧硫酸钙晶须的稳定性较差。

7.3.2 硫酸钙晶须水化产物的形貌分析

由图6.5可知，通过水热法制备的硫酸钙晶须表面光滑、单根晶须粗细均匀，而硫酸钙晶须的水化产物则表面坑凹不平。因此，不同煅烧温度所得硫酸钙晶须水化能力的差异还可以从水化产物的扫描电镜图片中观察到，图7.12是不同硫酸钙晶须水化产物的表面形貌图。由于在20min的水化时间内水化产物均为晶须，且形貌都是纤维状，所以采用扫描电镜高倍率镜下观察晶须表面微区，并以晶须表面是否光滑、平整、粗糙来比较晶须的水化能力差异。

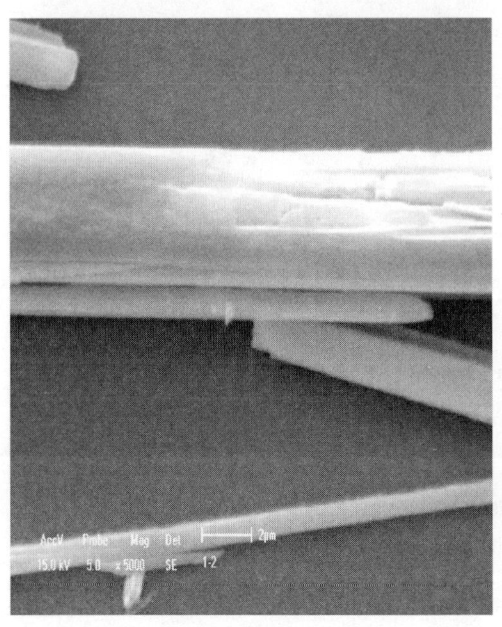

(a)

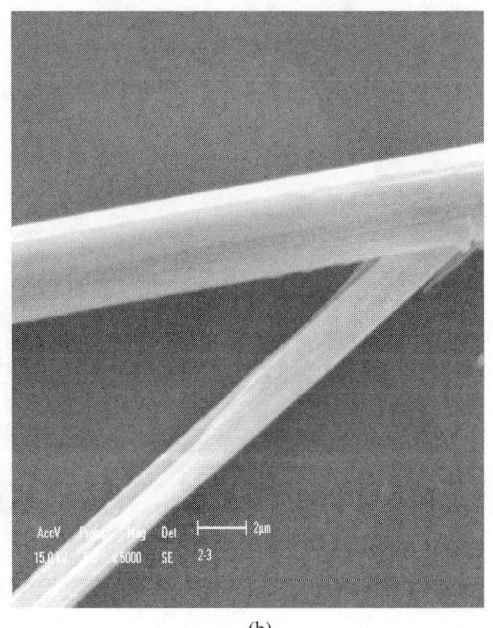

(b)

(c)　(d)

(e)　(f)

图 7.12　不同煅烧温度所得硫酸钙晶须的水化产物扫描电镜照片

（a）110~120℃；（b）200℃；（c）300℃；（d）400℃；（e）500℃；（f）600℃

从图 7.12（a）上部可以看出，水化产物表面坑凹不平，单根晶须不同地方粗细不一，这是由于晶须在水化过程的体积膨胀以及表面钙离子和硫酸钙离子的溶解速度差异不同所造成。图 7.12（b）下部以及图 7.12（c）和图 7.12（d）也可以看到这种现象，而在图 7.12（e）中则观察不到这种现象，这是由于 500℃时煅烧的晶须中虽然含有无水可溶硫酸钙晶须，但是其含量相对低于 500℃时煅烧的晶须的要小，只有 7%左右，因而水化程度要小，在其水化产物中不易看到坑凹不平的现象。图 7.12（f）的晶须则粗细均匀，表面光滑，保持了原有的晶须特点，原因在于 600℃时煅烧所得的晶须都是无水死烧硫酸钙晶须，没有发生水化。

7.3.3 硫酸钙晶须水化产物的 FTIR 分析

根据某一化合物的红外吸收曲线的峰位、峰强和峰形，可以判断该化合物是否存在某些官能团，进而推测该化合物的结构。试验分别对 500℃以下煅烧硫酸钙晶须的水化产物进行了红外光谱分析，结果见图 7.13。

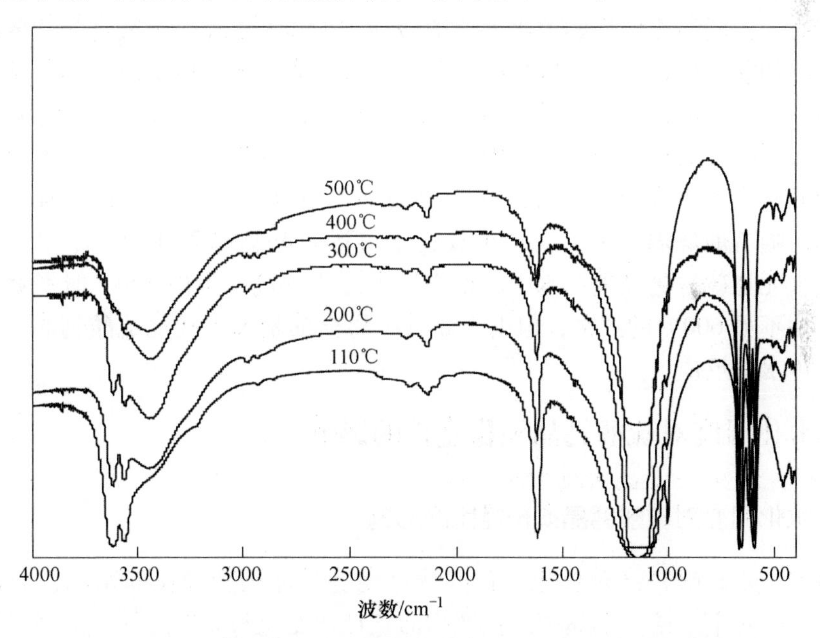

图 7.13 不同煅烧温度所得硫酸钙晶须水化产物的红外光谱

图 7.13 是不同煅烧温度的硫酸钙晶须水化产物的红外光谱比较图。从图中可以看出：500℃以下煅烧的硫酸钙晶须水化产物在 3600cm^{-1}和 1619cm^{-1}附近都有结晶水所产生的羟基伸缩振动峰，说明此时晶须内部含有结晶水，也就是发生了水化，这与 XRD 的物像分析结果也相吻合。但是 1619cm^{-1}附近的羟基不对称伸缩振动峰在 110~500℃范围内的强度又有很大不同。110~300℃时硫酸钙晶须水化产物表面的羟基不对称伸缩振动峰峰形尖锐，这是由于水化产物内部的结晶水和表面活性点——钙离子的羟基化反应双重影响所致。400~500℃时硫酸钙晶

须水化产物表面的羟基不对称伸缩振动峰强度逐渐变小，并且 3600cm^{-1}附近有结晶水所产生的羟基伸缩振动峰不太明显，这说明它们的水化程度要比其他温度下煅烧的晶须小，也即水化能力较低。

7.3.4　煅烧对硫酸钙晶须稳定性影响的机理分析

由前可知，不同种类硫酸钙晶须稳定性的差异首先在于它们微观构造不同：半水硫酸钙晶须晶格中存在有平行于 Ca^{2+}—SO_4^{2-}—Ca^{2+}链的宽阔通道，其结晶水被松弛的固定在通道内的一定位置上，因此半水硫酸钙晶须比表面积较大，遇水后立即水化成二水硫酸钙晶须。与半水硫酸钙晶须相比，无水可溶硫酸钙晶须晶格中平行于 Ca^{2+}—SO_4^{2-}—Ca^{2+}链的通道完全失水，使其比表面积较半水硫酸钙晶须的更大，遇水后因无水通道中余键引力较大而强烈吸水，并先形成半水硫酸钙晶须，之后再进一步水化。

其次，不同温度煅烧的无水可溶硫酸钙晶须和无水死烧硫酸钙晶须的稳定性也不同。如前所述，在不同煅烧温度条件下所生成的无水可溶硫酸钙晶须和无水死烧硫酸钙晶须的晶体结构堆积密度存在着一定的规律，即随着煅烧温度的升高，无水可溶硫酸钙晶须的晶格内原子的堆积密度逐步增大，而无水死烧硫酸钙晶须的晶格内原子堆积密度则在 600℃时最小，因而它们的水化能力存在着一定的差别：随着煅烧温度的升高，不仅无水可溶硫酸钙晶须在水中稳定性逐步提高，无水死烧硫酸钙晶须在水中的稳定性也逐步提高，虽然 700℃时煅烧产物的晶体结构不如 600℃的致密，但由于此时产物全部是无水死烧硫酸钙晶须，也就不能发生水化反应。

7.4　水化温度对硫酸钙晶须稳定性的影响

7.4.1　水化温度对硫酸钙晶须长径比的影响

由于半水硫酸钙晶须水化过程的特点之一是晶须长径比（平均，后同）的减小，试验对半水硫酸钙晶须水化产物的长径比变化与温度之间的关系进行了探讨，以期为晶须的生产及应用提供依据。

试验中先将制备的半水硫酸钙晶须（长径比为 45）从反应釜中放出并置于 4 个烧杯内，并分别降温到 100、90、80℃后，放入水浴锅中，在恒温的条件下进行静置水化，并在不同的静置时间取样然后终止水化，最后在生物显微镜下测其长径比，结果如图 7. 14 所示。

由图 7. 14 可知：半水硫酸钙晶须在 100℃条件下水化时其长径比几乎没有变化，即使水化 4h 时其长径比仍然保持在 40 左右；当水化温度为 90℃时，晶须会在很短的时间内发生水化，当水化 30min 时，晶须长径比由最初的 45 变为 36 左右，水化 4h

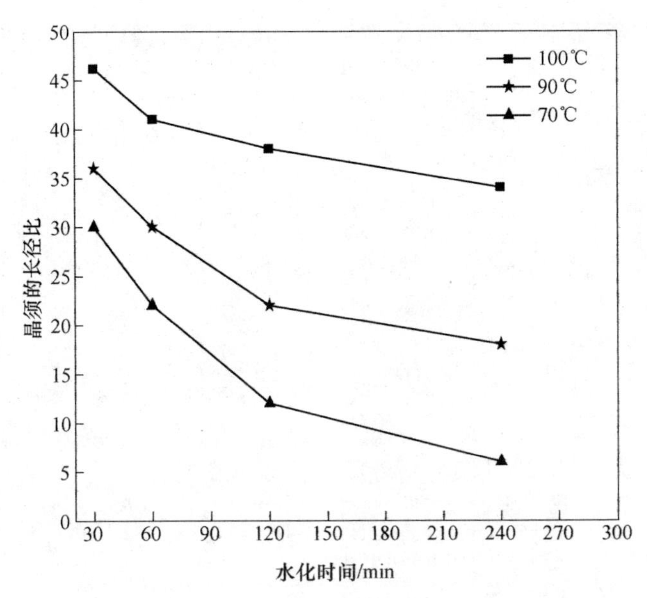

图 7.14 半水硫酸钙晶须长径比与水化时间的变化关系

时，晶须的长径比为23左右；当水化温度为70℃时，晶须的水化速度进一步加快，相应的长径比在水化30min时为30左右，水化4h时，晶须的长径比为7左右。

由此可见，水化温度越低，半水硫酸钙晶须的水化速度就越快，其长径比也越小。此外，由于晶须产品的长径比要求不小于10，并且生产晶须时晶须悬浮液须经静置和过滤工序，可见该工序的作业温度不能低于80℃且作业时间不大于30min，否则会对晶须质量产生不利影响。

7.4.2 水化温度对硫酸钙晶须形貌的影响

试验在水化时间为30min的条件下，分别对半水硫酸钙晶须在100、90、80℃和常温时水化产物的形貌分别进行了观察，结果如图7.15所示。

从图7.15可以看出，在半水硫酸钙晶须静置水化30min的过程中，随着静置水化温度的降低，晶须的表面逐渐由光滑变为粗糙，同时半水硫酸钙的水化过程也大为加快。

此外，晶须表面性质及晶须形状随着水化温度的不同有较大不同：在静置水化温度为100℃时晶须的形貌仍为纤维状，仅有小部分晶须表面出现了裂缝；水化温度为90℃时晶须直径进一步增大，长径比则进一步减小，但是基本仍为纤维状；而水化温度为80℃时晶须表面有少部分片状和颗粒状水化产物出现，剩余晶须表面有裂缝出现，甚至发生断裂现象；常温水化时将近一半晶须由纤维状水化为板状等产物，同时少量产物表面存在锯齿状晶体缺陷，少量产物长径比仅为1~3。

图 7.15　不同水化温度下半水硫酸钙晶须水化产物的扫描电镜照片

(a) 100℃；(b) 90℃；(c) 80℃；(d) 常温

7.4.3 硫酸钙晶须水化产物的物相分析

为进一步确定半水硫酸钙晶须在不同水化温度下水化产物物相组成的变化，试验将不同水化温度时半水硫酸钙晶须水化 30min 的水化产物进行了 XRD 分析，结果如图 7.16 所示。

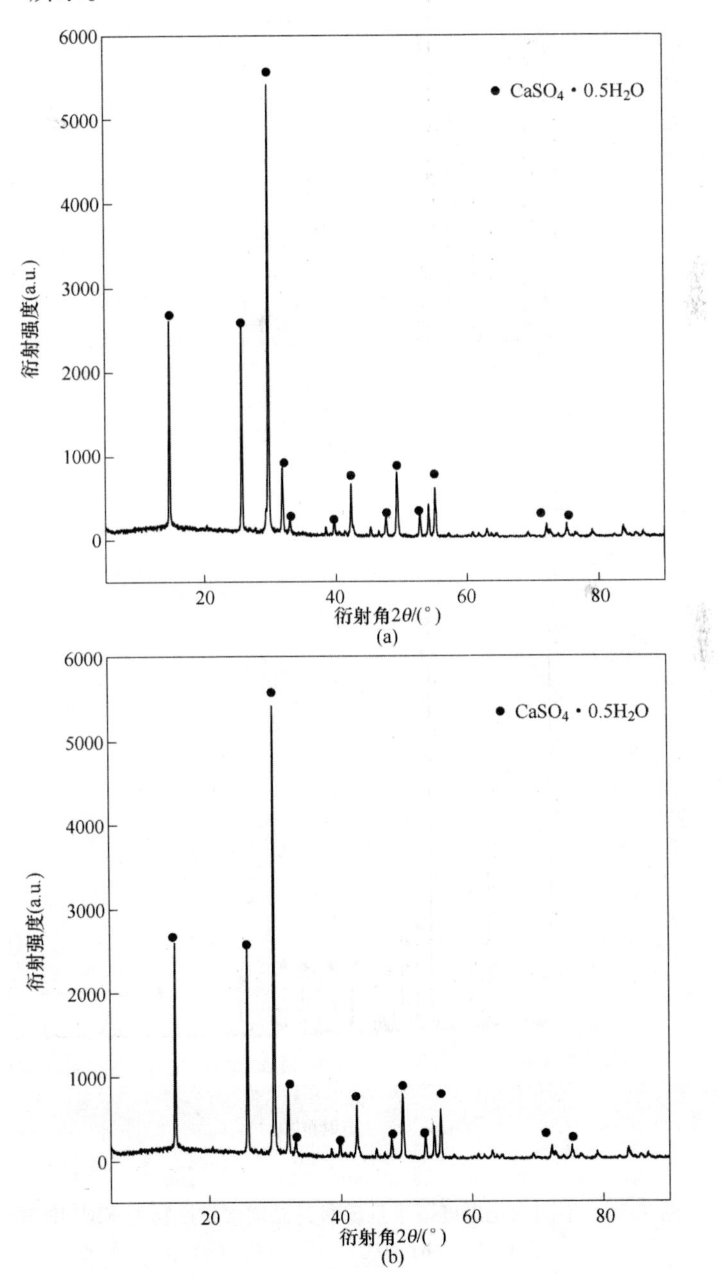

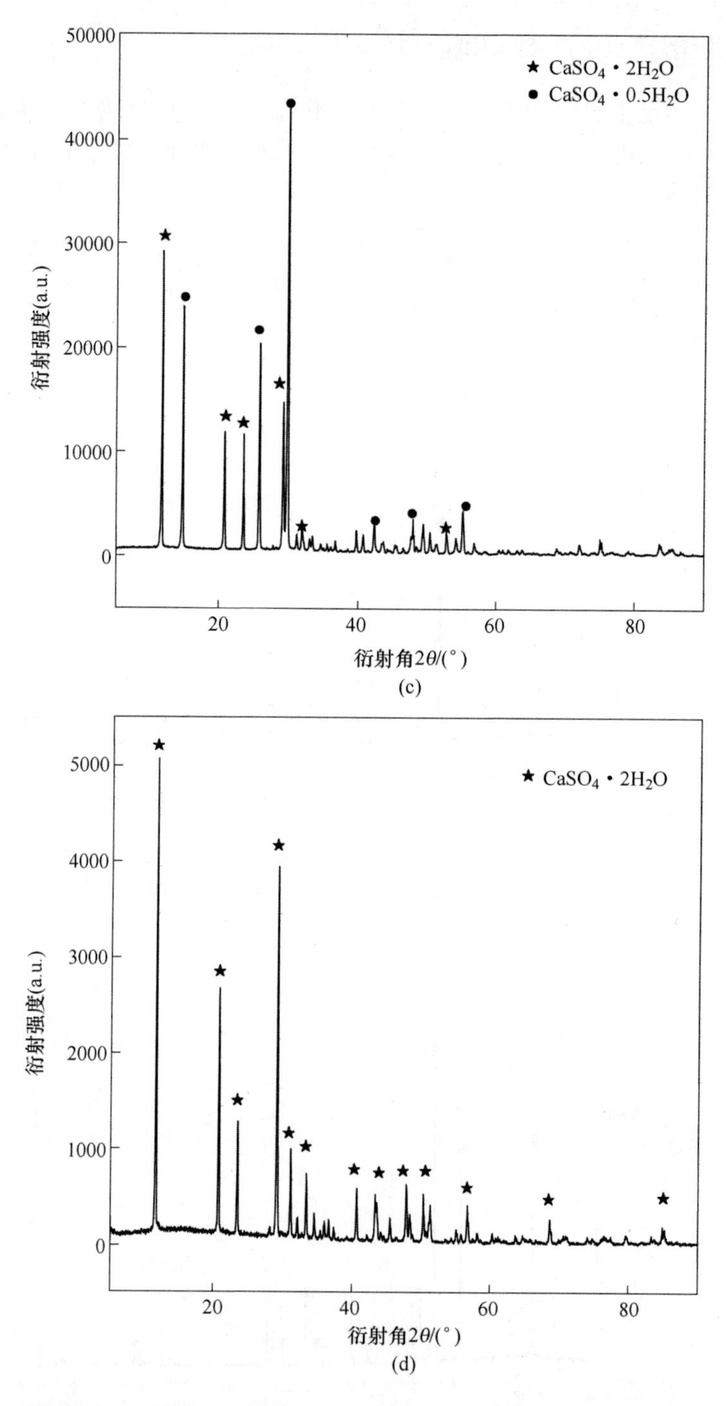

图 7.16　不同水化温度下半水硫酸钙晶须水化产物的 XRD 图谱
（a）100℃；（b）90℃；（c）80℃；（d）常温

从图7.16可以看出：当水化温度为100℃时晶须水化产物的衍射峰仍然为半水硫酸钙的特征峰。随着静置水化温度的降低，半水硫酸钙晶须在其水化过程中产物的衍射峰有相似的规律，即半水硫酸钙的衍射峰强度减小而二水硫酸钙的衍射峰强度增大。从图7.16（c）还可以看出此时水化产物为半水和二水硫酸钙晶须的混合物，并且半水硫酸钙晶须的衍射峰为谱线中的最强峰，只是随着水化温度的减小而减弱，当半水硫酸钙晶须在常温静置水化30min时完全转化为二水硫酸钙晶须的特征峰。

7.4.4 水化温度对晶须水化过程的影响分析

在半水硫酸钙晶须的静置水化过程中，晶须表面的 Ca^{2+} 和 SO_4^{2-} 将向水中溶解。与其他离子相比，Ca^{2+} 的活性较大且易于和水分子在晶须表面发生羟基化反应。由于 Ca^{2+} 发生的羟基化反应可以减弱 SO_4^{2-} 和 Ca^{2+} 之间的束缚力，而 SO_4^{2-} 体积比 Ca^{2+} 大得多，在溶解过程中 SO_4^{2-} 向外扩散困难，因此部分滞留在晶须的表面，Ca^{2+} 则由于体积小、扩散能力强，因而 Ca^{2+} 优先从晶须表面进入溶液，这种作用使晶须表面由光滑逐渐变得粗糙。

半水硫酸钙晶须水化过程中粗化的原因主要有两方面：一方面水化后生成的二水硫酸钙晶须和半水硫酸钙晶须相比几何体积的增大；另一方面在于随着晶须水化过程的逐步进行，溶液中 Ca^{2+} 和 SO_4^{2-} 浓度达到二水硫酸钙的过饱和溶液浓度后，这两种离子将在二水硫酸钙晶须表面沉淀从而导致晶须逐步长粗。由于在饱和度相对较高的体系中所形成的晶体结晶速度较快，这使得新生成的二水硫酸钙晶须表面出现裂缝等结构缺陷。此外，在晶须内部孔隙和表面水分的作用下晶须的表面受到水的侵蚀，从而使得晶须表面不再光滑，而在表面水分子和进入晶须内部孔隙的水分子作用下，晶须在晶体的缺陷处发生断裂、溶解成二水硫酸钙小颗粒。

与常温时相比，半水硫酸钙晶须高温静置水化过程的延迟和长径比减小的主要原因在于半水硫酸钙晶须在高温时的表面能较小，也较为稳定，不易水化，其形貌也不易改变。从不同水化温度的半水硫酸钙晶须照片也可以看出，随着水化温度的升高，晶须的表面仍然保持着光滑的特性。而对不同水化温度下半水硫酸钙晶须水化产物的XRD分析结果也表明，二水硫酸钙晶须的完全生成时间由20℃时的20min分别延长到了80℃时的2h，90℃时直到4h仍保持晶型不变。这说明半水硫酸钙的水化速度随着水化温度的升高也大为减慢。随着晶须水化温度的升高，半水硫酸钙晶须的溶解度也随之升高，溶液中的离子浓度将大于二水硫酸钙的过饱和浓度，晶须表面沉淀的 Ca^{2+} 和 SO_4^{2-} 反应生成硫酸钙使晶须逐步长粗，并造成晶须长径比的逐步减小。因此，在大于90℃时虽然能够延迟水化过程发生的时间，但是并不能避免其晶须长径比减小和粗大化现象的发生。

7.5　添加剂对硫酸钙晶须稳定性的影响

7.5.1　硫酸镁对硫酸钙晶须稳定性的影响

图 7.17 为处理时间 20min，处理温度为 100℃的条件下，半水硫酸钙晶须经不同用量硫酸镁处理后静置到常温时的形貌图。

(a)

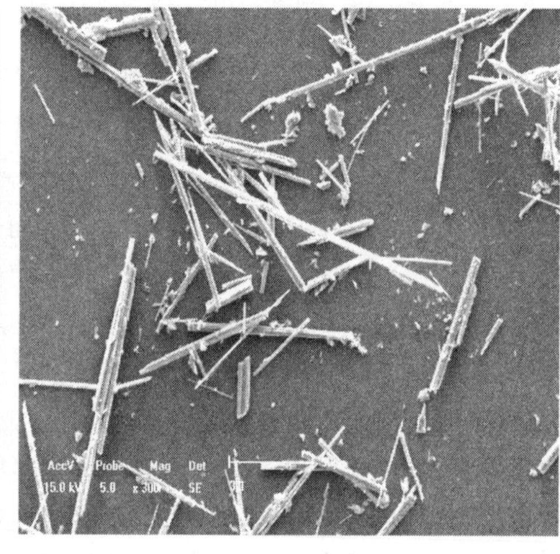

(b)

(c)

(d)

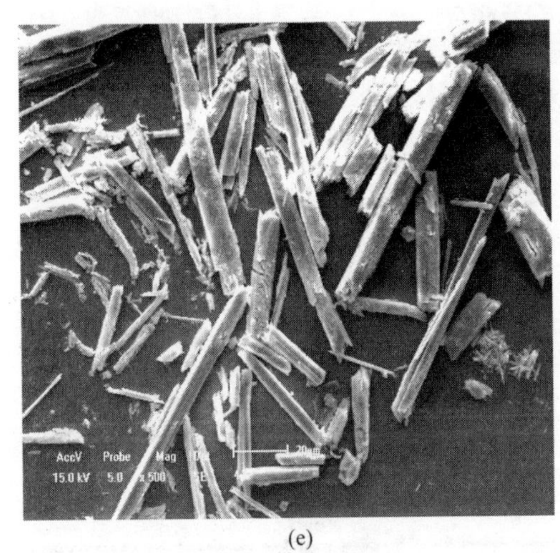

(e)

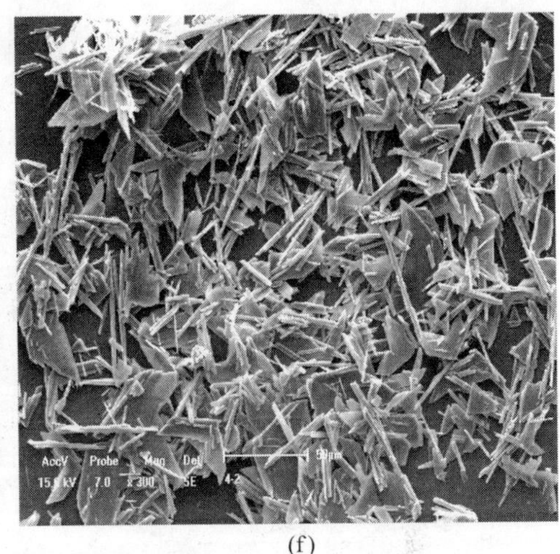

(f)

图 7.17　不同用量硫酸镁处理后的晶须形貌

(a) 0；(b) 0.025%；(c) 0.05%；(d) 0.10%；(e) 0.20%；(f) 0.30%

由图 7.17 可以看出：不加硫酸镁时，大部分半水硫酸钙晶须水化为片状、颗粒状等形貌的二水硫酸钙。当硫酸镁用量为 0.025%时，有少量晶须水化成为颗粒状，大部分晶须仍然保持为纤维状。随着硫酸镁用量的增大，纤维状晶须又逐渐减少。当硫酸镁用量为 0.20%的用量时，大部分晶须断裂且表面粗糙，形貌保持为纤维状。当硫酸镁的用量进一步增加到 0.30%时，基本为颗粒状和片状等形貌的二水硫酸钙晶体。由此可见，当硫酸镁用量小于 0.025%时可以减弱半水硫酸钙晶须的水化能力，当硫酸镁用量大于 0.025%后，晶须的水化能力又得到了加强。原因在于当硫酸镁用量较小时，溶液中硫酸根离子较大，根据同离子效应，硫酸钙的溶解反应受到抑制，因而晶须的水化能力弱化。当硫酸镁用量较大时，溶液中的硫酸根离子将消耗溶液中的钙离子反应生成新的二水硫酸钙晶体，从而促进了半水硫酸钙晶须表面钙离子的溶解，使晶须表面粗糙且裂口增多（图 7.18），并加大了晶须的水化能力。

7.5.2　氯化铝对硫酸钙晶须稳定性的影响

图 7.19 为处理时间 20min，处理温度为 100℃的条件下，半水硫酸钙晶须经不同用量氯化铝处理后静置到常温时的形貌图。

由图 7.19 可以看出：不加氯化铝时，大部分半水硫酸钙晶须水化为片状、颗粒状等形貌的二水硫酸钙；当硫酸镁用量为 0.025%时，纤维状晶须含量进一步减少；当硫酸镁用量为 0.05%时，纤维状半水硫酸钙晶须完全水化为片状二水硫酸钙晶体。可见氯化铝能够强化半水硫酸钙晶须的水化能力。

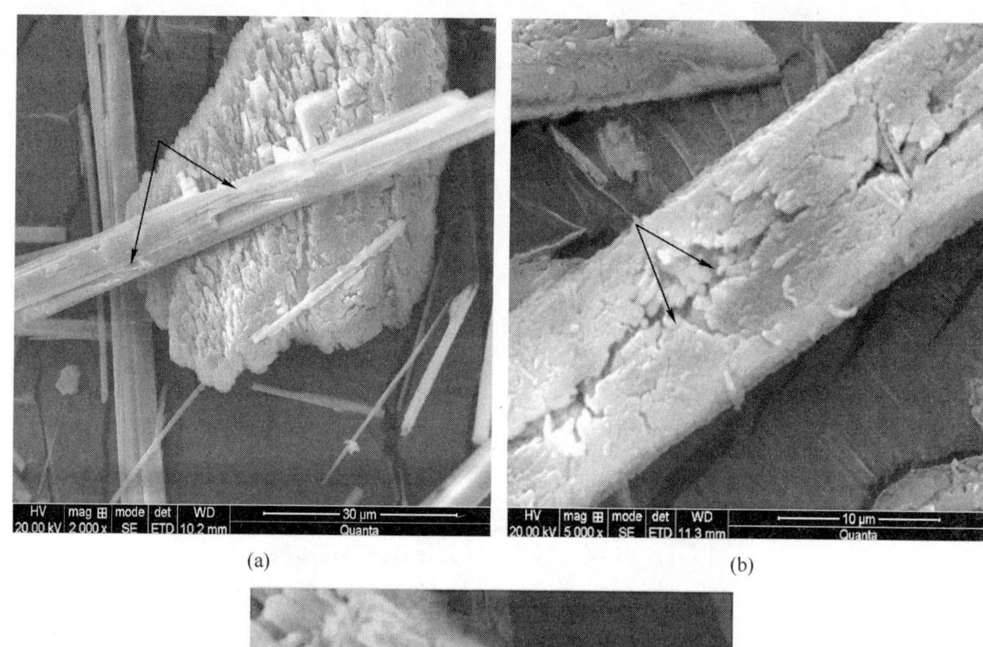

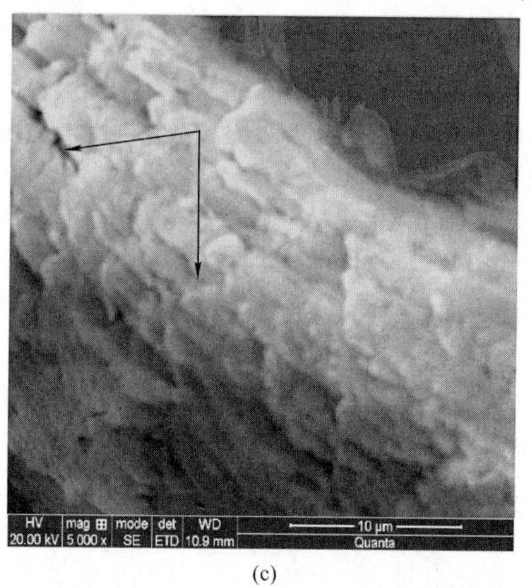

图 7.18　不同硫酸镁用量处理后的晶须形貌

（a）0.05%；（b）0.10%；（c）0.20%

当半水硫酸钙晶须溶于水时，钙离子的优先溶解，可使晶须表面形成双电层，且其 ξ 电位为负。当溶液中加入氯化铝时，铝离子将进入吸附层置换出钙离子，使 ξ 电位变小。这有利于晶须的分散，有利于增大半水硫酸钙晶须与水的接触面积，加速半水硫酸钙晶须的溶解，加快了半水硫酸钙晶须的溶解，进而加速了溶液中二水硫酸钙的成核和析晶，从而提高了半水硫酸钙晶须水化速率和水化能力。

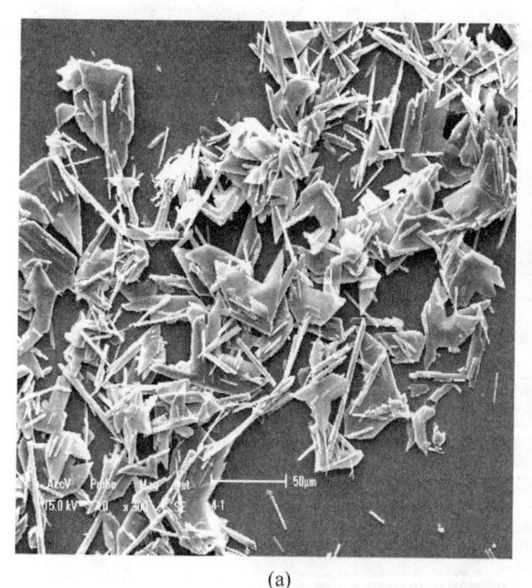

(a)

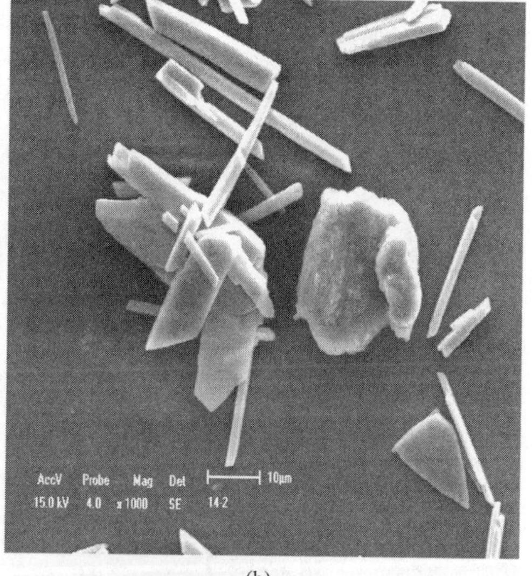

(b)

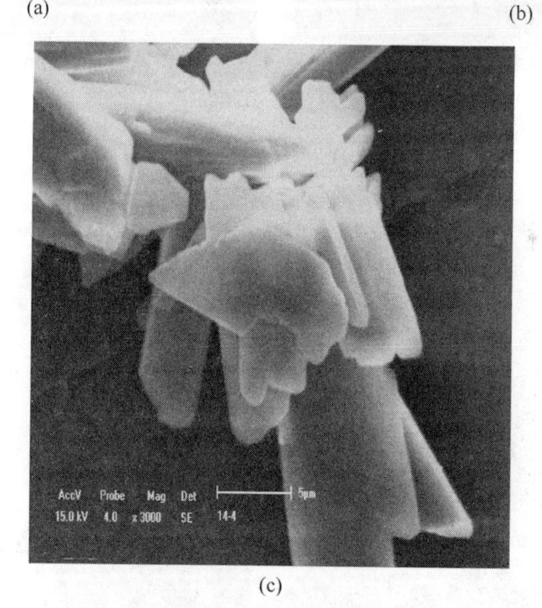

(c)

图 7.19 不同用量氯化铝处理后的晶须形貌
（a）0；（b）0.025%；（c）0.05%

7.6 搅拌强度及晶须直径对半水硫酸钙晶须水化的影响

由于在对硫酸钙晶须进行（改性）应用时需要对其进行搅拌处理，而搅拌有可能打断晶须，从而使晶须的长径比变小，对晶须的应用效果造成影响。因此试验对晶须进行了不同搅拌强度下半水硫酸钙晶须的水化过程观察，结果见图 7.20。

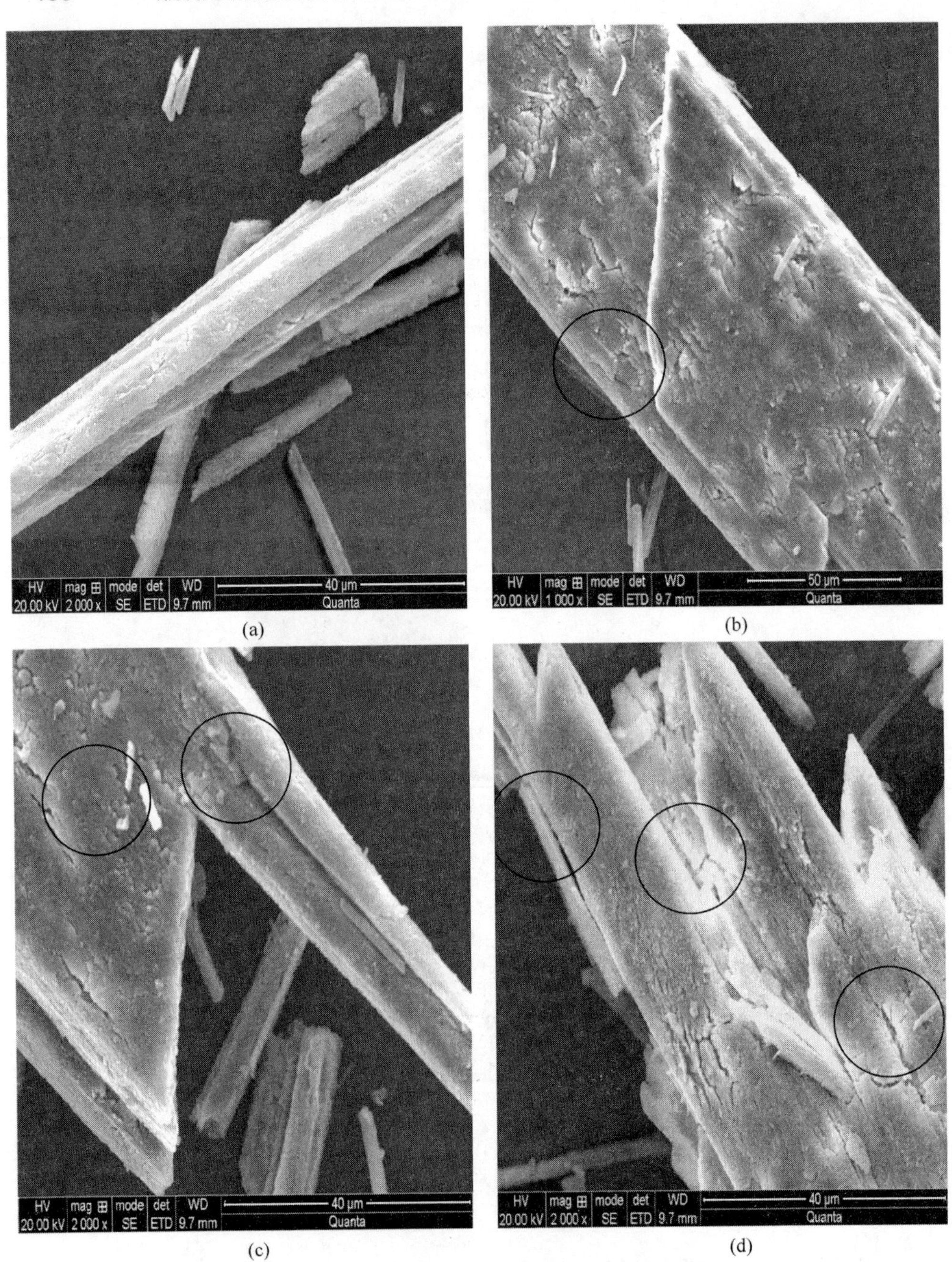

图 7.20　不同搅拌强度下晶须水化产物的 SEM 图片

（a）200r/min；（b）300r/min；（c）400r/min；（d）600r/min

从图 7.20 可以看出：强烈搅拌和不搅拌对比时，由于强烈搅拌时晶须被打断现象较为普遍，所产生的较为短小的半水硫酸钙晶须水化情况严重。原因在于晶须被打断时所产生的不规则裂口与水分子接触时更有利于水分子进入晶须内部。对比图 7.20(b)~(d)可知，搅拌强度越大，晶须表面裂口就越不规则，从数量也能越多，晶须的水化过程也越快。

从图 7.21 可以看出，不同直径的晶须水化程度不同。晶须直径越小，其水化

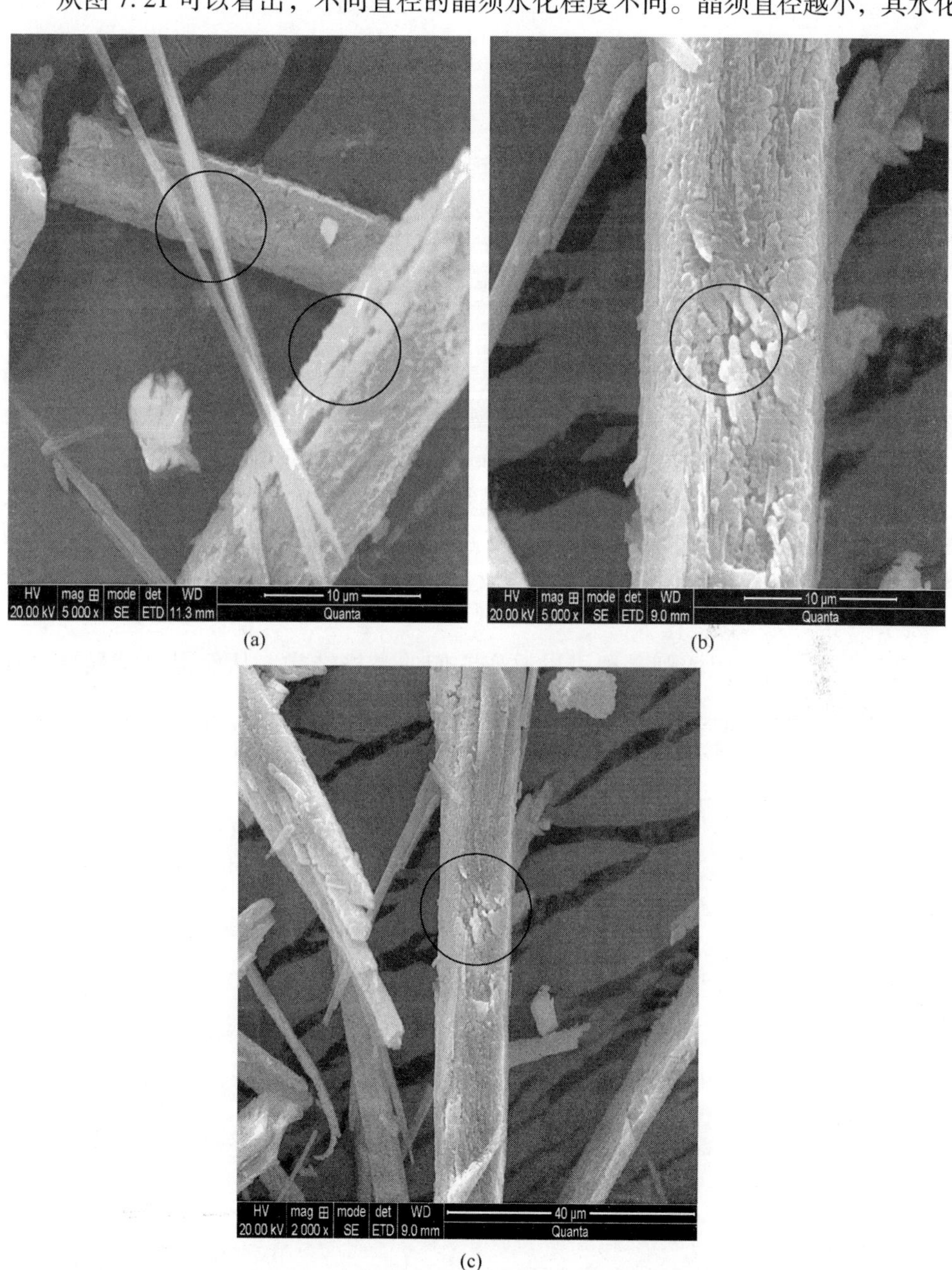

(a) (b) (c)

图 7.21 不同直径晶须水化产物的 SEM 图片

产物表面越光滑，直径越大，其水化产物表面越粗糙。由于晶须直径越大，与水接触的面积就越大，晶须表面进入溶液中的钙离子和硫酸钙离子就越多，由于钙离子较小，因而进入溶液中的钙离子较容易，造成晶须表面缺陷也越大，这更有利于水分子进入晶须内部，从而加速了晶须的水化过程。

7.7 本章小结

（1）煅烧时间对硫酸钙晶须的物相影响比如煅烧温度明显，即使在煅烧 8h 条件下硫酸钙晶须仍然为无水可溶硫酸钙晶须和无水死烧硫酸钙晶须的混合物。在煅烧时间为 4h 时，硫酸钙晶须的晶体结构最为致密。

（2）在煅烧时间 4h 的条件下，硫酸钙晶须在不同煅烧温度下的产物不同：200～600℃之间的产物都是无水可溶和无水死烧硫酸钙晶须的混合物，而 600℃以上产物全部为无水死烧硫酸钙晶须。

（3）煅烧后硫酸钙晶须的水化试验表明：不同温度下煅烧所得的硫酸钙晶须在水中的稳定性不同，是由于它们的物相组成不同，并且半水硫酸钙晶须、无水可溶硫酸钙晶须以及无水死烧硫酸钙晶须的各自微观结构不同。

（4）600℃以下煅烧所得的硫酸钙晶须在水中的稳定性不同，煅烧温度越高，晶须的稳定性越好，原因在于煅烧温度越高晶须的晶格越致密，水化能力也越小。而高于 600℃的煅烧产物全部是无水死烧硫酸钙晶须，其内部没有孔道，所以在水中不发生水化。

（5）通过煅烧硫酸钙晶须可以改变它们的晶格结构，从而提高硫酸钙晶须在水中的稳定性，直至避免水化反应的发生。

8　半水硫酸钙晶须的稳定化研究

如前所述，无水可溶硫酸钙晶须的水化反应，首先水化为半水硫酸钙晶须，然后才进一步水化。而半水硫酸钙晶须转变为二水硫酸钙的水化过程，以半水硫酸钙晶须晶型和形貌的改变为主要特点，水化的原因则在于晶须的内部孔道和表面羟基和钙离子的存在。此外，硫酸钙晶须的稳定化处理需要在反应釜内进行，此时生成的硫酸钙晶须为半水硫酸钙晶须，因此本章主要进行了半水硫酸钙晶须的稳定化处理。要实现半水硫酸钙晶须的稳定性，可以采用消除其内部孔道（煅烧或填充其内部孔道）和覆盖表面活性点的方法，但是填充其内部孔道的做法既对无水硫酸钙晶须的制备不利，又可能会对晶须的性能造成一定影响。本章通过稳定剂与半水硫酸钙晶须表面活性点反应的方式，研究了稳定剂对半水硫酸钙晶须的稳定性影响，并通过对红外光谱分析等手段研究了稳定剂在晶须表面的作用方式和作用机理。

8.1　稳定化处理温度的确定

温度是硫酸钙晶须制备过程和水化过程的重要影响因素。在半水硫酸钙晶须的制备过程中，温度对半水硫酸钙晶须的成核生长过程有着重要的影响。硫酸钙的溶解度与温度之间的关系曲线如图 8.1 所示。

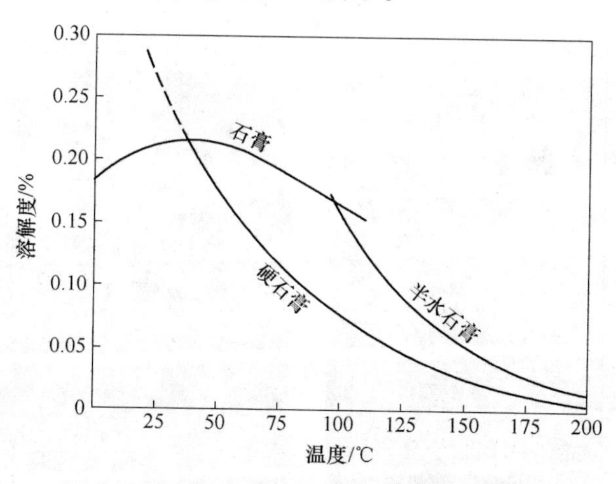

图 8.1　石膏、半水石膏和硬石膏溶解度曲线

由图 8.1 可知，温度对二水硫酸钙及半水硫酸钙在水中的溶解度有显著的影

响，随着温度的升高，二水硫酸钙和半水硫酸钙在水中的溶解度均相应减小，二水硫酸钙与半水硫酸钙在 97℃时开始相互转变。在半水硫酸钙晶须制备完成静置降温的过程中，当温度低于 97℃时，二水硫酸钙的溶解度随温度的降低先增大后减小。在半水硫酸钙晶须的水化过程中，随着半水硫酸钙的不断溶解，溶液中 Ca^{2+} 和 SO_4^{2-} 的浓度不断增大，当溶液中的离子浓度达到半水硫酸钙的饱和浓度时，已远大于二水硫酸钙的饱和浓度，这将有利于二水硫酸钙晶须的结晶析出，形成胚芽，胚芽进一步凝聚、长大则形成晶须生长的基础——晶核。由于液相中离子扩散较快，一旦形成了晶核并且随着半水硫酸钙晶须的不断溶解，二水硫酸钙将很快以晶核为中心凝聚，并在溶液中析出，逐渐生成板状、粒状和片状的二水硫酸钙晶体。对半水硫酸钙晶须的稳定化处理，应该不低于半水硫酸钙和二水硫酸钙的相互转化温度即 97℃，因此，将稳定化处理温度定为 100℃。

8.2　硫酸钙晶须的稳定化处理

8.2.1　稳定剂对硫酸钙晶须的形貌影响

试验采用油酸钠、草酸、柠檬酸、柠檬酸钠、十二烷基苯磺酸钠、硬脂酸钠、磷酸钠和月桂酸钠等对半水硫酸钙晶须进行了稳定化处理，稳定剂用量均为 0.05%~0.6%（相对于干基半水硫酸钙晶须），除磷酸钠和柠檬酸钠的配制浓度为 1%外，其余药剂配制浓度均为 0.5%，稳定化处理温度为 100℃，稳定化处理时间为 20min。

8.2.1.1　油酸钠对硫酸钙晶须的稳定化处理

图 8.2 为半水硫酸钙晶须经不同用量油酸钠处理后静置到常温时的形貌图。

(a)

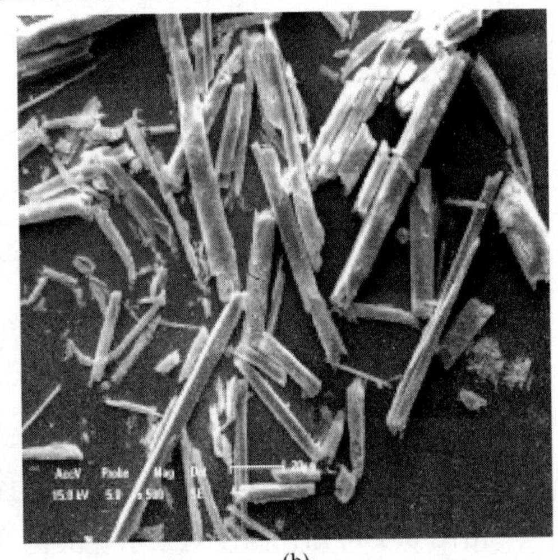

(b)

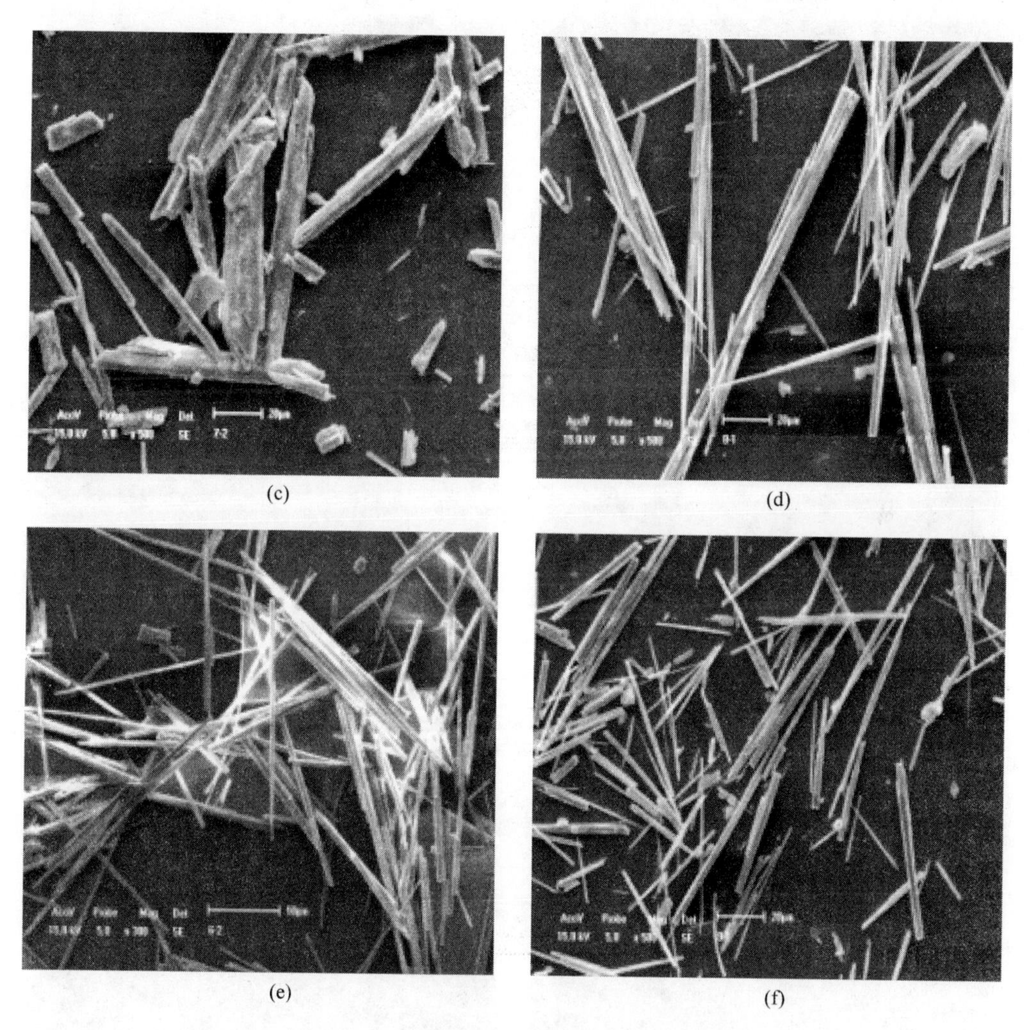

图 8.2 不同油酸钠用量处理后的晶须形貌

(a) 0；(b) 0.05%；(c) 0.1%；(d) 0.2%；(e) 0.3%；(f) 0.6%

由图 8.2 可以看出，在未加稳定剂时，半水硫酸钙晶须在静置到常温时形貌已经基本变为片状。当油酸钠用量低于 0.2%时，大部分晶须的形貌为板状、颗粒状或柱状，只有少部分为纤维状。当油酸钠用量大于 0.2%时，晶须形貌保持良好，基本为纤维状。

8.2.1.2 草酸对硫酸钙晶须的稳定化处理

图 8.3 为半水硫酸钙晶须经不同用量的草酸处理后静置到常温时的形貌图。

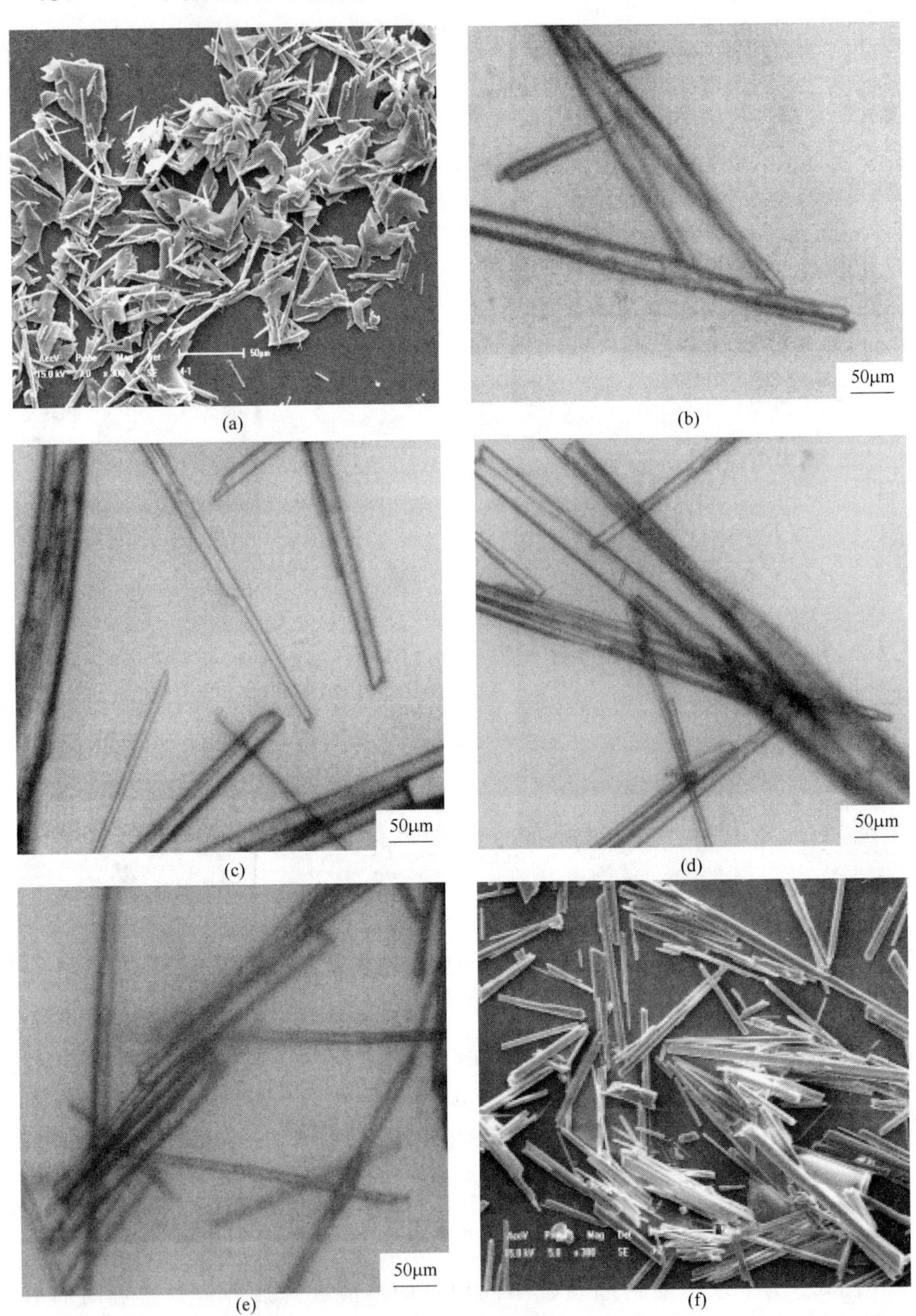

图 8.3　不同草酸用量处理后的晶须形貌

（a）0；（b）0.05%；（c）0.1%；（d）0.2%；（e）0.3%；（f）0.6%

从图 8.3 可以看出，在 0.05%~0.6% 的用量范围内，草酸均可以使大部分半水硫酸钙的晶形保持为纤维状，但是仍然有部分半水硫酸钙晶须出现了宽化现象，甚至有断裂现象发生。

8.2.1.3 柠檬酸对硫酸钙晶须的稳定化处理

图 8.4 为半水硫酸钙晶须经不同用量柠檬酸处理后静置到常温时的形貌图。

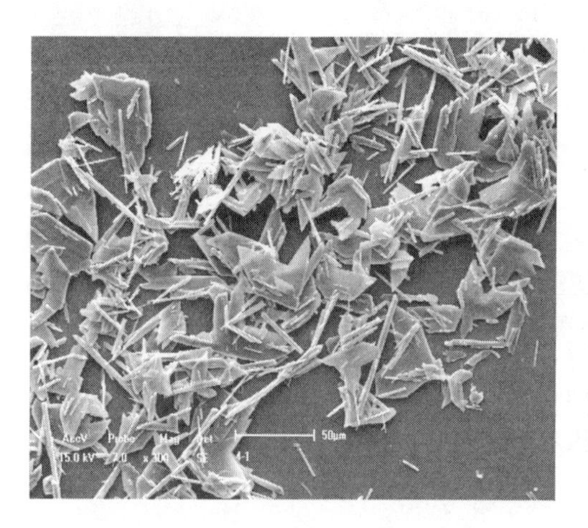

(a)

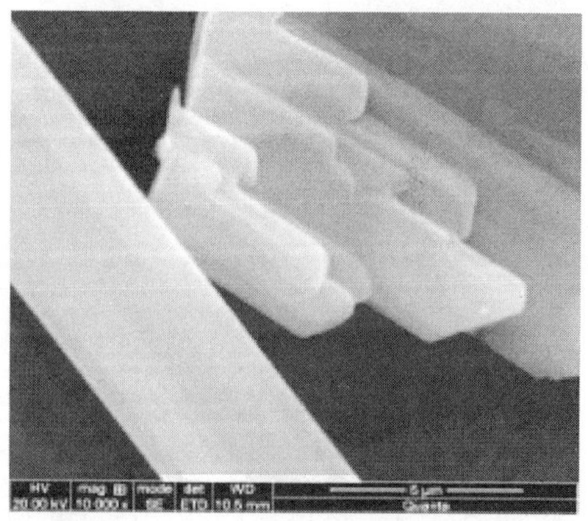

(b)

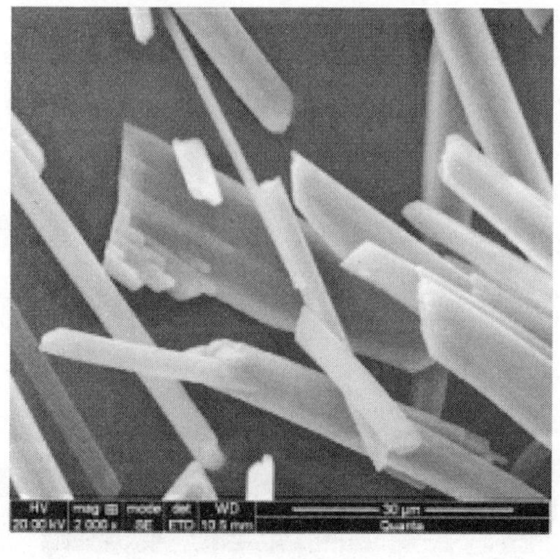

(c)

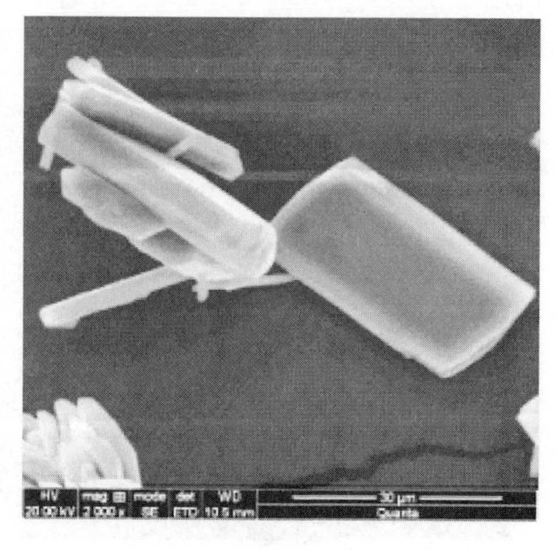

(d)

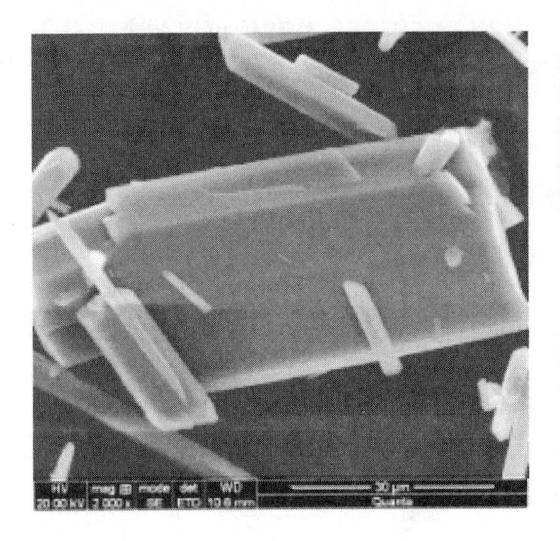

(e)

(f)

图 8.4　不同柠檬酸用量处理后的晶须形貌

(a) 0；(b) 0.05%；(c) 0.1%；(d) 0.2%；(e) 0.3%；(f) 0.6%

由图 8.4 可以看出，在 0.05%~0.6%的用量范围内，柠檬酸处理过的硫酸钙晶须静置到常温时其形貌大部分都变为板状或片状，基本没有稳定作用。

8.2.1.4　柠檬酸钠对硫酸钙晶须的稳定化处理

图 8.5 为半水硫酸钙晶须经不同用量柠檬酸钠处理后静置到常温时的形貌图。

(a)

(b)

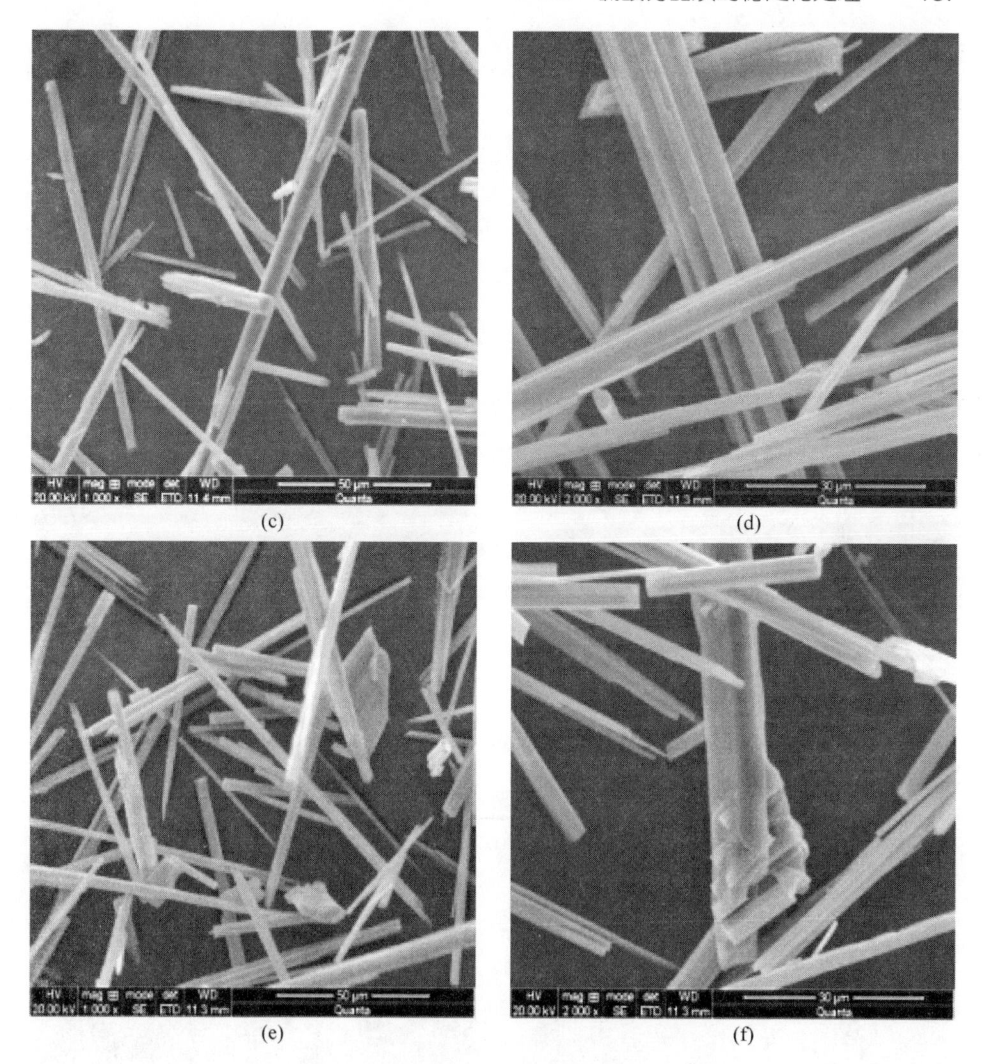

图 8.5 不同柠檬酸钠用量处理后的晶须形貌

(a) 0；(b) 0.05%；(c) 0.10%；(d) 0.20%；(e) 0.25%；(f) 0.50%

由图 8.5 可以看出，当柠檬酸钠用量为 0.05%时，除少部分半水硫酸钙晶须的形貌仍为纤维状外，大部分已转变为颗粒状。随着柠檬酸钠的用量增大，颗粒状水化产物逐渐减少，其稳定效果逐渐增强。当柠檬酸钠用量为 0.2%时，半水硫酸钙晶须的形貌基本保持为纤维状，没有不同形貌的水化产物出现。而随着用量的进一步增大，又有少量的颗粒状水化产物出现，因此，柠檬酸钠的最佳用量为 0.2%。

8.2.1.5 月桂酸钠对硫酸钙晶须的稳定化处理

图 8.6 为半水硫酸钙晶须经不同用量月桂酸钠处理后静置到常温时的形貌图。

图 8.6　不同月桂酸钠用量处理后的晶须形貌

(a) 0;(b) 0.05%;(c) 0.1%;(d) 0.2%;(e) 0.3%;(f) 0.6%

由图 8.6 可以看出，当月桂酸钠用量为 0.05%时，除少部分半水硫酸钙晶须的形貌仍为纤维状外，大部分已转变为颗粒状，并且那部分保持为纤维状的晶须也存在着粗化现象，这说明已经转变为二水硫酸钙晶须。随着月桂酸钠的用量增大，颗粒状水化产物逐渐减少，半水硫酸钙晶须的形貌基本保持为纤维状，但是仍有粗化现象。

8.2.1.6 十二烷基苯磺酸钠对硫酸钙晶须的稳定化处理

图 8.7 为半水硫酸钙晶须经不同用量十二烷基苯磺酸钠处理后静置到常温时的形貌图。

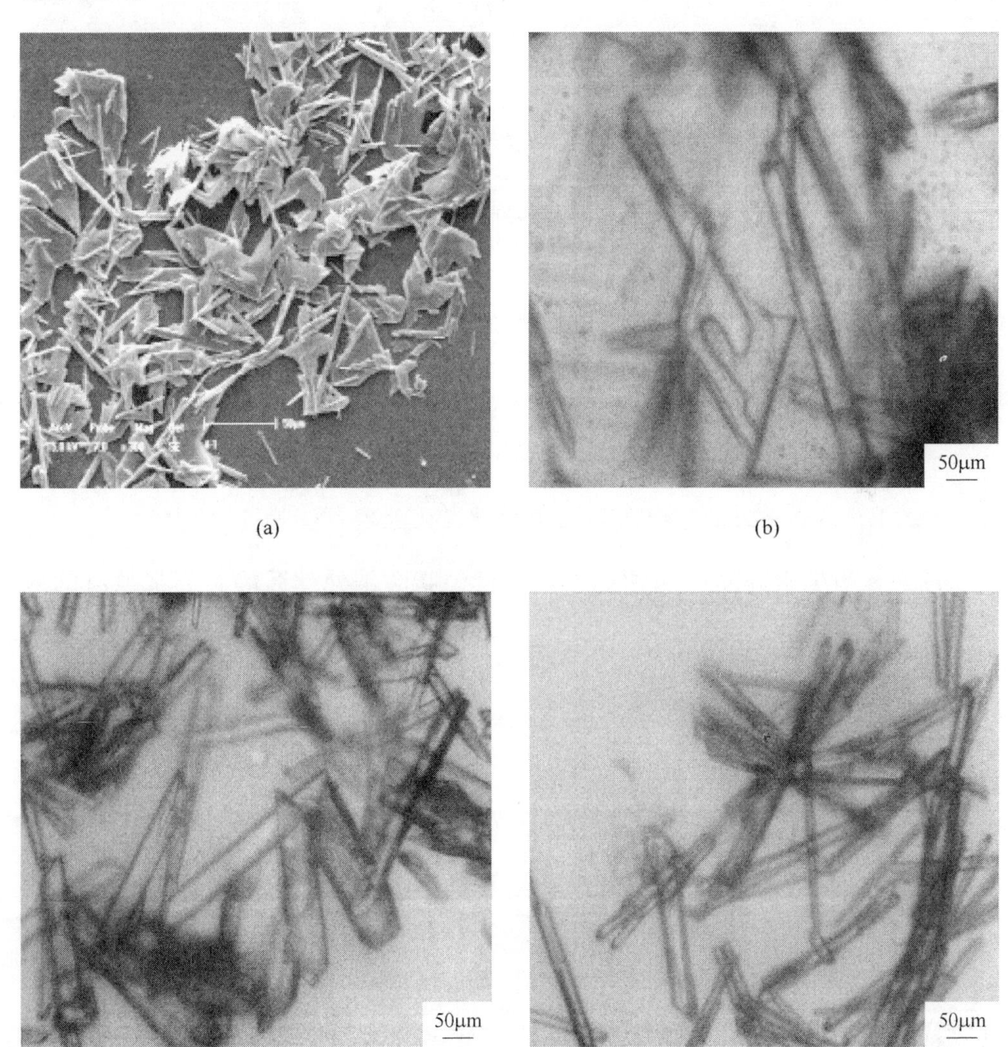

(a) (b)

(c) (d)

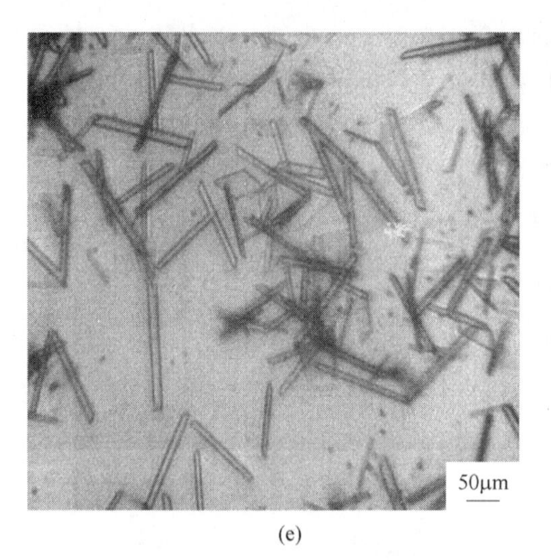

(e)

(f)

图 8.7 不同十二烷基苯磺酸钠用量处理后的晶须形貌

(a) 0；(b) 0.05%；(c) 0.1%；(d) 0.2%；(e) 0.3%；(f) 0.6%

从图 8.7 可以看出，当十二烷基苯磺酸钠用量为 0.05%时，半水硫酸钙晶须除了有颗粒状水化产物出现外，其粗化现象严重，并且不同的晶须之间还有连生现象。随着十二烷基苯磺酸钠的用量增大，颗粒状水化产物逐渐减少，但是还一直有粗化现象。说明十二烷基苯磺酸钠不能使半水硫酸钙晶须的形貌在水中保持不变。

8.2.1.7 硬脂酸钠对硫酸钙晶须的稳定化处理

图 8.8 为半水硫酸钙晶须经不同用量硬脂酸钠处理后静置到常温时的形貌图。

(a)

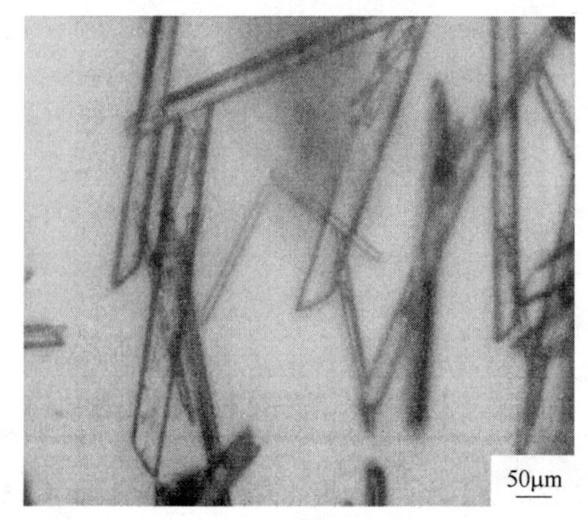

(b)

图 8.8　不同硬脂酸钠用量处理后的晶须形貌

(a) 0；(b) 0.05%；(c) 0.1%；(d) 0.2%；(e) 0.3%；(f) 0.6%

由图 8.8 可以看出，当硬脂酸钠用量不大于 0.1%时，半水硫酸钙晶须的粗化现象严重，当硬脂酸钠用量大于 0.2%时，半水硫酸钙晶须粗化现象不太明显，用量进一步增大到 0.6%时，半水硫酸钙晶须的形貌基本保持为纤维状。

8.2.1.8　磷酸钠对硫酸钙晶须的稳定化处理

图 8.9 为半水硫酸钙晶须经不同用量磷酸钠处理后静置到常温时的形貌图。

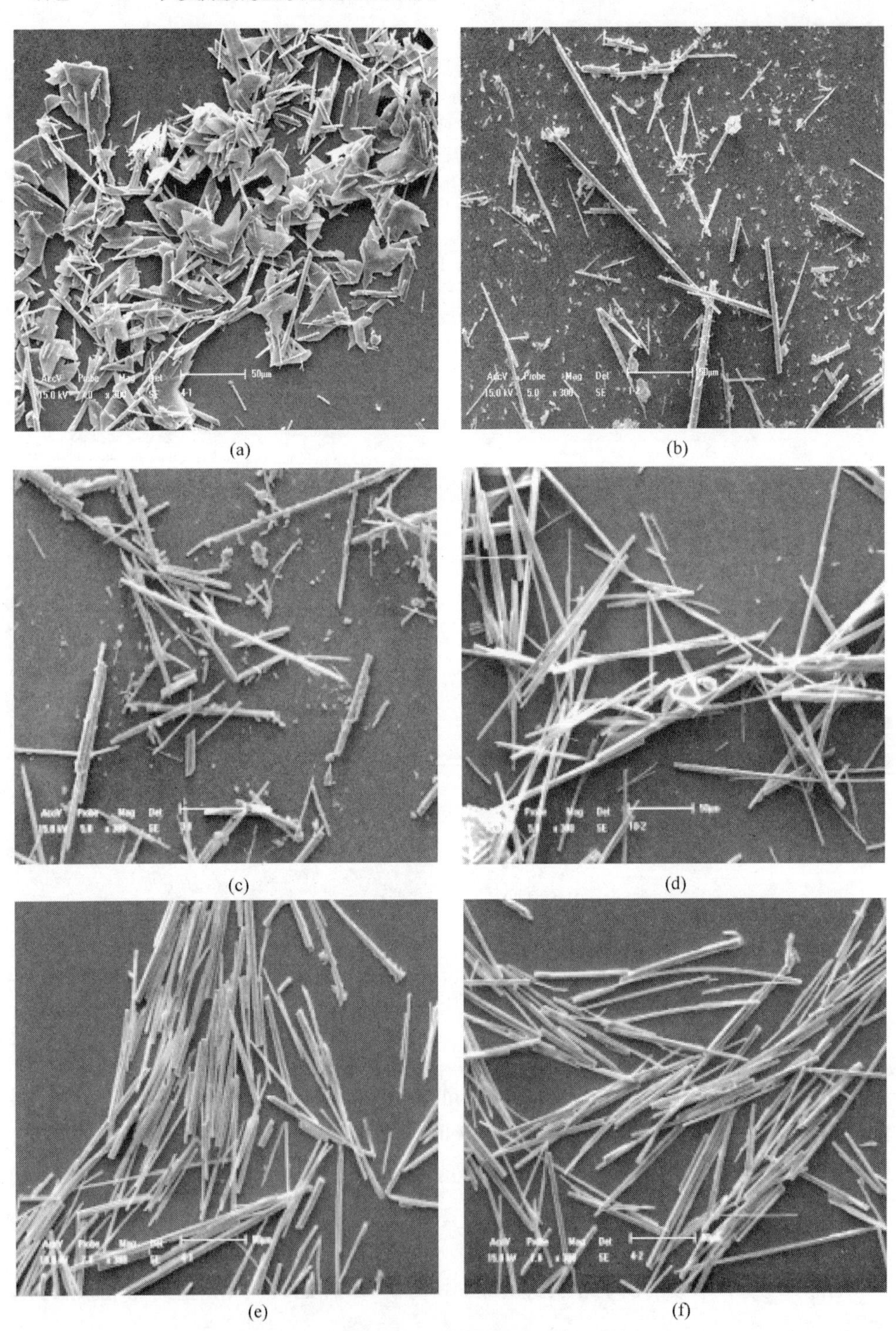

(a)　(b)　(c)　(d)　(e)　(f)

图 8.9　不同磷酸钠用量处理后的晶须形貌

(a) 0; (b) 0.025%; (c) 0.05%; (d) 0.1%; (e) 0.2%; (f) 0.3%

由图 8.9 可以看出，磷酸钠在 0.05%的用量下就可以使大部分半水硫酸钙晶须形貌保持为纤维状，当磷酸钠用量的增加到 0.25%时，晶须的形貌基本得到完全保持，观察不到没有颗粒状、板状和片状等水化的二水硫酸钙晶体出现。因此，磷酸钠对保持半水硫酸钙晶须的形貌作用明显。

为比较能够保持晶须形貌的几种稳定剂的作用效果，对半水硫酸钙晶须静置到常温时的晶须表面微区进行了高倍率（×2400 和×2000）镜下观察，结果如图 8.10 所示。

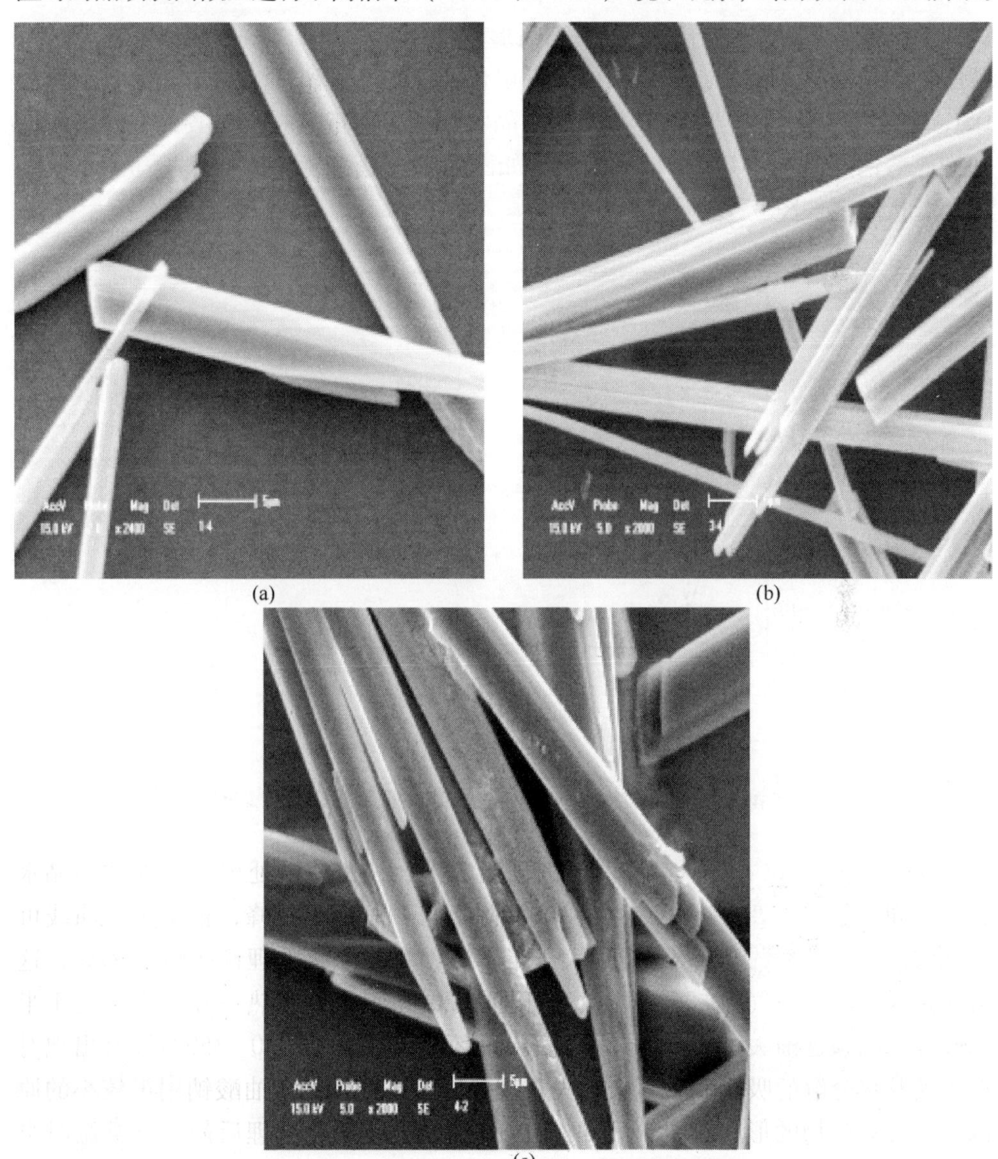

(a) (b) (c)

图 8.10 不同稳定剂化处理的晶须微区形貌扫描电镜照片

（a）硬脂酸钠；（b）油酸钠；（c）柠檬酸钠

从图 8. 10 可以看出，经硬脂酸钠处理的晶须表面基本平滑，但是其表面仍有锯齿状缺口，且单根晶须不同位置直径粗细不一，而柠檬酸钠处理的晶须虽然仍然保持了纤维状，但是表面粗糙不平，晶体缺陷较多。油酸钠处理后的晶须则表面光滑，基本没有晶体缺陷，效果最好。

8.2.2　稳定剂对半水硫酸钙晶须结晶水含量和晶型的影响

根据以上稳定剂对半水硫酸钙晶须形貌的影响结果，对油酸钠、硬脂酸钠、磷酸钠和柠檬酸钠在各自最佳条件下稳定化处理并静置到常温时的晶须分别做了 DSC-TG 和 XRD 分析，以确定晶须的结晶水含量和物相组成。油酸钠、硬脂酸钠和柠檬酸钠的 DSC-TG 分析结果相同，如图 8. 11 所示。磷酸钠处理后的 DSC-TG 晶须分析结果如图 8. 12 所示。

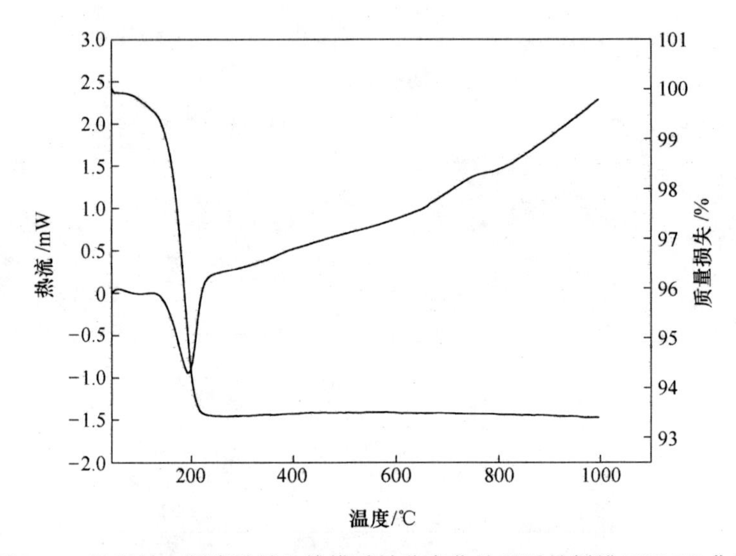

图 8. 11　油酸钠、硬脂酸钠和柠檬酸钠稳定化处理后晶须的 DSC-TG 曲线

从图 8. 11 可以看出：经油酸钠、硬脂酸钠、柠檬酸钠处理后晶须的结晶水含量相同，稳定化处理后的产物在 200℃附近有一较强吸热峰，根据热重曲线可知此时样品失重率约为 6. 5%，稍大于半水硫酸钙结晶水的理论含量 6. 21%，这可能是样品吸收空气中的水分所致。可见在 200℃附近的吸热峰和失重是由于半水硫酸钙晶须逐渐失水转变为无水硫酸钙晶须引起的。在 320～350℃没有出现对应于烷基热分解的吸热峰和相应的失重现象，这可能是由于油酸钠用量较小的原因。结合对产物的形貌观察，可知经 0. 3%油酸钠稳定化处理后静置到常温时半水硫酸钙晶须没有发生水化。

从图 8. 12 可以看出：经磷酸钠稳定化处理后的产物在 200℃附近有两个吸热

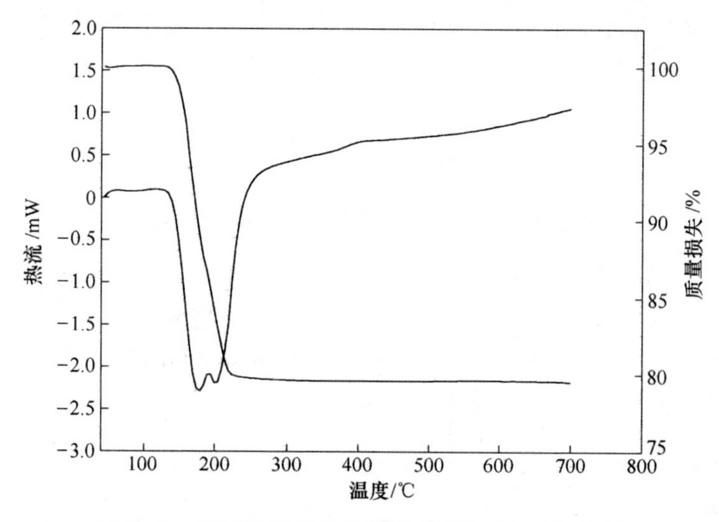

图 8. 12 磷酸钠稳定化处理后晶须的 DSC-TG 曲线

峰，根据热重曲线可知此时样品失重率为 20. 8%左右，与二水硫酸钙结晶水的理论含量 20. 93%基本一致。这说明经 0. 1%磷酸钠稳定化处理后的产品静置到常温时，虽然形貌保持良好，但已经和水发生了水化反应，转变成了二水硫酸钙晶须。

经油酸钠、硬脂酸钠、柠檬酸钠和磷酸钠稳定化处理过的硫酸钙晶须 XRD 分析结果如图 8. 13 所示。

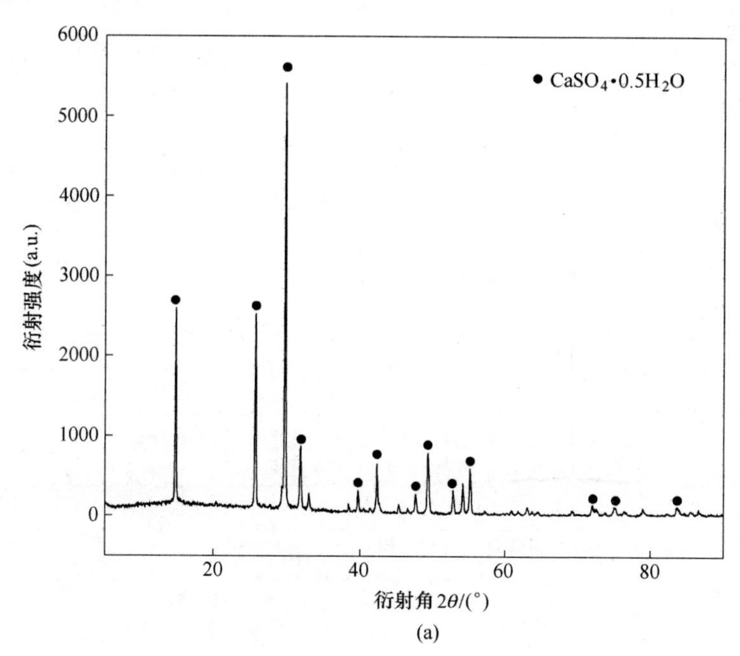

(a)

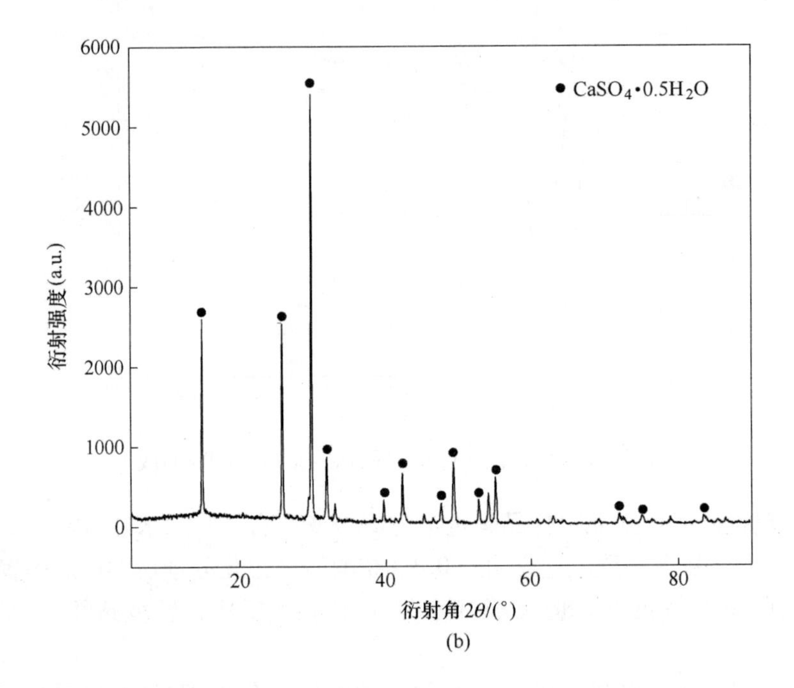

$CaSO_4 \cdot 0.5H_2O$
衍射强度(a.u.)
衍射角 $2\theta/(°)$
6000
5000
4000
3000
2000
1000
0
20
40
60
80

(b)

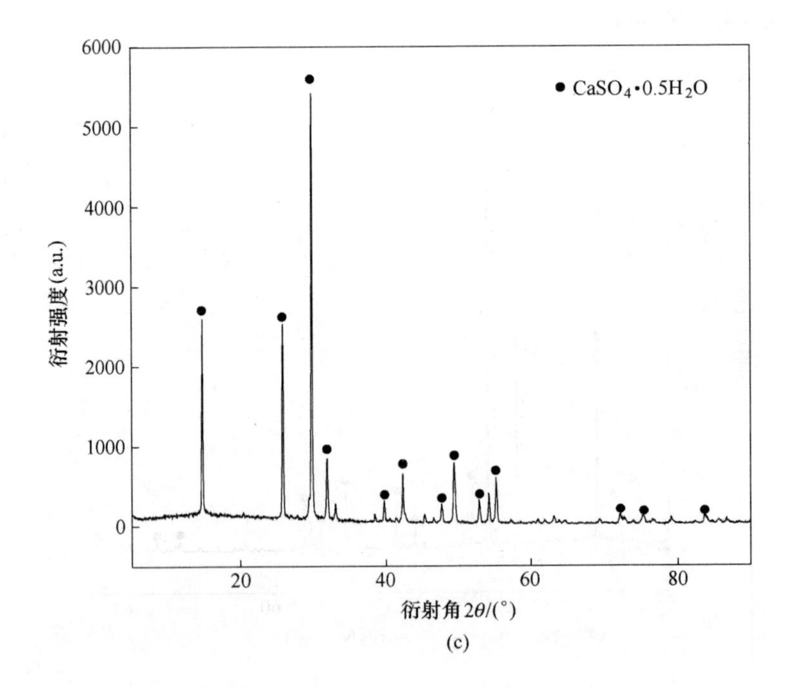

$CaSO_4 \cdot 0.5H_2O$
衍射强度(a.u.)
衍射角 $2\theta/(°)$
6000
5000
4000
3000
2000
1000
0
20
40
60
80

(c)

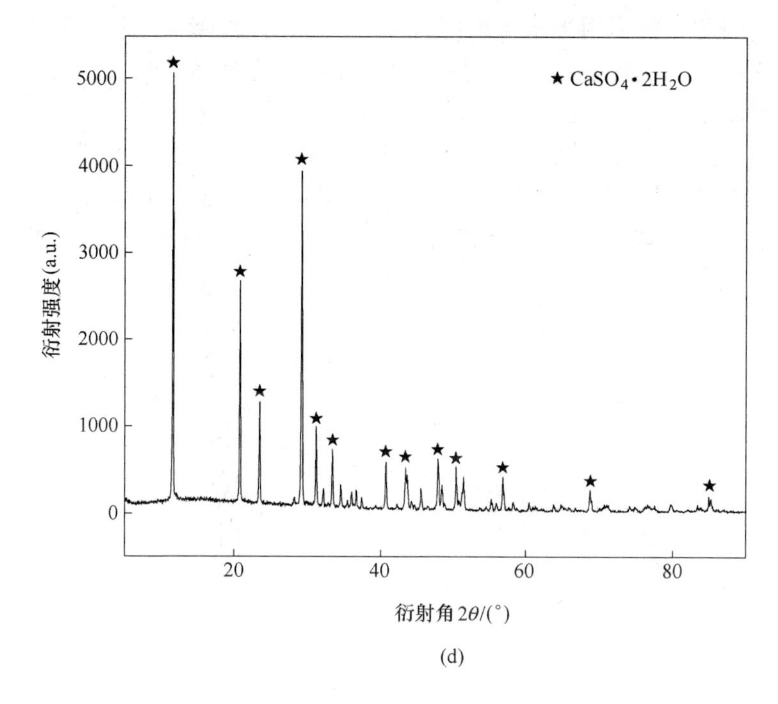

图 8.13 不同稳定剂处理后晶须的 XRD 图
(a) 硬脂酸钠; (b) 油酸钠; (c) 柠檬酸钠; (d) 磷酸钠

从图 8.13 可以看出，经油酸钠、硬脂酸钠和柠檬酸钠稳定化处理过的晶须，其 X 射线衍射峰都属于半水硫酸钙的衍射特征峰，也即稳定化处理后的晶须仍为半水硫酸钙晶须。而经磷酸钠稳定化处理的晶须，其 X 射线衍射峰都属于二水硫酸钙的衍射特征峰，也即稳定化处理后的晶须转化成了二水硫酸钙晶须，由此可见油酸钠、硬脂酸钠和柠檬酸钠不仅可以半水硫酸钙晶须的形貌得到保持，还对半水硫酸钙晶须的晶型也有稳定作用。磷酸钠虽然可以保持半水硫酸钙晶须的形貌不变，但是对半水硫酸钙晶须的晶型没有稳定作用。

8.2.3 稳定化影响因素研究

油酸钠在半水硫酸钙晶须表面的吸附既有化学吸附，又有物理吸附，在半水硫酸钙晶须的稳定化处理的过程中，能够影响油酸钠在晶须表面吸附进而影响稳定化效果的因素很多。在反应釜转速固定的情况下，油酸钠用量、稳定化处理温度以及稳定化处理时间是主要的影响因素。

8.2.3.1 油酸钠用量对硫酸钙晶须的稳定化效果影响

由于油酸钠在较小（>0.02%）的用量下就可以使半水硫酸钙晶须的形貌长

时间不变，因此试验采用半水硫酸钙晶须的含量来评价不同用量油酸钠的稳定化效果。图 8.14 是油酸钠用量和半水硫酸钙晶须含量的关系曲线。从图中可以看出，油酸钠用量对半水硫酸钙晶须的含量有很大影响，半水硫酸钙晶须的含量随着油酸钠用量的增大而增大，当油酸钠用量为 0.3%时半水硫酸钙晶须的含量为 100%。结合 DSC-TG 和 XRD 分析结果可知，经用量为 0.3%的油酸钠处理后的半水硫酸钙晶须静置到常温常压时其晶型保持不变，因此确定油酸钠的最佳用量为 0.3%。

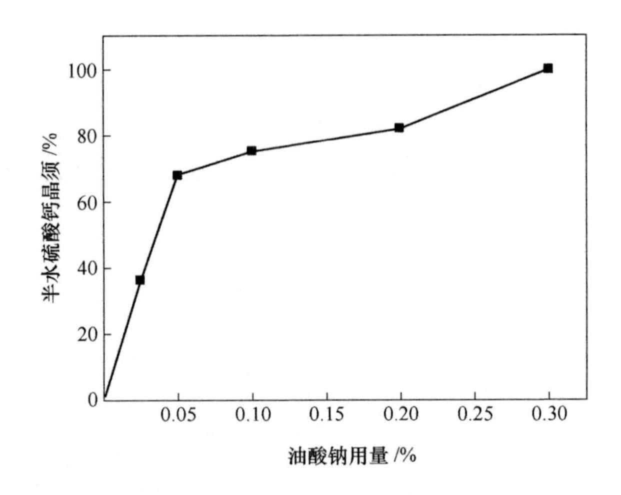

图 8.14　油酸钠用量对半水硫酸钙晶须含量的影响

8.2.3.2　稳定化处理温度对稳定化效果的影响

图 8.15 是不同温度下稳定化处理并静置到常温的晶须形貌图（×300）。试验条件为：油酸钠用量 0.3%、半水硫酸钙晶须悬浮液浓度 5%、时间 20min。从图中可以看出，在处理温度为 90℃时，部分晶须形貌保持良好，但还有颗粒状水化产物出现。随着温度的升高，颗粒状水化产物含量逐渐减少，到 100℃时，晶须形貌得到完全保持。

图 8.16 是 95℃和 100℃时经稳定化处理后再静置到常温的晶须 XRD 图。从图中可以看出，当稳定化处理温度为 95℃时，晶须为半水硫酸钙晶须和二水硫酸钙晶须的混合物，XRD 的半定量分析表明，此时半水硫酸钙晶须的含量为 64%左右。而稳定化处理温度为 100℃时，晶须全部为半水硫酸钙晶须，说明该条件下半水硫酸钙晶须稳定效果最好。因此稳定化处理温度确定为 100℃。

图 8. 15 不同稳定化处理温度的晶须形貌

(a) 90℃; (b) 95℃; (c) 100℃; (d) 105℃

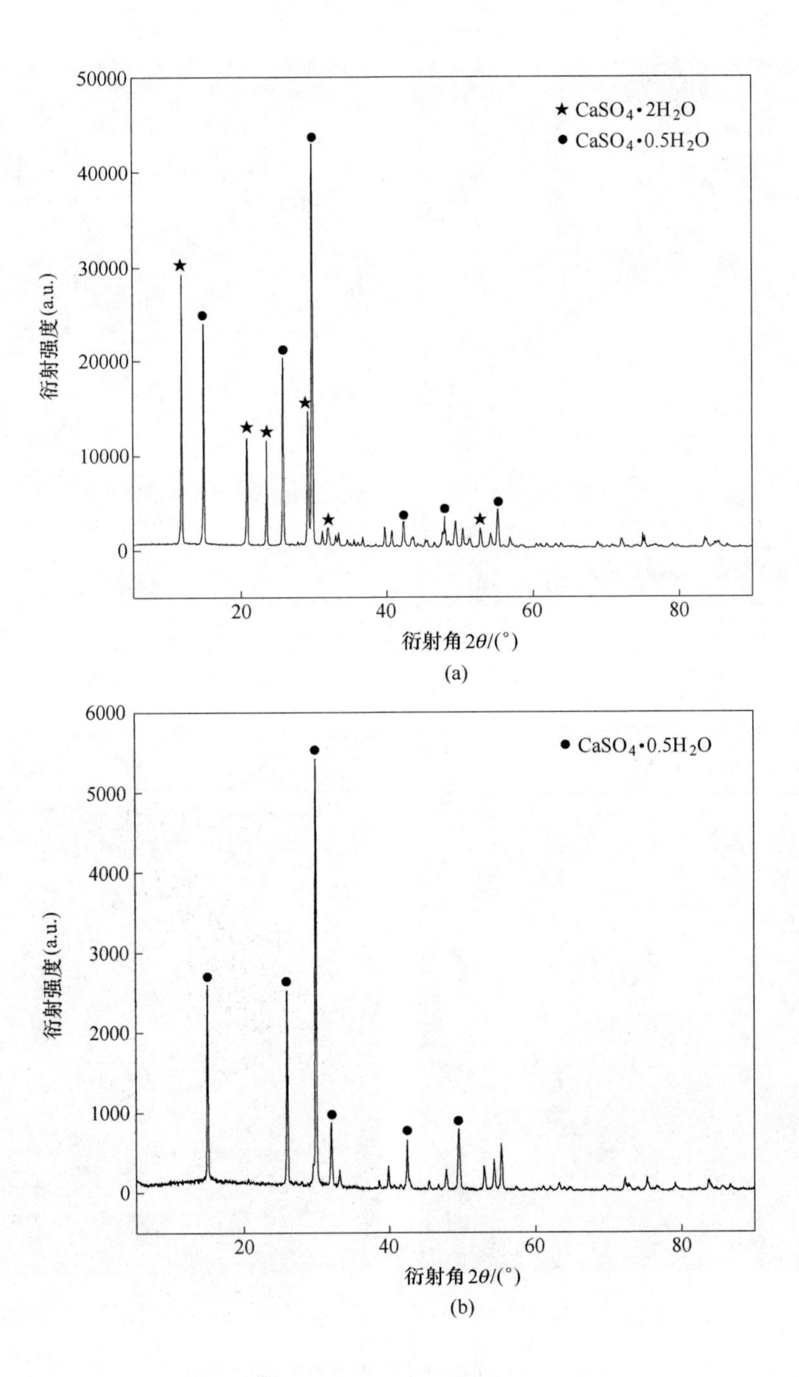

图 8.16　不同稳定化处理温度下晶须的 XRD 图

(a) 95℃；(b) 100℃

8.2.3.3 稳定化处理时间对稳定化效果的影响

图 8.17 是稳定化处理不同时间后静置到常温的晶须形貌图（×5000），试验条件为：油酸钠用量 0.3%、半水硫酸钙晶须悬浮液浓度 5%、温度 100℃。从图

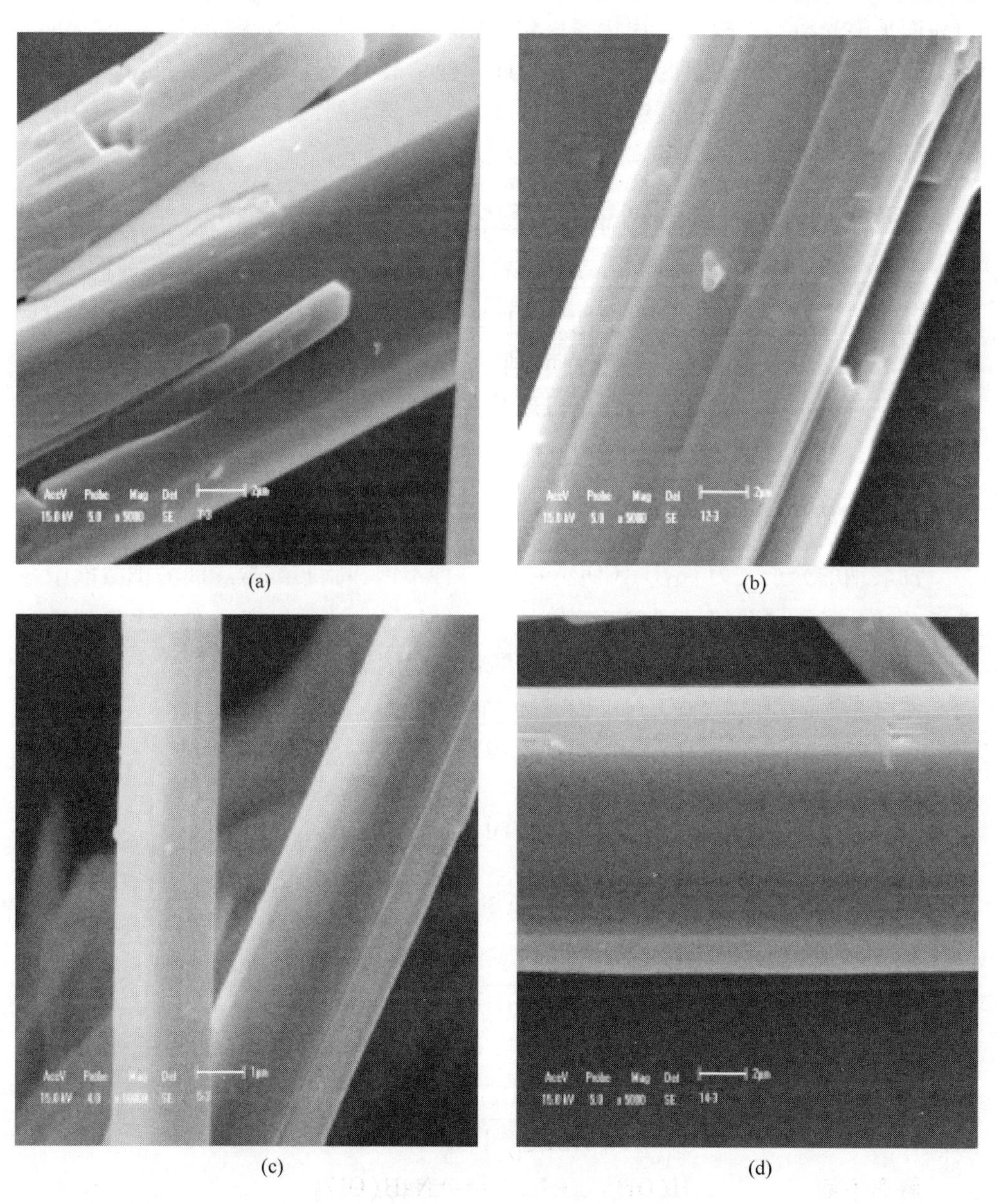

(a) (b) (c) (d)

图 8.17 不同稳定化处理时间的晶须微区形貌

（a）5min；（b）10min；（c）20min；（d）40min

中可以看出，稳定化处理时间为 5min 时晶须表面有溶蚀等晶体缺陷现象，并且不同晶须之间还有相互贯穿现象。10min 时晶须表面基本平滑，但和 5min 时都有颗粒状水化产物，这说明稳定化处理时间过短，油酸钠和半水硫酸钙晶须的反应可能不完全，仍有部分晶须发生了水化。当稳定化处理时间在 20min 以上时，晶须表面平整光滑，无板状、片状等水化产物的出现，因而效果较好。同时 20min 和 40min 的微区形貌观察区别不大。因此，确定最佳处理时间为 20min。

综上所述，确定用油酸钠稳定化处理硫酸钙晶须的最佳条件为：油酸钠用量 0.3%，稳定化处理温度 100℃，稳定化处理时间 20min。

8.3 稳定剂对半水硫酸钙晶须的稳定机理

由半水硫酸钙晶须的稳定化试验结果可知，磷酸钠可以使半水硫酸钙晶须的形貌在水中长期保持不变，油酸钠、硬脂酸钠和柠檬酸钠都可以使半水硫酸钙晶须的形貌和晶型保持不变。由于油酸钠、硬脂酸钠和柠檬酸钠同属有机羧酸盐类，它们对半水硫酸钙晶须的作用机理基本相似，本章对油酸钠的作用机理进行了研究。

8.3.1 油酸钠的溶液化学

油酸钠的分子式为 $C_{17}H_{33}COONa$，是一种不饱和脂肪酸盐。油酸钠溶液中存在着油酸分子、油酸根、钠离子等离子，油酸分子或油酸根离子在半水硫酸钙晶须的稳定化处理过程中起主要作用，油酸钠在水溶液中存在以下平衡：

溶解平衡 $$\mathrm{HOl(l)} \rightleftharpoons \mathrm{HOl(aq)}$$

$$S = 10^{-7.6}$$

酸式解离平衡 $$\mathrm{HOl(aq)} \rightleftharpoons \mathrm{H^+ + Ol^-}$$

$$K_a = \frac{[\mathrm{H^+}][\mathrm{Ol^-}]}{[\mathrm{HOl_{(aq)}}]} = 10^{-4.95}$$

二聚平衡 $$\mathrm{2Ol^-} \rightleftharpoons \mathrm{(Ol)_2^{2-}}$$

$$K_D = \frac{[\mathrm{(Ol)_2^{2-}}]}{[\mathrm{Ol^-}]^2} = 10^{4.0}$$

酸皂二聚平衡 $$\mathrm{HOl(aq) + Ol^-} \rightleftharpoons \mathrm{H(Ol)_2^-}$$

$$K_{AD} = \frac{[\mathrm{H(Ol)_2^-}]}{[\mathrm{HOl_{(aq)}}][\mathrm{Ol^-}]} = 10^{4.7}$$

解离平衡 $$\mathrm{H(Ol)_2^- + Na^+} \rightleftharpoons \mathrm{NaH(Ol)_2}$$

$$K_{SAS} = \frac{[\mathrm{NaHOl_2}]}{[\mathrm{HOl_2^-}][\mathrm{Na^+}]} = 10^{-9.35}$$

根据以上五个反应方程式，分别计算出物质的量浓度为 8.22×10^{-5}mol/L（质量分数 0.05%）和 4.93×10^{-4}mol/L（质量分数 0.3%）的油酸钠各组分浓度对数图，如图 8.18 所示。从图 8.18 中可知，油酸钠在水中的解离比较复杂，溶

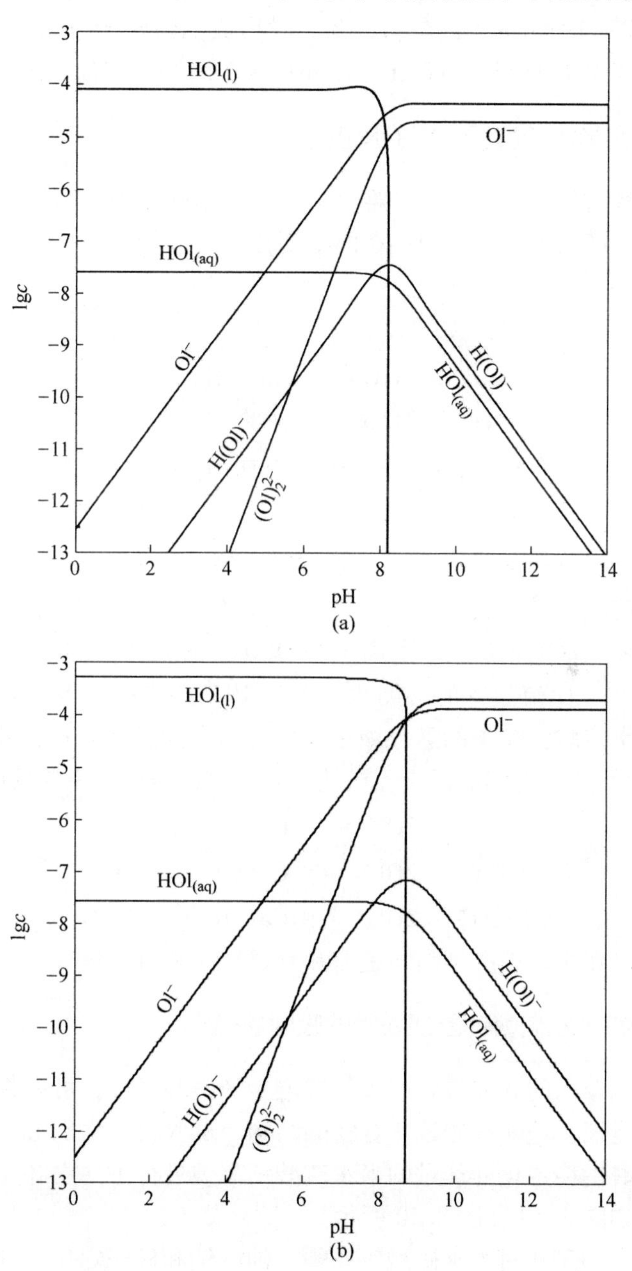

图 8.18 不同浓度油酸钠各组分的浓度对数图

（a）8.22×10^{-5}mol/L；（b）4.93×10^{-4}mol/L

液中的离子并不是单一的，而是多种离子共存。油酸钠溶液体系中各组分浓度之间的比例关系主要取决于溶液的 pH 值大小：在酸性及弱碱性区域内，体系中以油酸分子的状态存在，而在中强碱性范围内则主要以离子状态存在。油酸钠物质的量浓度为 8.22×10^{-5}mol/L，在 pH = 8.2 时形成油酸离子-分子缔合物；而油酸钠物质的量浓度为 4.93×10^{-4}mol/L，在 pH = 8.7 时则形成油酸离子-分子缔合物。

8.3.2　油酸钠和半水硫酸钙晶须的反应

在半水硫酸钙晶须悬浮液中，难溶于水的半水硫酸钙与水发生水解和电离等反应。半水硫酸钙晶须悬浮液中存在的主要化学反应如下：

$$CaSO_4(s) \rightleftharpoons CaSO_4(aq)$$

$$CaSO_4(aq) \rightleftharpoons Ca^{2+}(aq) + SO_4^{2-}(aq)$$

$$Ca^{2+} + H_2O \rightleftharpoons Ca(OH)^+ + H^+$$

$$SO_4^{2-} + H_2O \rightleftharpoons HSO_4^- + OH^-$$

$$HSO_4^- + Ca^{2+} \rightleftharpoons CaHSO_4^+$$

$$HSO_4^- + H_2O \rightleftharpoons H_2SO_4 + OH^-$$

这些反应的进行使悬浮液中存在的主要阳离子有 Ca^{2+}、$CaHSO_4^+$和$Ca(OH)^+$等，同时半水硫酸钙晶须表面也存在有 Ca^{2+}和 $Ca(OH)^+$等离子。当半水硫酸钙晶须悬浮液中加入油酸钠后，Ca^{2+}离子和 Ol^-离子的反应会生成油酸钙，其溶度积为 $1.0\times10^{-15.4}$，比硫酸钙的溶度积（9.1×10^{-6}）要小得多。由溶度积最小原理可知，在半水硫酸钙晶须的悬浮液中，Ca^{2+}离子和 Ol^-离子之间的反应优先于 Ca^{2+}离子和 ${SO_4}^{2-}$离子之间的反应。由此可知，悬浮液中的主要反应如下：

$$Ca^{2+} + 2Ol^- \rightleftharpoons Ca(Ol^-)_2$$

$$Ca(OH)^+ + 2Ol^- \rightleftharpoons Ca(Ol^-)_2 + OH^-$$

$$CaHSO_4^+ + 2Ol^- \rightleftharpoons Ca(Ol^-)_2 + HSO_4^-$$

这三个反应在半水硫酸钙晶须表面和悬浮液中都可以进行。

8.3.3　油酸钠在半水硫酸钙晶须表面的吸附状态

根据某一化合物的红外吸收曲线的峰位、峰强和峰形，可以判断该化合物是否存在某些官能团，进而推测该化合物的结构。试验对半水硫酸钙晶须、油酸钠和不同用量油酸钠稳定化处理过的半水硫酸钙晶须进行了傅立叶变换红外光谱分析，结果分别如图 8.19 和图 8.20 所示。

图 8.19 为用 FTIR 对半水硫酸钙晶须、油酸钠和经稳定化处理的半水硫酸钙晶须进行测试得到的红外光谱图。图中①具有典型的半水硫酸钙晶须红外光谱特征，3618、3560cm^{-1}处分别对应着半水硫酸钙晶须分子内结晶水和表面羟基的吸

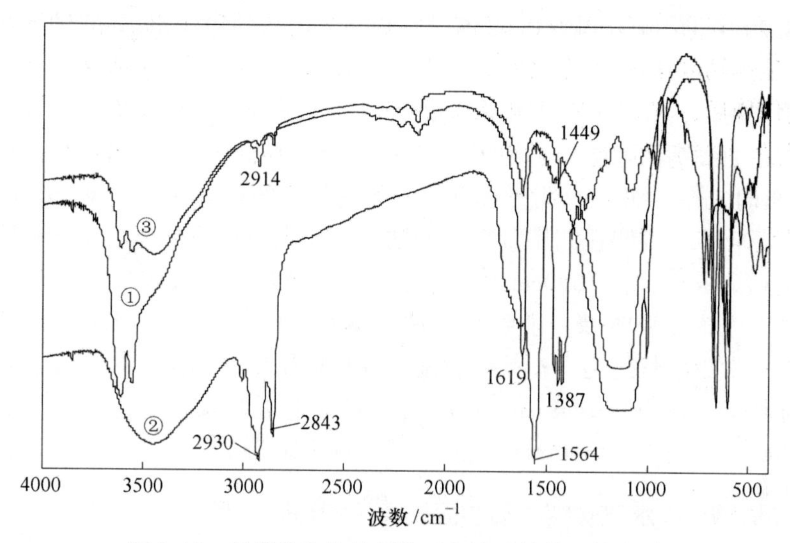

图 8.19 晶须稳定化处理前后和油酸钠的红外光谱

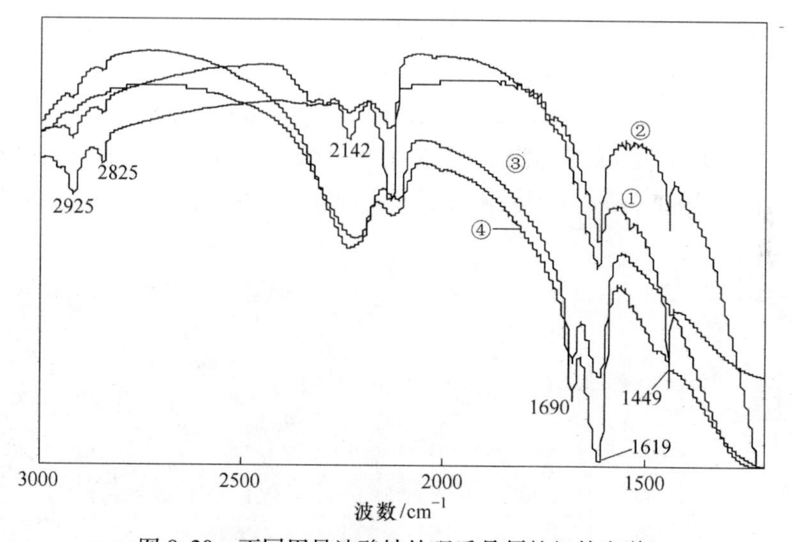

图 8.20 不同用量油酸钠处理后晶须的红外光谱

收特征峰；②为油酸钠的红外光谱，2843、2930cm^{-1}分别是油酸钠中—CH_2和—CH_3的C—H键不对称伸缩振动和对称伸缩振动吸收峰，1564cm^{-1}为油酸钠羧基中羰基的特征吸收峰；③为经油酸钠稳定化处理过的半水硫酸钙晶须红外光谱，与稳定化处理前相比，晶须表面在2914cm^{-1}等处出现了甲基不对称伸缩振动和亚甲基对称伸缩振动的吸收峰，值得注意的是，在1449cm^{-1}处出现了油酸盐中羧酸根离子的羰基不对称伸缩振动吸收峰，这表明油酸根离子在半水硫酸钙晶须表面和钙离子发生化学吸附，进行了反应。

图 8.20 中①~④分别为 0.025%、0.05%、0.25%和 0.5%油酸钠稳定化处理后的半水硫酸钙晶须红外光谱图。从图中可以看出，半水硫酸钙晶须和不同用量的油酸钠作用后，其表面都有甲基（$2925cm^{-1}$）和亚甲基（$2852cm^{-1}$），它们的区别主要是油酸钙和油酸分子的羰基对应特征吸收峰的峰强不同：当油酸钠用量为 0.025%时，在 $1449cm^{-1}$ 附近出现了油酸钙特有的特征峰，而在 $1690cm^{-1}$ 处则没有出现吸收峰，说明在此用量下油酸钠在晶须表面几乎全部是化学吸附；当用量增大至 0.05%时，在 $1690cm^{-1}$ 处出现了一个非常弱的吸收峰，这是油酸分子中羰基的对应特征吸收峰，说明此时油酸钠在晶须表面化学吸附和物理吸附共存，而以化学吸附状态为主；此后，随着油酸钠用量的增加，$1690cm^{-1}$ 处的吸收峰强度逐渐增大，同时 $1449cm^{-1}$ 处的吸收峰强度逐渐减小，这说明油酸钠在晶须表面的吸附逐渐由化学吸附为主变为以物理吸附为主。

8.3.4　油酸钠对半水硫酸钙晶须表面钙离子的封闭作用

油酸钠对半水硫酸钙晶须表面活性点——钙离子的封闭作用，在油酸钠低用量（<0.05%）时较为明显。此时油酸钠在晶须表面的吸附状态以化学吸附为主，经过反应后晶须表面的钙离子等和溶液中的油酸根生成油酸钙，从而阻止了钙离子与水分子的羟基化反应。图 8.21 是半水硫酸钙晶须经 0.025%的油酸钠稳定化处理并静置到常温（2h 左右）时的生物显微镜和扫描电镜照片，表 8.1 是晶须不同位置的 EDS 检测结果，图 8.22 是静置到 45℃和常温时产物的 XRD 图。

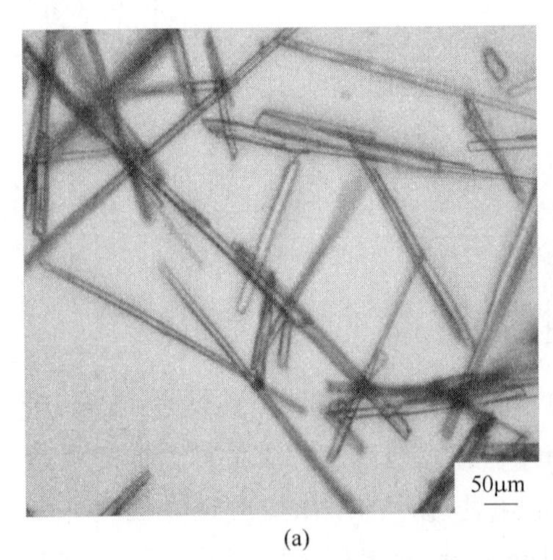

(a)

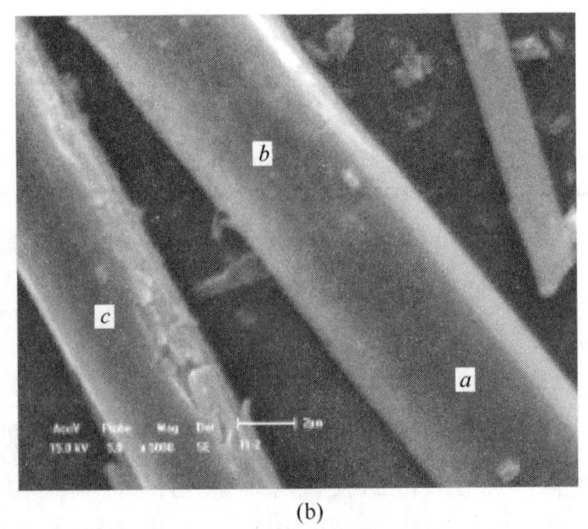

(b)

图 8.21　经 0.025%用量的油酸钠稳定化处理 2h 后的晶须形貌

由图 8.21 的生物显微镜照片可以看出，图中大部分晶须还保持着纤维状的形貌，但是部分晶须仍然有断裂现象，从扫描电镜照片可以看出，除了有些已经水化成颗粒状的二水硫酸钙晶体外，晶须表面 a、b、c 点的光滑状况也不同。

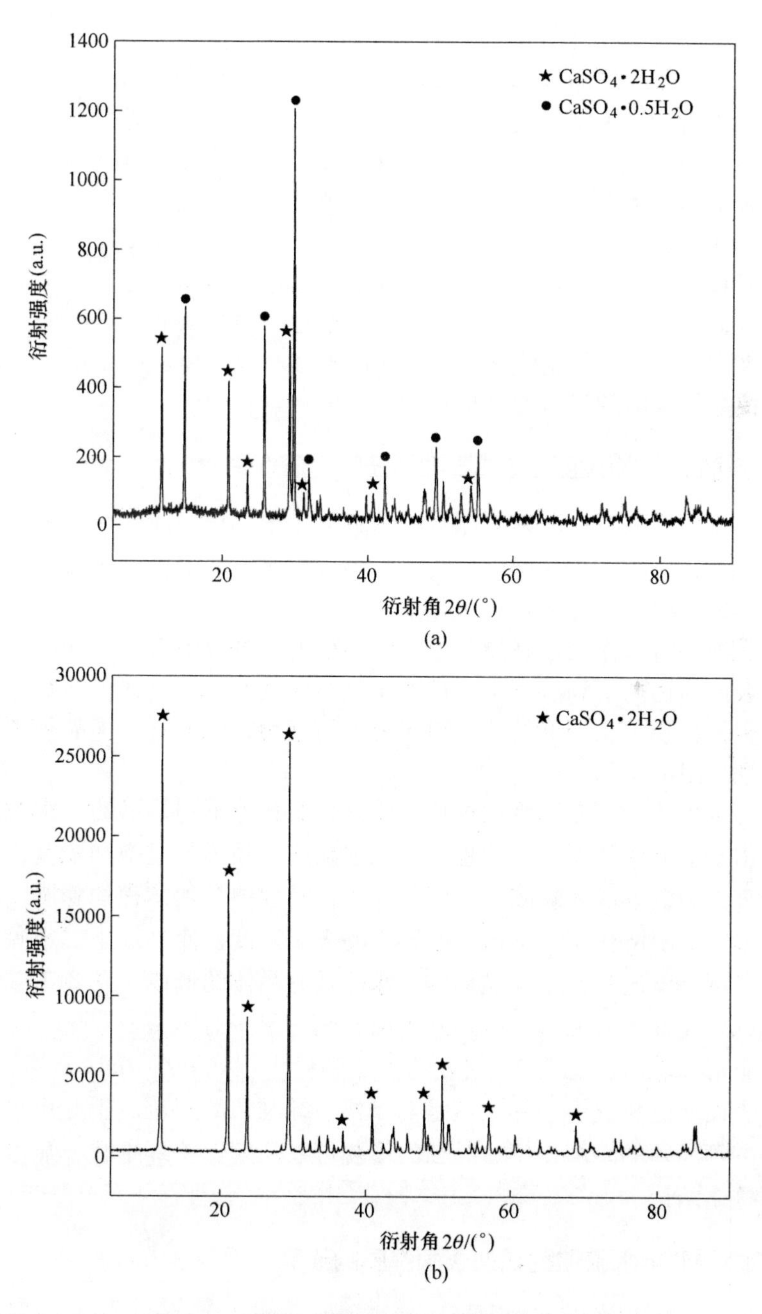

图 8.22 静置到不同温度时产物的 XRD 图

（a）45℃；（b）常温

表 8.1 晶须表面不同位置的元素成分 (%)

检测点	Ca	O	S	Na	C	总和
a	10.454	63.590	11.394	2.955	11.607	100.00
b	12.211	63.572	16.314	0.275	7.628	100.00
c	12.853	59.775	17.154	1.319	8.899	100.00

对图 8.22 的 XRD 半定量分析表明，稳定化处理后静置到 45℃时有 30%左右的半水硫酸钙晶须发生了水化，此时产物为半水硫酸钙和二水硫酸钙的混合物；而到常温时全部水化，产物为二水硫酸钙。结合表 8.1 的结果可知，晶须表面较光滑的 *a* 点钙元素含量最低，为 10.454%，而 *b*、*c* 点的钙元素含量分别为 12.211%和 12.853%，这说明油酸钠用量过小，*b*、*c* 点的部分钙离子没有和油酸根发生反应，并且晶须表面所吸附的水分子通过晶须内部的孔道进入晶须内部使晶须完全水化，而在晶须水化过程中体积的膨胀和表面离子向水中选择性溶解速度的不同使晶须表面的光滑程度也不同。

8.3.5 油酸钠对半水硫酸钙晶须表面离子的阻溶作用

油酸钠对半水硫酸钙晶须表面离子的阻溶作用，是指油酸钠和半水硫酸钙反应之后，在晶须表面沉淀一层难溶物，这层难溶物可以阻止半水硫酸钙晶须表面的钙离子和硫酸根离子向溶液中的溶解。当油酸钠用量增加到 0.2%时，它对半水硫酸钙晶须的阻溶作用起到显著作用。这是由于溶液中溶解的油酸根与半水硫酸钙晶须表面的钙离子和溶液中的钙离子反应生成油酸钙，并沉淀在晶须表面生成一层致密保护膜，从而降低了晶须与溶液的接触，也就避免了晶须表面离子的溶解，呈现出阻溶作用。

根据对半水硫酸钙晶须水化过程的研究，板状等不同晶形的二水硫酸钙晶体的生成是由于溶液中的离子浓度超过了二水硫酸钙晶体的过饱和浓度，并且水化后的晶须表面裂缝等晶体缺陷的原因在于水化过程中晶须体积的膨胀。油酸钠对晶须表面离子的阻溶作用，降低了溶液中的离子浓度，使之低于二水硫酸钙晶体的过饱和浓度，就避免了不同晶形的二水硫酸钙晶体的形成。图 8.23 是经 0.2%的油酸钠稳定化处理后的晶须静置到不同时间的形貌对照图。

从图中可以看出，经 0.2%用量的油酸钠稳定化处理后 2h（常温）和 4h 的晶须虽然表面粗糙状况不一样，但是都保持了纤维状的形貌。由此可见，油酸钠对半水硫酸钙晶须的阻溶作用使晶须的形貌可以长期保持纤维状，显微观察结果也证实了这个结论。

8.3.6 油酸钠对半水硫酸钙晶须表面性质的改变

油酸钠对半水硫酸钙晶须表面性质的改变，主要是对半水硫酸钙晶须表面润湿性的改变。半水硫酸钙晶须经油酸钠稳定化处理后，疏水基在晶须表面的引入

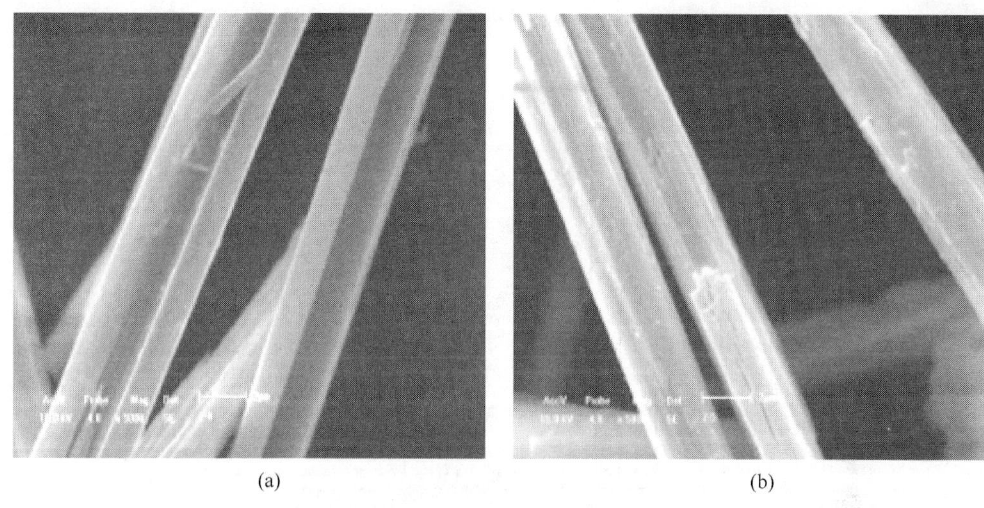

(a) (b)

图 8.23 0.2%用量的油酸钠稳定化处理后静置到不同时间的晶须形貌图片

(a) 2h；(b) 4h

使其表面性质发生了一定的变化，即由原来的亲水性变为具有一定的疏水性。对不同用量油酸钠处理后半水硫酸钙晶须的红外光谱分析表明，经 0.2%用量的油酸钠稳定化处理后，晶须表面有部分物理吸附的油酸分子。并且随着油酸钠用量的增大，物理吸附的油酸分子也越来越多，这使半水硫酸钙晶须的疏水性越来越大。半水硫酸钙晶须疏水性的增强，有利于减少晶须和水的接触机率，也有利于避免晶须的水化。

经检测，油酸钠用量为 0.2%时，半水硫酸钙晶须的接触角约为 8.9°。但是在反应釜的搅拌等因素作用下，物理吸附的油酸分子排列杂乱，使得物理吸附的油酸极性基团朝外排列，其疏水性下降。在晶须溶液静置降温的过程中容易脱落，因此在这个用量范围内，晶须仍然不能完全避免晶型的转变。图 8.24（a）为经 0.2%用量的油酸钠稳定化处理后静置至常温时硫酸钙晶须的 XRD 图，XRD 半定量分析表明，稳定化处理过的晶须静置至常温时仍有 18%左右的晶须水化成了二水硫酸钙晶须。

当油酸钠用量继续增加（0.3%），油酸分子在半水硫酸钙晶须表面的物理吸附也会逐渐增强，进而形成一层油酸的疏水膜。经检测，此时半水硫酸钙晶须的接触角约为 9.2°，油酸钠对半水硫酸钙晶须的疏水作用也进一步增强。虽然油酸在晶须表面的物理吸附并不稳定，容易解吸附，当晶须溶液静置时随着温度的降低还会逐渐脱落一部分，但是最终在油酸钠对晶须表面的钙离子的封闭作用、阻溶作用和疏水作用的联合作用下，晶须的晶型和形貌都可以在静置到常温时保持不变。图 8.24（b）为添加 0.3%的油酸钠后静置至常温时晶须的 XRD 图，分析表明，此时晶须的晶型没有发生变化，仍然为半水硫酸钙晶须。

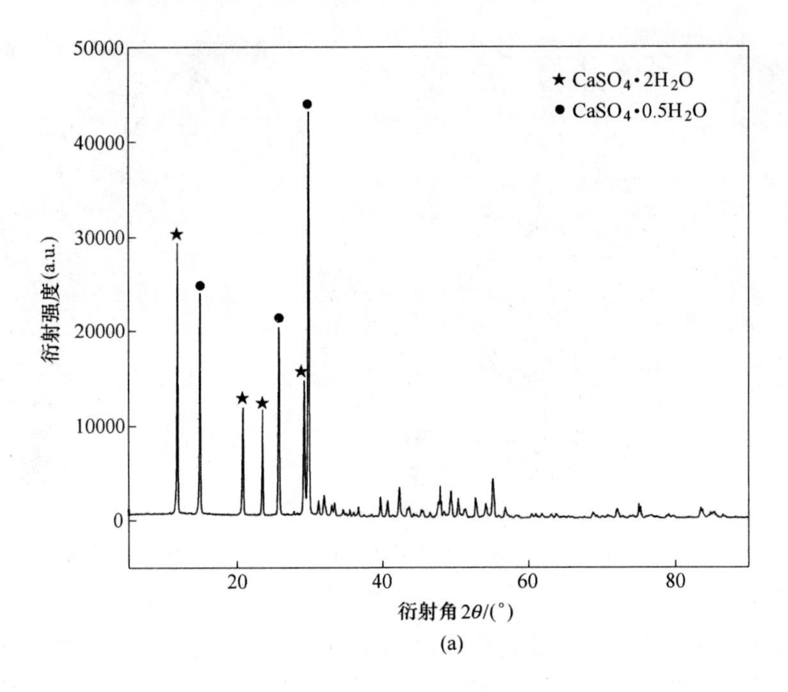

(a)

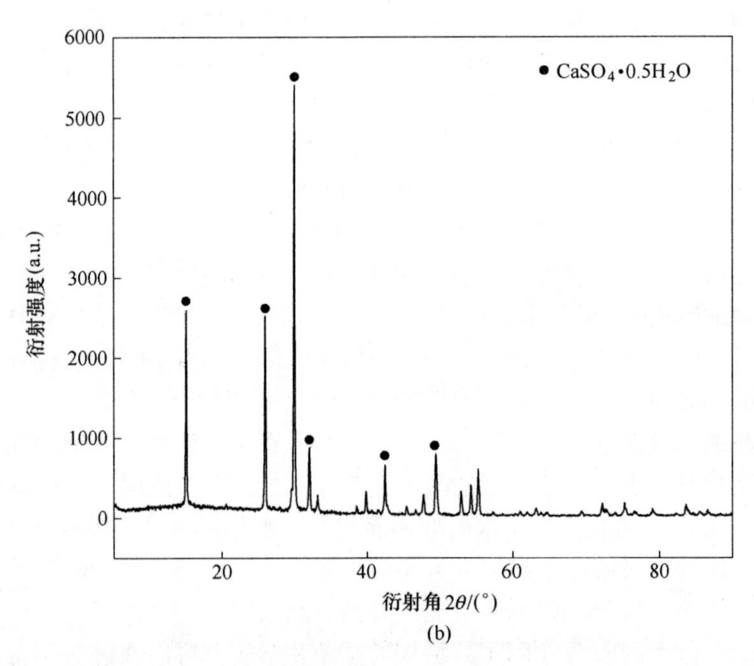

(b)

图 8.24　不同用量油酸钠处理后的晶须 XRD 图

（a）0.2%；（b）0.3%

图 8.25 为经 0.3%的油酸钠稳定化处理和未进行稳定化处理的晶须悬浮液静置到常温时晶须的形貌对照图。从图中可以看出，未经稳定化处理的晶须的晶形变为片状、颗粒状等，经 0.3%的油酸钠稳定化处理后晶须的形貌则保持良好，仍为纤维状。

(a)

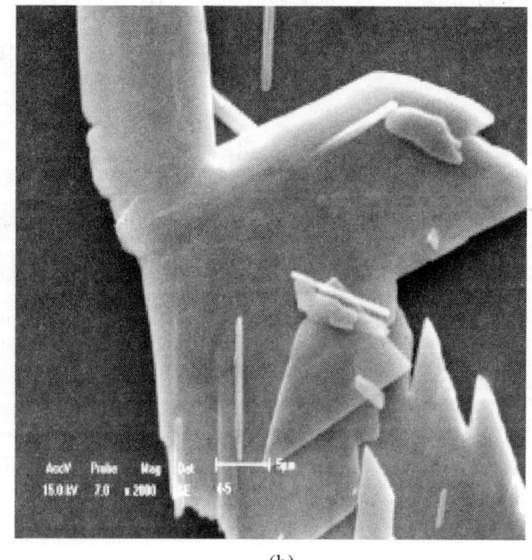

(b)

图 8.25　半水硫酸钙晶须稳定化处理与否的形貌对照图

（a）0.3%油酸钠；（b）不加稳定剂

8.4　本章小结

（1）在不同种类的稳定剂中，油酸钠、硬脂酸钠和柠檬酸钠对半水硫酸钙晶须有较好的稳定作用，其中以油酸钠最佳；磷酸钠能够使半水硫酸钙晶须的形貌得到保持，但不能保持晶须的晶型不变；月桂酸钠的作用次之；十二烷基苯磺酸钠和草酸稳定作用则较差。

（2）影响稳定化效果的因素主要包括稳定剂用量、稳定化处理温度以及稳定化处理时间等。并且随着药剂用量的增加、稳定化处理温度的升高和稳定化处理时间的延长，晶须的稳定性逐渐提高。

（3）在油酸钠用量 0.3%，稳定化处理时间 20min，稳定化处理温度 100℃，半水硫酸钙晶须悬浮液浓度 5%的试验条件下，悬浮液静置到常温时半水硫酸钙晶须不发生水化。

（4）油酸钠在半水硫酸钙晶须表面的吸附状态随用量的不同而不同：当用量小于 0.025%时吸附状态为化学吸附；当用量为 0.05%时物理吸附和化学吸附共存，且以化学吸附为主；用量在增加到 0.5%的过程中，物理吸附逐渐占主导地位。

（5）油酸钠对半水硫酸钙晶须表面活性点——钙离子的封闭作用以及对晶须表面性质的改变可以在一定程度上阻止晶须的晶型改变，而油酸钠对半水硫酸钙晶须表面离子的阻溶作用则可以保持晶须的形貌长期不变。

（6）油酸钠对晶须的稳定化作用，主要通过油酸钠对半水硫酸钙晶须表面活性点——钙离子的封闭作用、对晶须表面离子的阻溶作用以及改变晶须的表面润湿性来实现，在油酸钠不同的用量范围内，各种作用的贡献也不同。

9 半水硫酸钙晶须制备和稳定一体化研究

在对硫酸钙晶须制备后的稳定化研究基础上，本章对半水硫酸钙晶须的制备和稳定一体化进行了研究，即在半水硫酸钙晶须的制备过程中加入稳定剂，从而实现在不影响半水硫酸钙晶须生长的前提下使之在常温常压下稳定。研究使用油酸钠、硬脂酸钠和柠檬酸钠等稳定化效果较好的有机稳定剂对半水硫酸钙晶须的生长影响进行了研究，并在此基础上采取分段加药的方式实现了半水硫酸钙晶须的制备和稳定一体化。

9.1 稳定剂对半水硫酸钙晶须生长的影响

试验采用油酸钠、硬脂酸钠和柠檬酸钠三种稳定剂，分别在半水硫酸钙晶须的制备过程中加入，稳定剂的配制浓度均为0.25%，添加量为0.01%~0.20%。

9.1.1 油酸钠对半水硫酸钙晶须生长的影响

图9.1是在半水硫酸钙晶须的制备过程中加入不同用量的油酸钠后的产品形貌图。

从图9.1可以看出：当油酸钠用量为0.015%时，产品仍为纤维状半水硫酸钙晶须；当油酸钠用量增至0.025%时，产品中开始出现颗粒状半水硫酸钙；随着油酸钠的用量增为0.05%时，产品中除了有颗粒状产物外，还有短柱状产物；当油酸钠用量为0.15%时，产品中几乎观察不到纤维状半水硫酸钙晶须，基本为不规则的短柱状、板状和颗粒状半水硫酸钙。

9.1.2 硬脂酸钠对半水硫酸钙晶须生长的影响

图9.2是在半水硫酸钙晶须的制备过程中加入不同用量的硬脂酸钠后的产品形貌图。

从图9.2可以看出：当硬脂酸钠用量为0.025%时，产品仍为纤维状半水硫酸钙晶须；当硬脂酸钠用量增至0.05%时，产品中开始出现颗粒状半水硫酸钙，说明此时硬脂酸钠对半水硫酸钙晶须的生长造成了影响；随着硬脂酸钠的用量增为0.075%时，产品中除了有颗粒状产物外，还有短柱状产物，并且残存的半水硫酸钙晶须长度较短；当硬脂酸钠用量为0.15%时，产品中几乎观察不到纤维状半水硫酸钙晶须，基本为不规则的短柱状、板状和片状半水硫酸钙。

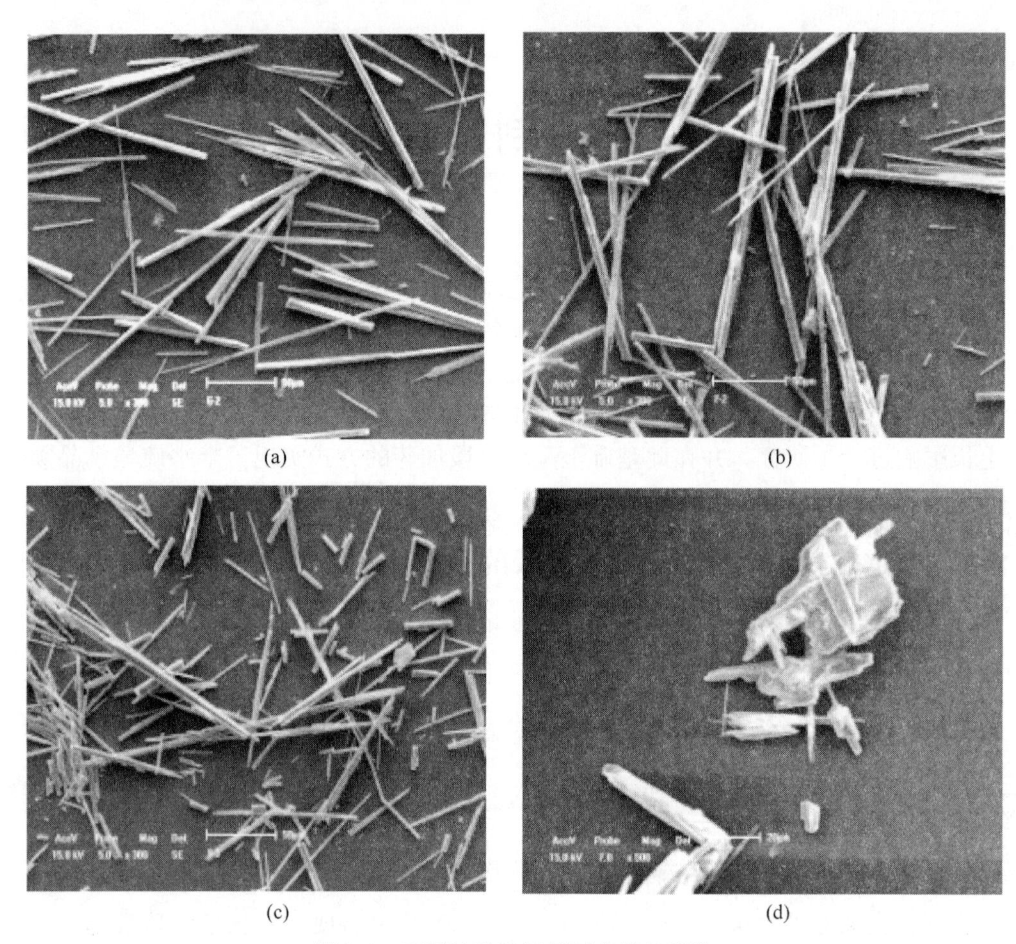

(a)　(b)　(c)　(d)

图 9.1　不同油酸钠用量下产品的形貌

(a) 0.015%；(b) 0.025%；(c) 0.050%；(d) 0.15%

(a)　(b)

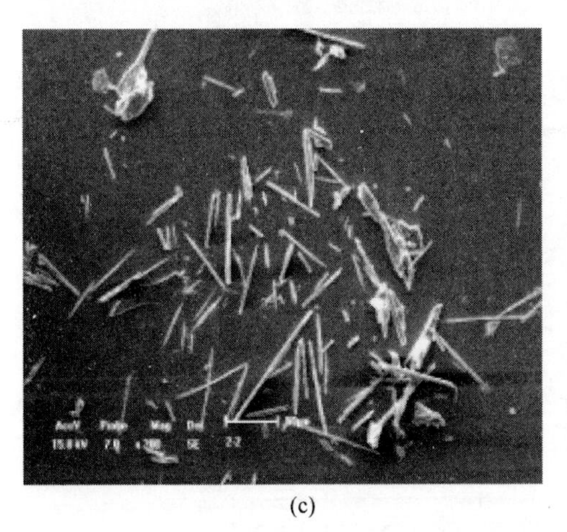

(c)

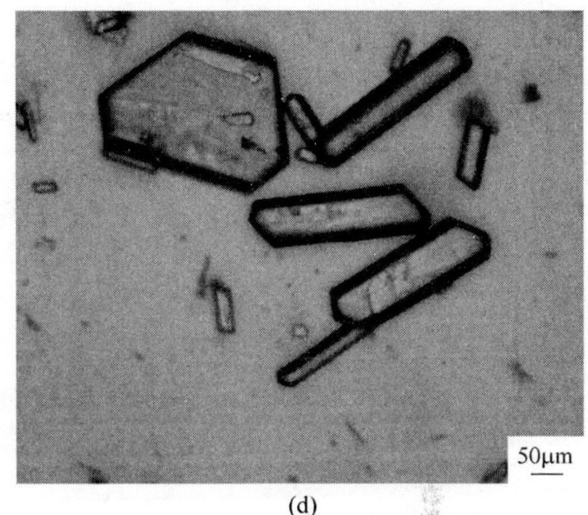

(d)

图 9.2 不同硬脂酸钠用量下产品的形貌
(a) 0.025%；(b) 0.05%；(c) 0.075%；(d) 0.15%

9.1.3 柠檬酸钠对半水硫酸钙晶须生长的影响

9.1.3.1 试验原料

制备半水硫酸钙晶须的原料为湖北某石膏矿产品，试验中使用的柠檬酸钠为分析纯，上海化学试剂总厂出品，配制浓度为 0.1%（质量分数）。

表 9.1 试验原料的化学成分 (%)

$w(CaSO_4 \cdot 2H_2O)$	$w(Fe_2O_3)$	$w(SiO_2)$	$w(Al_2O_3)$	$w(MgO)$
>99.8	<0.05	0.05	<0.05	<0.02

由表 9.1 可知，试验用原料主要的成分为二水硫酸钙，杂质含量极低。由图 9.3 可以看出，试验所用原料的衍射峰完全与二水石膏的衍射峰吻合，其中不含半水石膏和硬石膏的衍射峰，物相的相对含量分析也表明，原料中二水石膏的含量为 100%。

9.1.3.2 不同柠檬酸钠用量下硫酸钙晶须的形貌

在原料粒度 18.1μm、反应温度 120℃、料浆浓度 5%、料浆初始 pH = 10 的条件下，柠檬酸钠不同用量时所得硫酸钙产品的 SEM 图片如图 9.4 所示。

从图 9.4（a）~（d）可以看出：当柠檬酸钠用量低于 0.08%时，产品的形

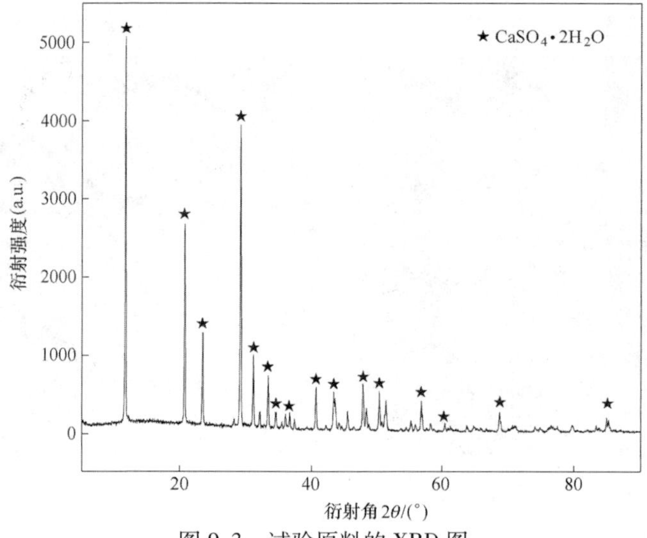

图 9.3　试验原料的 XRD 图

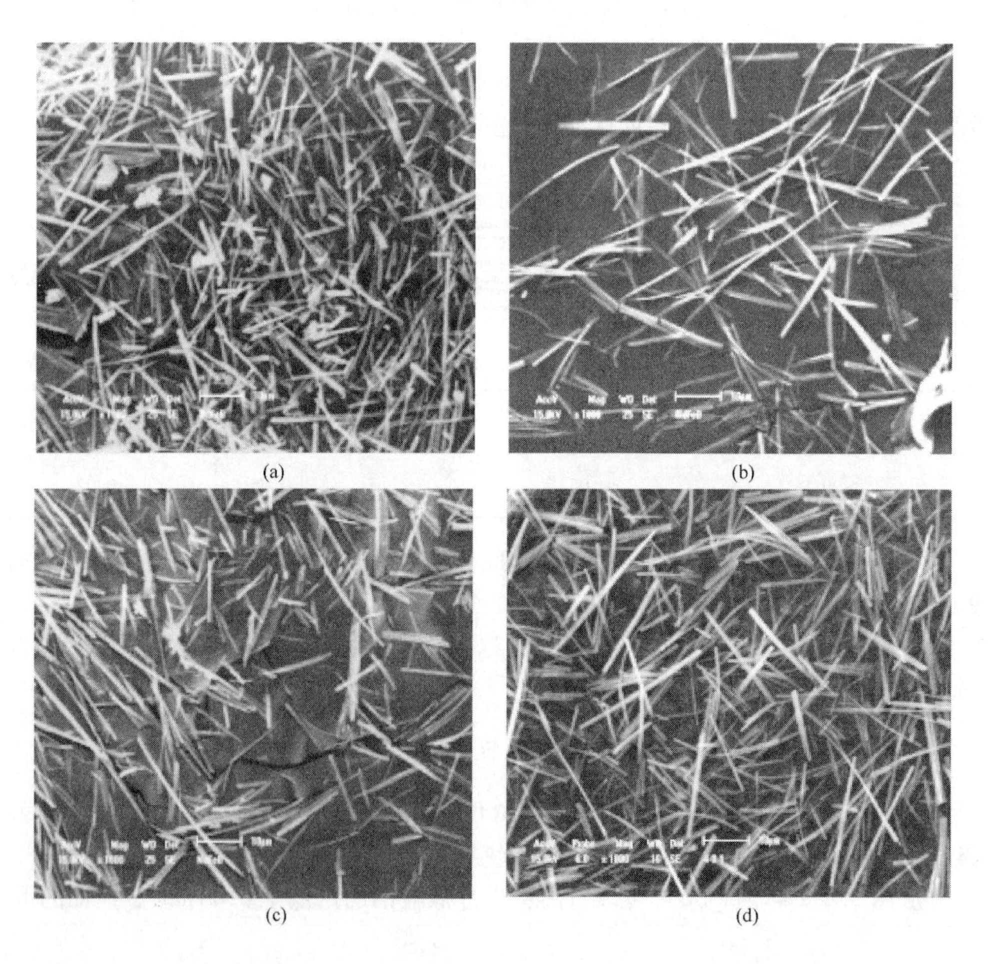

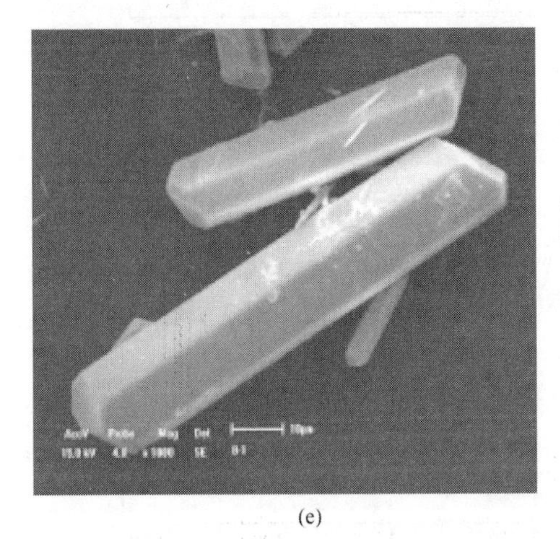

(e)

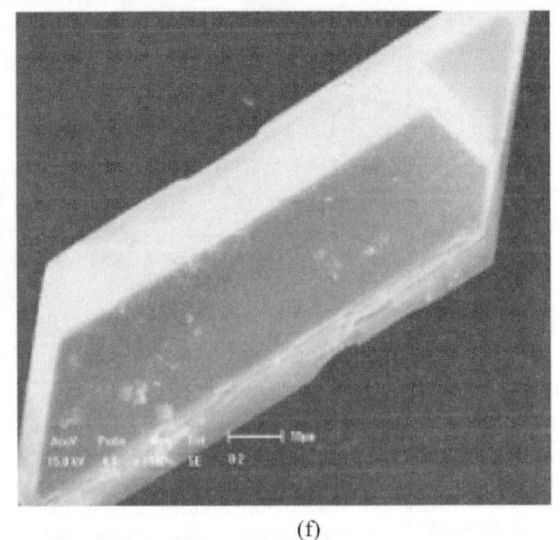

(f)

图 9.4 不同柠檬酸钠用量下产品的 SEM 图片

(a) 0.02%；(b) 0.04%；(c) 0.06%；(d) 0.08%；(e) 0.15%；(f) 0.30%

貌基本都为纤维状半水硫酸钙晶须，偶见粒状硫酸钙产品，晶须直径平均为 0.2μm；当柠檬酸钠用量增至 0.15%时，产品中大部分为板状和颗粒状硫酸钙产品，且残存的半水硫酸钙晶须长度较短，同时直径有粗化的趋势，平均直径为 10μm，说明此时柠檬酸钠对半水硫酸钙晶须的生长造成了影响；当油酸钠用量为 0.30%时，产品中几乎观察不到纤维状半水硫酸钙晶须，基本为不规则的短柱状、板状硫酸钙，且其直径进一步粗化，平均直径为 20μm。

9.1.3.3 柠檬酸钠在晶须表面的吸附状态

柠檬酸钠属弱酸强碱盐，分子式为 $C_6H_5Na_3O_7 \cdot 2H_2O$，其在水溶液中主要一系列的电离和水解反应，结果生成 Cit^{3-}、$HCit^{2-}$、Na^+和 H^+等离子，同时溶液中也有柠檬酸分子的存在。为了确定不同用量柠檬酸钠在半水硫酸钙晶须表面的吸附状态，试验对半水硫酸钙晶须产品进行了 FT-IR 分析，结果如图 9.5 所示。

图 9.5 为添加 0.02%、0.08%和 0.3%柠檬酸钠后硫酸钙产品的红外光谱图。从图 9.5 中可以看出，不同用量的柠檬酸钠在硫酸钙晶须表面的吸附状态不同。硫酸钙晶须表面都有甲基（$2930cm^{-1}$）和亚甲基（2851、$2847cm^{-1}$）存在，这说明晶须表面含有有机碳链。当柠檬酸钠用量为 0.02%时，晶须在波数为 $1445cm^{-1}$附近出现了柠檬酸钙特有的特征峰，而在波数为 $1690cm^{-1}$左右则没有出现吸收峰，说明在此用量下柠檬酸钠在晶须表面几乎全部是化学吸附，这种吸附状况增加到柠檬酸钠用量为 0.08%时均无改变；当用量增大至 0.3%时，在波数为 $1686cm^{-1}$处出现了一个明显的吸收峰，这是柠檬酸钠分子中羰基的对应特征吸收峰，而 $1449cm^{-1}$处的吸收峰强度相对较微弱，说明此时柠檬酸钠在晶须

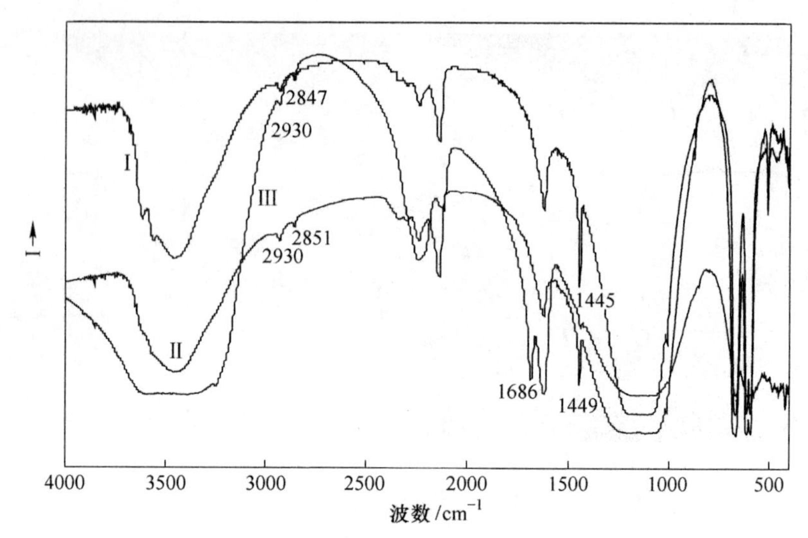

图 9.5 不同用量柠檬酸钠处理后晶须的红外光谱

表面的吸附状态既有化学吸附，又有物理吸附，并且以物理吸附为主。

9.1.3.4 柠檬酸钠的作用机理分析

在利用水热法制备半水硫酸钙晶须时，半水硫酸钙晶须的结晶过程包括以下几个阶段：二水硫酸钙的溶解、半水硫酸钙的结晶和半水硫酸钙晶须的生成等。

在柠檬酸钠用量较小（小于 0.08%）时，反应体系中柠檬酸根离子含量占优，可以选择性的与硫酸钙晶须表面的 Ca^{2+} 发生反应，生成配合物即柠檬酸钙（$K_{sp}=1.0\times10^{-6.57}$）并覆盖在硫酸钙晶须表面。

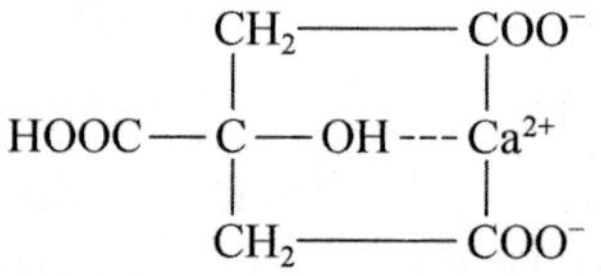

```
           CH2———————COO⁻
            |          |
HOOC — C — OH --- Ca²⁺
            |          |
           CH2———————COO⁻
```

图 9.6 柠檬酸钙分子结构图

柠檬酸钙的分子结构如图 9.6 所示，由柠檬酸钙分子式可以看出，柠檬酸根中两个羧基与晶须表面的 Ca^{2+} 结合，朝向晶须表面。而其他两个亚甲基和一个羧基则不与 Ca^{2+} 结合，背离晶须表面。难溶的配合物柠檬酸钙附着在硫酸钙晶须表面起到了阻止 Ca^{2+} 向反应体系扩散的作用使反应体系中的 Ca^{2+} 浓度降低。这有利于体系中二水硫酸钙的溶解，从而促进半水硫酸钙晶须的生长和缩短晶须的制备时间，这也有利于半水硫酸钙晶须的生产。此外，柠檬酸钙对晶须表面 Ca^{2+} 的阻溶作用，也可以在一定程度上避免晶须表面 Ca^{2+} 与水分子发生羟基化反应趋势，因而对半水硫酸钙晶须的稳定化也有一定的积极作用。

当柠檬酸钠用量达到0.1%时，反应体系中柠檬酸分子含量逐渐增多。柠檬酸分子中的羧基和晶须表面的钙离子反应，而柠檬酸分子中的疏水基团（碳链）则通过物理包覆的形式，在半水硫酸钙晶须表面形成一层物理膜层。随着柠檬酸钠用量的进一步增大（0.3%），溶液中柠檬酸分子的含量也相应增多，柠檬酸分子通过氢键以物理吸附形式吸附在晶须表面，这些都会降低晶须的晶面表面能。此外，柠檬酸根或柠檬酸分子中的羧基选择性的吸附在硫酸钙晶须的（111）晶面上，这不但降低了该晶面的表面能，还阻碍了晶体生长基元向该晶面贴附，从而降低了该方向上的生长速率和发育，半水硫酸钙的其他晶面则发育正常，使得半水硫酸钙晶须各个晶面的生长速率接近平衡，产品形状也接近短柱状和板状。

9.2 半水硫酸钙晶须制备稳定一体化的实现

9.2.1 药剂制度的确定

由于油酸钠、硬脂酸钠和柠檬酸钠在用量过大时都对半水硫酸钙晶须的生长有一定的影响，用量过小又不能实现半水硫酸钙晶须晶型的稳定，图9.7、图9.8分别是在制备过程中添加0.025%的油酸钠后静置72h的半水硫酸钙晶须的形貌图和XRD图。

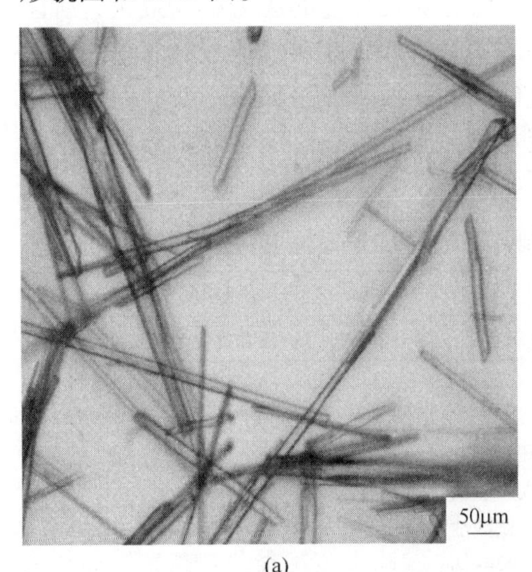

(a)

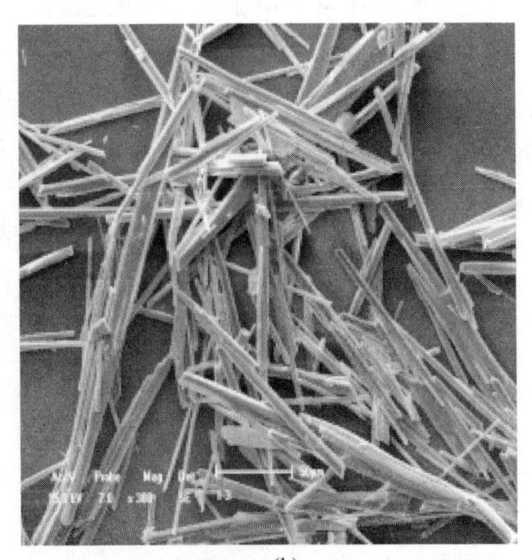

(b)

图9.7 添加0.025%油酸钠并静置72h时硫酸钙晶须的形貌

从图9.7可以看出，在0.025%的油酸钠用量下，半水硫酸钙的形貌在静置72h后仍然可以保持为纤维状，而从图9.8可以看出，半水硫酸钙晶须的晶型已经完全转变成了二水硫酸钙晶须。

因此要实现半水硫酸钙晶须的制备和稳定一体化，只能采用分阶段加药的方

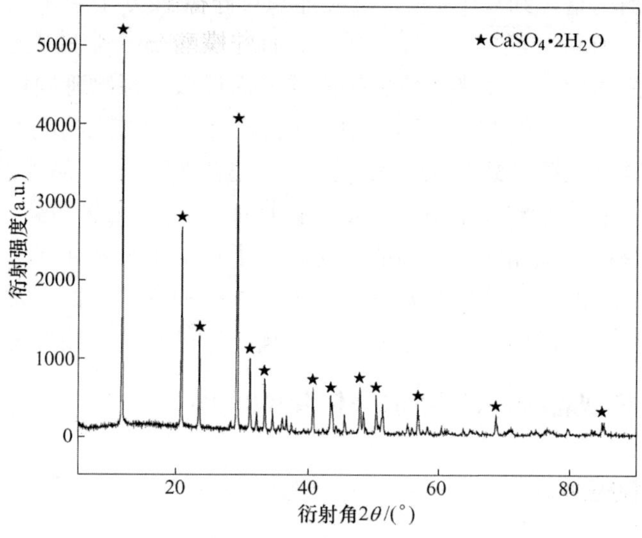

图 9.8　添加 0.025%油酸钠并静置 72h 时晶须的 XRD 图

式，即分别在半水硫酸钙晶须的制备中和制备后加入不同用量或不同种类的稳定剂。在半水硫酸钙晶须制备过程中的稳定剂用量应不大于其影响半水硫酸钙晶须生长的临界用量。由于油酸钠的起泡性能较大，对反应釜的压力影响最大，所以在半水硫酸钙晶须的制备过程中不使用油酸钠。此外，在半水硫酸钙晶须的制备过程中使用少量的稳定剂，就可以使半水硫酸钙晶须的形貌长期不变，因此制备一体化的稳定剂用量和制备后再添加稳定剂相比有所减小。综合以上分析，制定试验所采用的药剂制度如表 9.2 所示。

表 9.2　半水硫酸钙晶须制备稳定一体化药剂制度

条件序号	药剂名称		药剂用量/%	
	制备中	制备后	制备中	制备后
①	硬脂酸钠	油酸钠	0.025	0.05
②	硬脂酸钠	油酸钠	0.025	0.15
③	硬脂酸钠	硬脂酸钠	0.025	0.05
④	硬脂酸钠	硬脂酸钠	0.025	0.15
⑤	硬脂酸钠	柠檬酸钠	0.025	0.05
⑥	硬脂酸钠	柠檬酸钠	0.025	0.15
⑦	柠檬酸钠	油酸钠	0.05	0.05
⑧	柠檬酸钠	油酸钠	0.05	0.15
⑨	柠檬酸钠	硬脂酸钠	0.05	0.05
⑩	柠檬酸钠	硬脂酸钠	0.05	0.15
⑪	柠檬酸钠	柠檬酸钠	0.05	0.05
⑫	柠檬酸钠	柠檬酸钠	0.05	0.15

9.2.2 分阶段加药对半水硫酸钙晶须形貌的影响

经分阶段加药后半水硫酸钙晶须静置到常温时的形貌如图 9.9 所示。

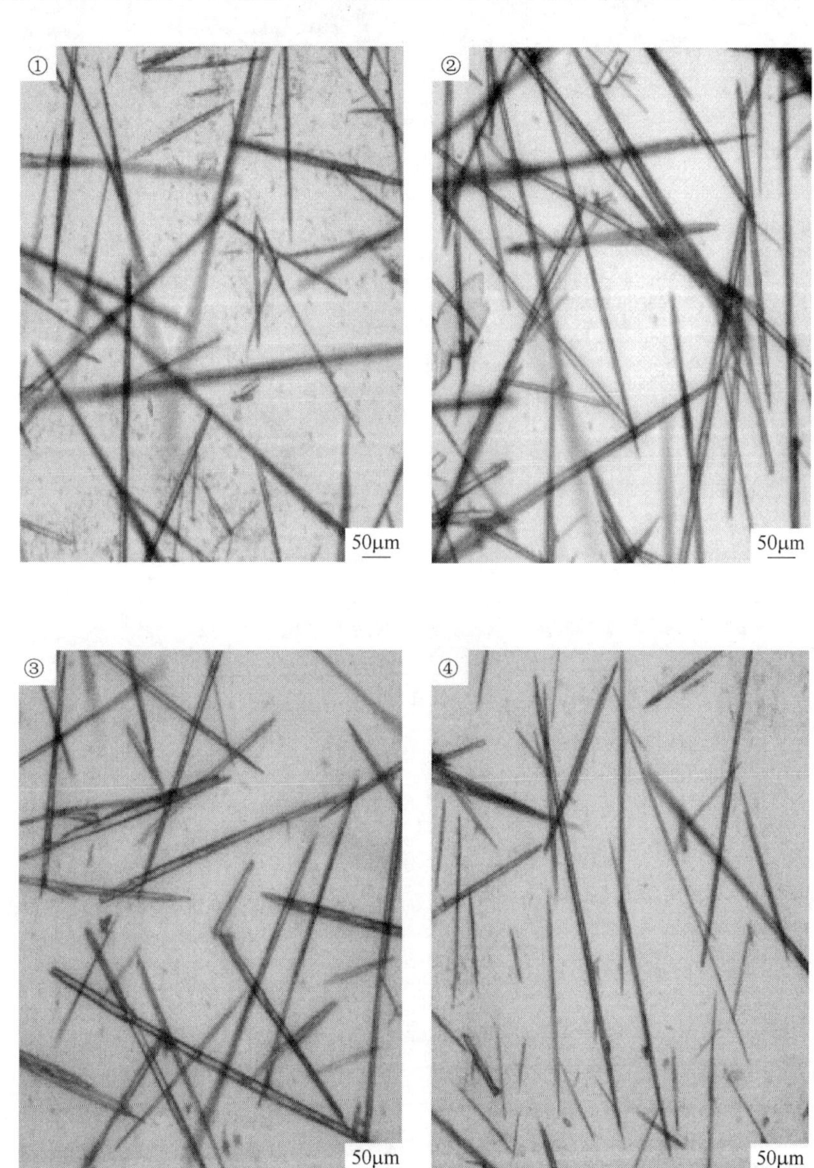

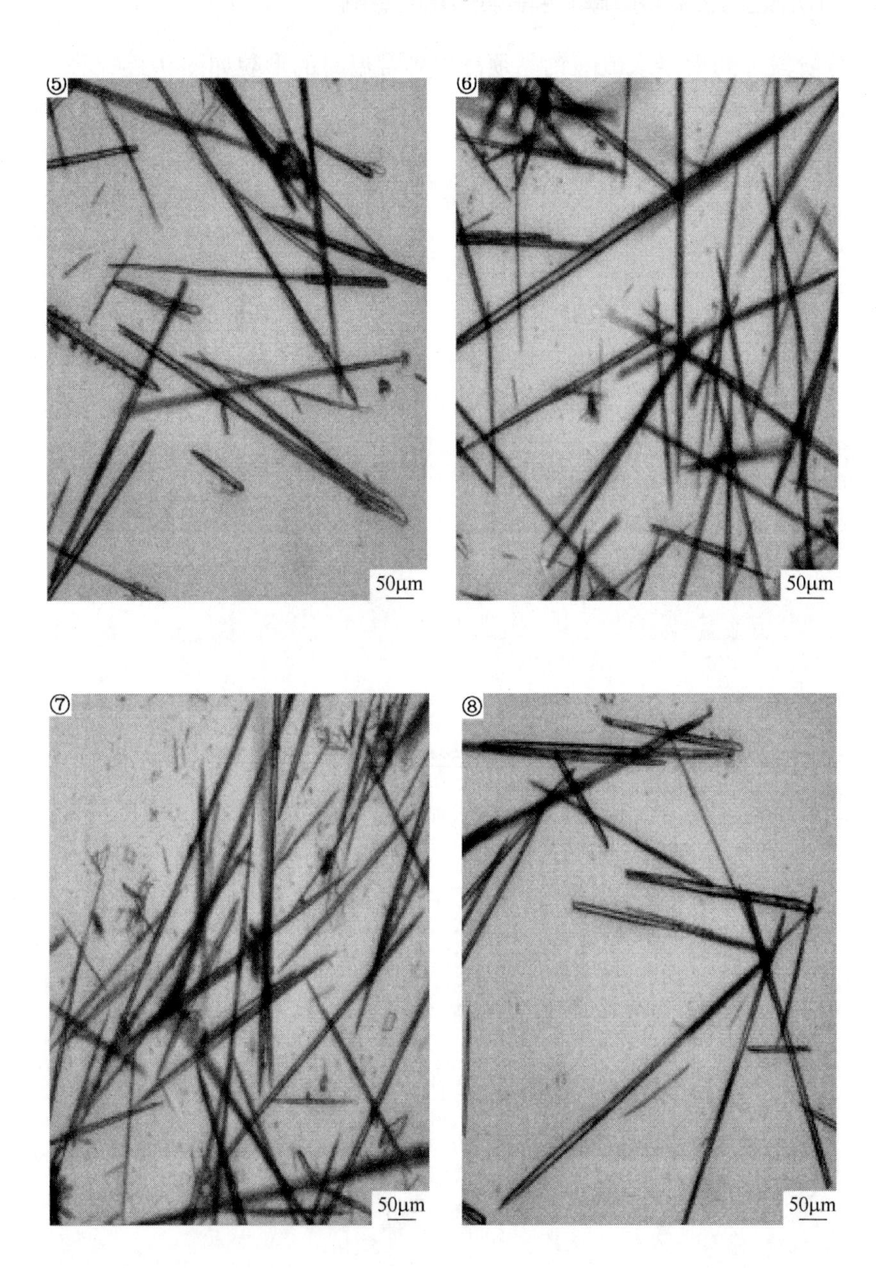
⑤
50μm
⑥
50μm
⑦
50μm
⑧
50μm

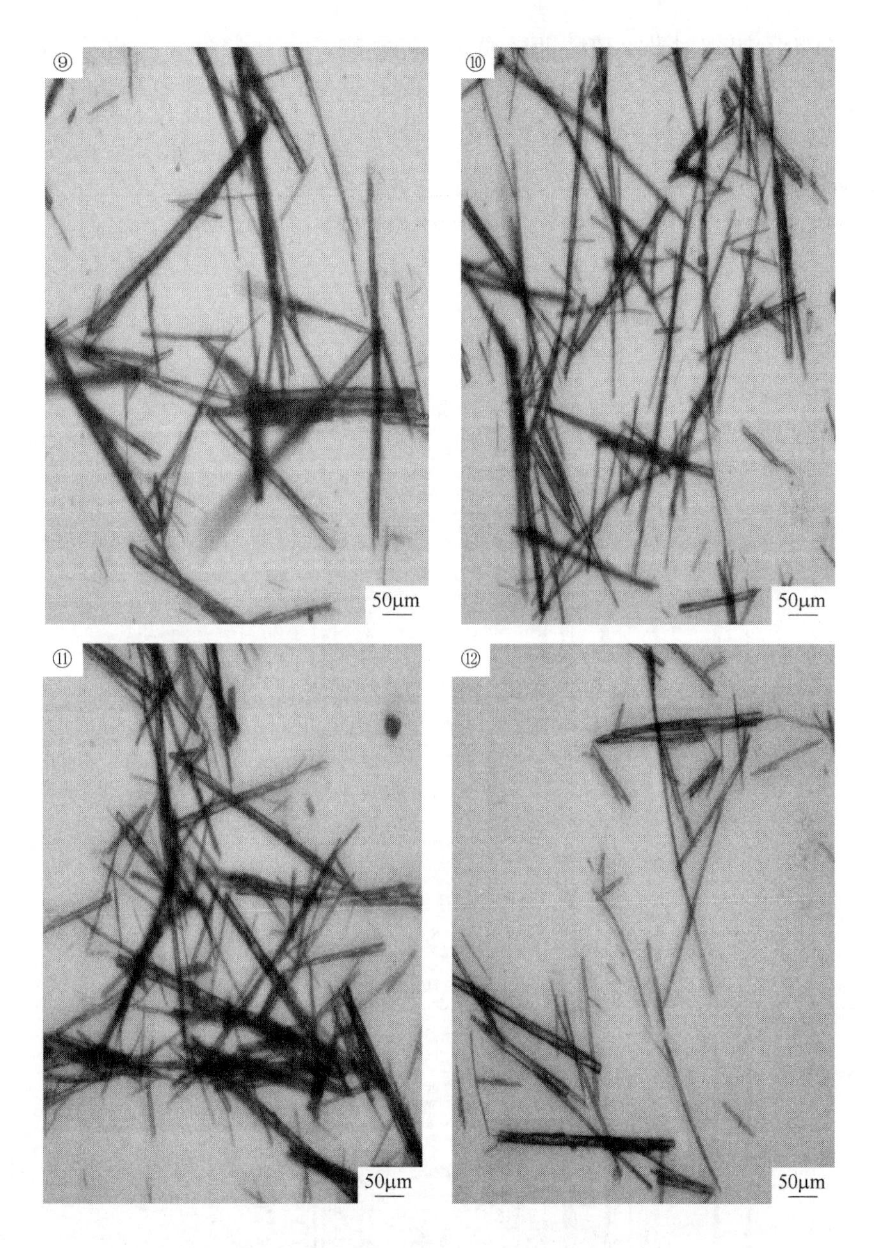

图 9.9 不同试验条件下晶须的形貌

从图 9.9 中可以看出，不同加药条件的晶须形貌保持效果存在着一定规律：采用分批加药后的半水硫酸钙晶须形貌基本都是纤维状；随着药剂用量的增加，半水硫酸钙晶须的形貌也保持得越好；此外，在制备过程中使用柠檬酸钠（条件⑦~⑫）的效果相对不如使用硬脂酸钠的效果（条件①~⑥）。

9.2.3　分阶段加药对半水硫酸钙晶须晶型的影响

根据上面对晶须形貌的分析，为进一步比较不同条件的稳定化效果，分别对条件②、④和⑥下所得晶须产品进行了 XRD 检测，检测结果如图 9.10 所示。

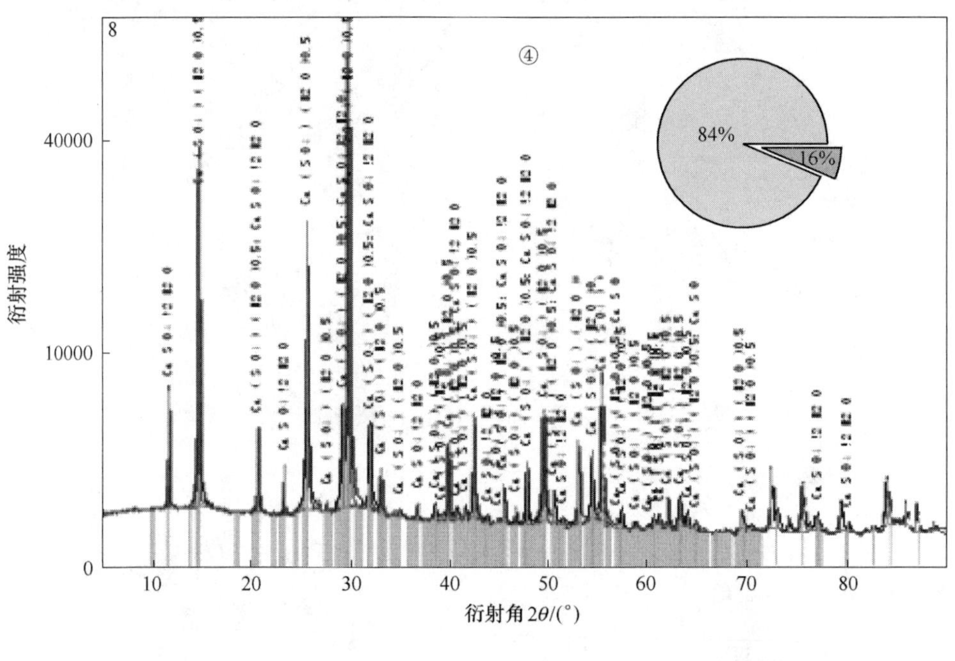

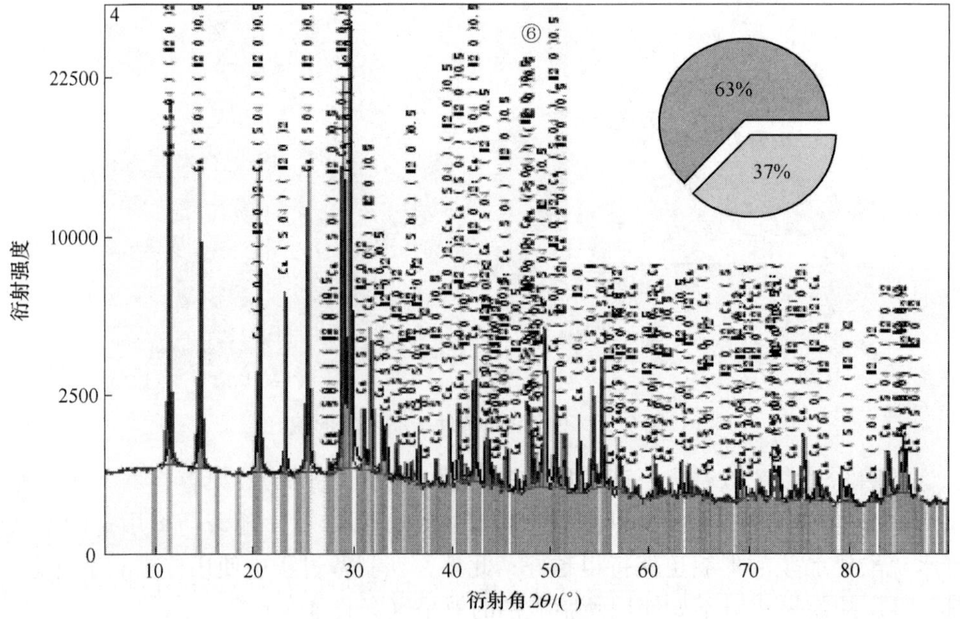

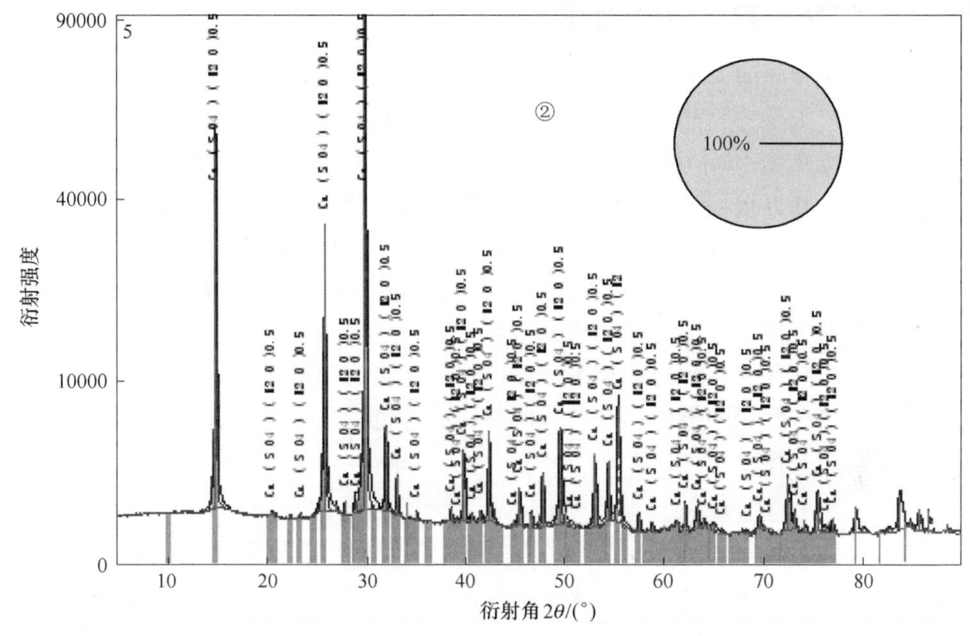

图9.10 不同试验条件下晶须的XRD图谱

从图9.10可以看出，当采用条件④时晶须的衍射峰中既有半水硫酸钙的特征衍射峰，又有二水硫酸钙的特征衍射峰。半定量分析结果表明，产品中半水硫酸钙的含量约为94%，二水硫酸钙的含量约为6%，这说明在条件④的情况下，仍有部分半水硫酸钙晶须发生了水化，转变为二水硫酸钙晶须。

条件⑥和条件④下晶须的XRD检测结果相似，产品的衍射峰中既有半水硫酸钙的衍射峰，又有二水硫酸钙的衍射峰。半定量分析结果表明，产品中半水硫酸钙的含量约为63%，二水硫酸钙的含量约为37%，这说明在条件⑥的情况下，发生水化的半水硫酸钙晶须比例要大于条件④，即稳定化效果不如条件④。

条件②下晶须的XRD检测结果和采用条件④、⑥的不同，产品的衍射峰中只有半水硫酸钙的特征衍射峰，而没有出现二水硫酸钙的衍射峰。半定量分析结果表明，产品中半水硫酸钙的含量约为100%，这说明在条件②的情况下，半水硫酸钙晶须的晶型得到了稳定，即没有发生水化，条件②在各个条件中的稳定效果最佳。

9.3 稳定剂对半水硫酸钙晶须生长影响机理分析

根据以上对半水硫酸钙晶须制备和稳定一体化的试验结果，在半水硫酸钙晶须制备过程中加入硬脂酸钠，然后在制备后加入油酸钠后可以使半水硫酸钙晶须静置到常温时稳定。本节就硬脂酸钠对半水硫酸钙晶须生长的影响机理进行分析。

9.3.1　半水硫酸钙晶须的结晶过程

在利用水热法制备半水硫酸钙晶须时，半水硫酸钙晶须的结晶过程包括以下几个阶段：二水硫酸钙的溶解、半水硫酸钙的结晶和半水硫酸钙晶须的生成等。

（1）二水石膏的溶解过程。在这个过程中，经胶体磨粉碎的二水石膏逐渐溶解于水中，并且很快达到溶解—结晶动态平衡，这个过程的反应式为：

$$CaSO_4 \cdot 2H_2O \rightleftharpoons Ca^{2+} + SO_4^{2-} + 2H_2O$$

（2）半水硫酸钙晶体的结晶过程。在反应釜内随着温度的升高，溶液中的离子浓度逐渐达到二水硫酸钙的饱和浓度。由于二水硫酸钙在水中的溶解度比半水硫酸钙的溶解度大，此时的离子浓度已经处于半水硫酸钙的过饱和浓度，因而半水硫酸钙会在溶液中析出，并形成胚芽，胚芽进一步凝聚、长大并形成晶须生长的基础——晶核。

$$Ca^{2+} + SO_4^{2-} + 0.5H_2O \xrightarrow{\text{一定温度}} CaSO_4 \cdot 0.5H_2O$$

（3）半水硫酸钙晶须的单向生长阶段。由于液相中离子扩散较快，一旦形成了半水硫酸钙晶核并且随着二水硫酸钙的不断溶解，半水硫酸钙将很快以晶核为中心凝聚，并在溶液中析出，晶体的择优生长使得在某一方向持续向前推进，最终形成半水硫酸钙晶须。

9.3.2　稳定剂在半水硫酸钙表面的吸附状态

油酸钠、硬脂酸钠和柠檬酸钠都是有机羧酸盐，属于阴离子表面活性剂，它们可以被选择性的吸附在固体表面上改变固体表面的热力学性质，并且它们在半水硫酸钙晶须表面的吸附状态随用量的改变而改变。硬脂酸钠在半水硫酸钙晶须表面的吸附状态随用量的变化趋势如图 9. 11 所示。

从图 9. 11 中可以看出，不同用量的硬脂酸钠在半水硫酸钙晶须表面的吸附状态不同。半水硫酸钙晶须表面都有甲基（$2921cm^{-1}$）和亚甲基（$2847cm^{-1}$），这说明晶须表面存在有机碳链。当硬脂酸钠用量为 0. 025%时，晶须在 $1449cm^{-1}$ 附近出现了油酸钙特有的特征峰，而在 $1690cm^{-1}$ 处则没有出现吸收峰，说明在此用量下油酸钠在晶须表面几乎全部是化学吸附，这种情况到硬脂酸钠用量为 0. 05%时一直没有改变；当用量增大至 0. 10%时，在 $1690cm^{-1}$ 处出现了一个明显的吸收峰，这是油酸分子中羰基的对应特征吸收峰，而 $1449cm^{-1}$ 处的吸收峰强度很微弱，说明此时硬脂酸钠在晶须表面的吸附状态既有化学吸附，又有物理吸附，并且以物理吸附为主。

9.3.3　稳定剂对半水硫酸钙过饱和状态的影响

在水热法制备半水硫酸钙晶须的过程中，生成半水硫酸钙晶须的首要条件是

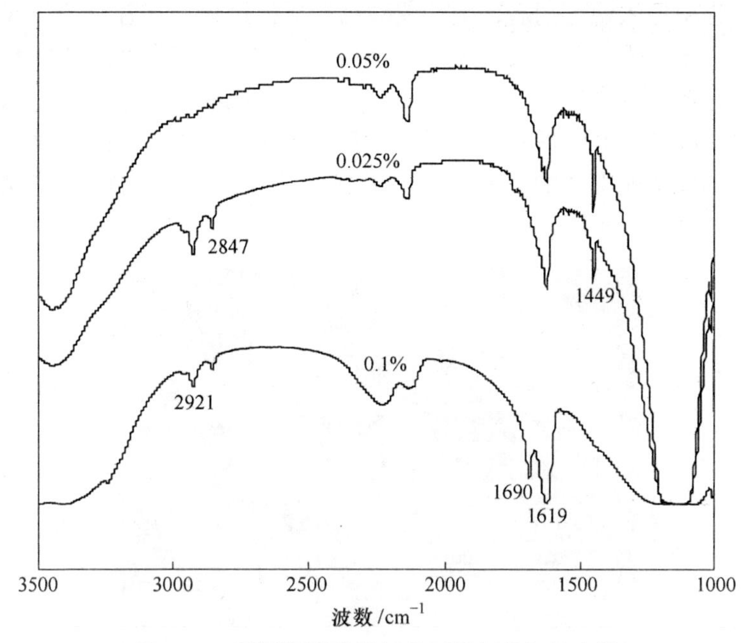

图 9.11 不同硬脂酸钠用量下晶须的红外光谱

溶液必须处于半水硫酸钙的过饱和状态。本试验中，体系内半水硫酸钙过饱和状态的形成主要与以下两个因素有关：

（1）二水硫酸钙的溶解速度。二水硫酸钙的溶解速度越快，单位时间内进入溶液中的 Ca^{2+} 与 SO_4^{2-} 越多。因此，二水硫酸钙溶解速度的加快将有利于体系中半水硫酸钙过饱和程度的提高。

（2）半水硫酸钙的结晶速度。半水硫酸钙的结晶速度越快，单位时间内溶液中 Ca^{2+} 与 SO_4^{2-} 的消耗越快，这将降低体系的过饱和度。因此，半水硫酸钙的结晶速度是体系过饱和程度提高的制约因素。

9.3.4 稳定剂对半水硫酸钙晶核形成的影响

半水硫酸钙晶核的形成是其结晶的第一步，根据结晶学原理，体系中的最初形成的胚芽必须长到大于成核的临界尺寸时才能稳定存在而不至于自行消失。一般认为胚芽形成的自由能降低值必须达到该晶核的表面能的三分之一，才能越过表面能能垒，形成稳定的晶核。

晶核的成核速率对半水硫酸钙晶须的合成具有很大的影响，如果晶核形成速率变低，则整个合成反应所需的时间将会延长，这种情况下在已生长的晶须表面易发生二次成核，合成的半水硫酸钙晶须直径将增大。一般认为核化速率与过冷度、结晶潜热密切相关，对于非均匀成核过程还与接触角有关。在半水硫酸钙晶须的制备过程中加入稳定剂后，半水硫酸钙的成核过程存在着非均匀成核过程形式。稳定剂分子中的羧基和晶须表面的钙离子反应，而疏水基团如甲基和亚甲基则通过物理包覆的形式，在半水硫酸钙晶须表面形成一层物理膜层，稳定剂吸附在固体表面而改变其润湿性能，从而降低其成核速率。同时，晶须表面吸附量的不同对晶须的成核速率影响不同，吸附量越大，对晶须的成核速率影响也越大，这将造成晶须直径的不同。

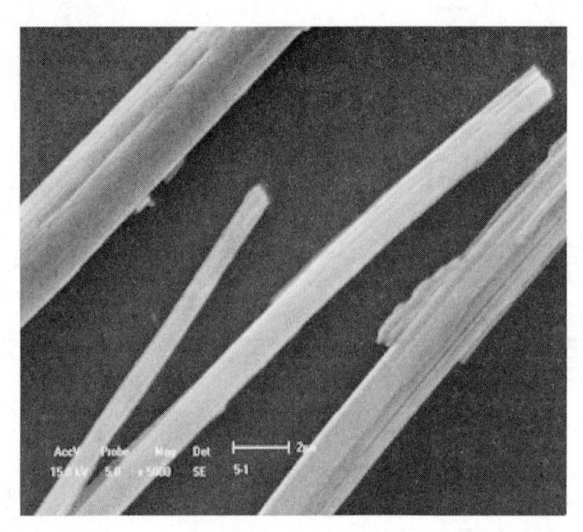

图 9.12　不同硬脂酸钠用量下晶须的形貌

图 9.12 为添加 0.025%用量硬脂酸钠后制备的半水硫酸钙晶须形貌图，从图中可以看出，不同吸附量的半水硫酸钙晶须直径不同。对它们表面进行了扫描电镜的 EDS 检测，晶须 A、B 和 C 都在其表面随机取 3 个点，并取其平均值，分析结果见表 9.3。

表 9.3　不同直径半水硫酸钙晶须表面的元素成分　（%）

晶须	Ca	O	S	C	Na	总和
A	11.895	59.032	14.257	14.520	0.296	100.00
B	15.375	57.613	17.651	9.059	0.302	100.00
C	16.617	57.066	17.911	8.126	0.280	100.00

从表 9.3 可以看出，直径不同的半水硫酸钙晶须表面元素的相对含量有所不同。晶须 A 表面的碳原子和氧原子含量最高，分别为 14.520%和 59.032%，晶须 B 和 C 的碳原子含量依次降低，分别为 9.059%和 8.123%，氧原子的含量也低于晶须 A 的含量，分别为 57.613%和 57.066%。这说明硬脂酸钠在半水硫酸钙晶须 A、B、C 上的吸附量逐渐减小。经测量，晶须 A、B 和 C 的直径也不同，分别为 2.23、1.18、0.56μm。由此可见，稳定剂在晶须表面上的吸附量越大，晶须的直径也越大。

9.3.5 稳定剂对半水硫酸钙晶须生长过程的影响

晶须形态主要受各晶面相对生长速率、表面能、晶体内部构造和环境条件等因素的影响。在自由环境中，即使各晶面生长驱动力相同，但不同方向晶面的生长速率一般也不等。这就导致溶液中形成稳定晶核之后，晶核表面具有各向异性，使晶核生长呈现明显的择优取向，即具有高表面能的晶核表面吸附成核基元的几率大于低表面能的晶核表面。因此，高表面能晶核表面优先生长。稳定剂分子中的羧基和晶须表面的钙离子反应，而疏水基团则通过物理包覆的形式，在半水硫酸钙晶须表面形成一层物理膜层。随着稳定剂用量的增大，溶液中羧酸分子的含量也相应增多，羧酸分子通过氢键以物理吸附形式吸附在晶须表面，这些都降低了晶面表面能。由于稳定剂在半水硫酸钙晶体表面的吸附具有不均匀性，某些吸附了较多稳定剂的半水硫酸钙晶体生长的驱动力较小，这就延缓了晶体的生长速度。在相同的生长时间内，那些生长速度较慢的半水硫酸钙晶体最终发育不完全，成为颗粒状或板状的半水硫酸钙。图 9. 13 为加入 0. 075%的硬脂酸钠后所生产的最终半水硫酸钙产品形貌图，它显示了不同硬脂酸钠吸附量的半水硫酸钙形貌差别。

图 9. 13 不同生长速度的半水硫酸钙形貌

由图 9. 13 可以看出，产品中既有完整的纤维状硫酸钙晶须，也有不完整的纤维状、板状和颗粒状半水硫酸钙晶体。对不同形貌的半水硫酸钙表面成分进行了 EDS 分析，每种形貌均随机取 3 个点，并取其平均值，分析结果见表 9.4。

表 9.4 不同形貌半水硫酸钙表面元素成分 (%)

检测点	Ca	O	S	C	Na	总和
A	10.887	60.040	14.257	14.520	0.296	100.00
B	14.499	58.609	16.654	9.956	0.282	100.00
C	15.211	58.572	18.314	7.628	0.275	100.00

从表 9.4 可以看出，A 处颗粒状半水硫酸钙表面的碳原子含量和氧原子含量最高，分别为 14.520% 和 60.040%，硫原子和钙原子的含量则最低，分别为 14.257%和 10.887%，这说明硬脂酸钠在该形貌半水硫酸钙表面的吸附量最大，硬脂酸钠对晶体的生长速度影响也最大；B 处板状半水硫酸钙表面的碳原子含量和氧原子含量分别为 9.956%和 58.609%，比颗粒状半水硫酸钙表面的相应原子含量分别减少了 4.564%和 1.431%，即硬脂酸钠在板状半水硫酸钙表面的吸附量要比颗粒状半水硫酸钙的小，因此硬脂酸钠对该部分半水硫酸钙晶体的生长速度影响要小；C 处半水硫酸钙晶须表面的碳原子含量和氧原子含量最小，硬脂酸钠吸附量最小，对该部分晶体生长速度影响也最小，半水硫酸钙晶核也最终生成纤维状。

9.3.6 稳定剂对半水硫酸钙晶须生长的影响机制

稳定剂（添加剂）影响半水硫酸钙晶须生长方式的方式主要有三种：稳定剂所含离子进入晶体；稳定剂有选择性的吸附在某一晶面上；稳定剂改变晶面对介质的表面能。稳定剂对晶体生长影响方式以第二种和第三种为主。由于晶体的各向异性，稳定剂在晶体的不同晶面往往发生选择性吸附，从而阻碍了半水硫酸钙晶须在某一晶面的生长速度，最终造成不同形貌的半水硫酸钙生成。

如第 6 章所述，半水硫酸钙晶须的晶体结构属于六方晶系，与无水可溶硫酸钙晶须的晶体结构相似。在半水硫酸钙晶须的晶体结构中，Ca^{2+} 的配位数为 6，与相邻的四个 ${SO_4}^{2-}$ 四面体中的 6 个 O^{2-} 联结，Ca^{2+} 和 SO_4^{2-} 在平行于 c 轴的方向联结成链状，因此半水硫酸钙晶须呈平行 c 轴的纤维状，链和链之间存在有约 0.3nm 的孔道，其中可以容纳半个结晶水，结晶水通过氢键作用和 SO_4^{2-} 相连。根据 S. E. Edinger 等的研究，硫酸钙的（111）晶面由钙离子组成，可以选择吸附一价阴离子，而（110）晶面则由 Ca^{2+} 和 SO_4^{2-} 组成，因此正负离子都可以吸附，但相对来说，阳离子在（110）晶面更容易吸附。

图 9.14 是羧基在半水硫酸钙表面的吸附示意图，由图可以看出，稳定剂中的羧基选择性的吸附在（111）晶面上，不但降低了该晶面的表面能，还阻碍了晶体生长基元向该晶面贴附，从而降低了该方向上的生长速率和发育，半水硫酸

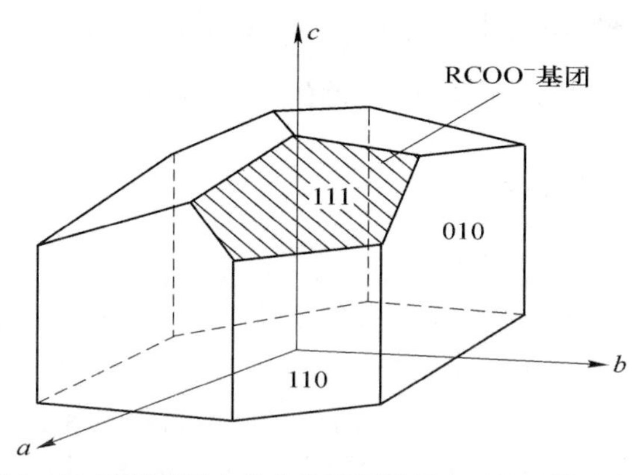

图 9.14 羧基基团在半水硫酸钙晶须表面的吸附示意图

钙的其他晶面则发育正常，使得半水硫酸钙晶须各个晶面的生长速率接近平衡，产品形状也接近短柱状。

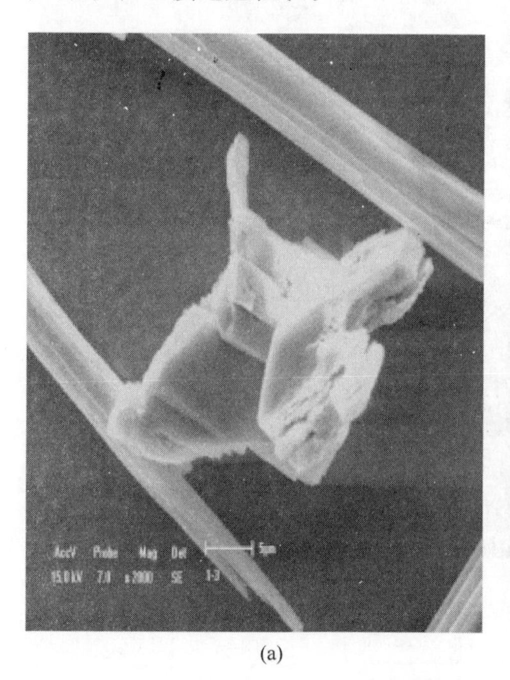

(a)

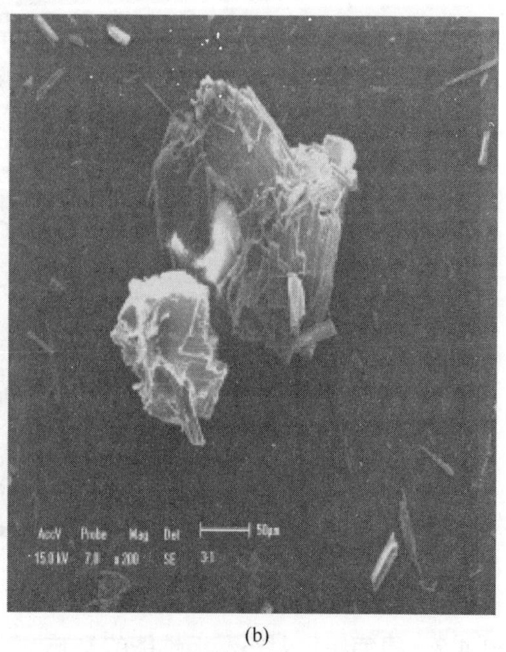

(b)

图 9.15 不同硬脂酸钠用量下的半水硫酸钙形貌
(a) 0.05%；(b) 0.15%

图 9.15 为不同硬脂酸钠用量时半水硫酸钙形貌图。从图中可以看出由于稳定剂在半水硫酸钙表面吸附的不均匀性，导致在稳定剂较小用量（0.05%）时也能观察到短柱状半水硫酸钙晶体和纤维状半水硫酸钙晶须共存的现象。而当稳定剂用量超过不同稳定剂各自的临界点后，短柱状和板状半水硫酸钙晶体的比例逐

渐增大，直至完全观察不到纤维状的半水硫酸钙晶须。

9.4 利用硫酸钙晶须改善石膏板性能的探索研究

9.4.1 试样制备

试验中所用晶须为自制晶须，直径 2~6μm，平均长径比为 80，其结晶形貌如图 9.16 所示。石膏粉为市售建筑石膏粉，减水剂为市售萘系减水剂。首先将自制硫酸钙晶须经煅烧处理（500℃保温 2h）形成稳定的无水石膏晶须，然后将其超声分散后与建筑石膏、适量减水剂和水均匀混合成料浆，置于厚度×宽度×长度为 10mm×40mm×140mm 模具内成型，待石膏硬化后拆模，分别在自然、40℃恒温条件下进行养护，以制备硫酸钙晶须增强石膏板试样，其中，晶须的掺量为相对石膏粉的质量分数。

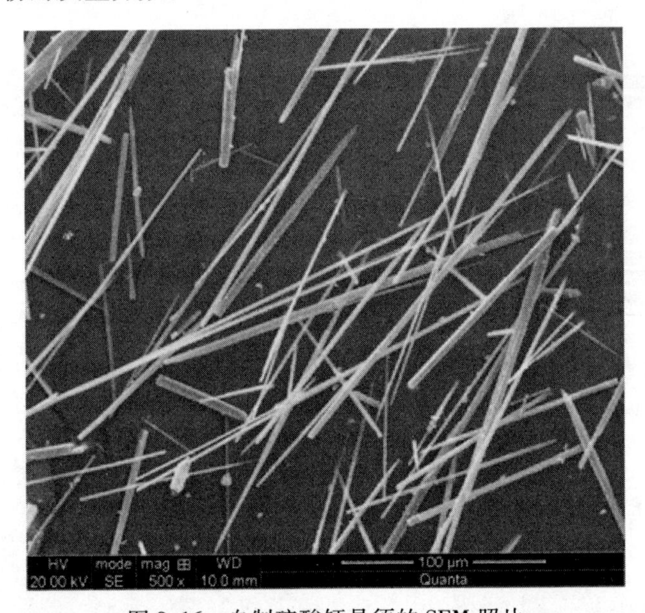

图 9.16 自制硫酸钙晶须的 SEM 照片

9.4.2 晶须掺量对石膏板性能的影响

9.4.2.1 晶须掺量对石膏板断裂强度的影响

图 9.17 是不同养护条件下晶须掺量与石膏板断裂强度的关系曲线。由图 9.17 可知，无论是自然还是 40℃恒温养护，加入适量的硫酸钙晶须，均可以提高石膏板的强度。随晶须掺量的增加，石膏板断裂强度均呈现出先增大，至 1%时达最大值，随后又减小，到掺量为 3.5%时，断裂强度又有增加的趋势，但其

增强趋势并不明显。当自然养护掺入1.5%晶须时，石膏板的断裂强度达最大值；而40℃恒温养护时，掺入1.0%的晶须，其断裂强度达最大值。

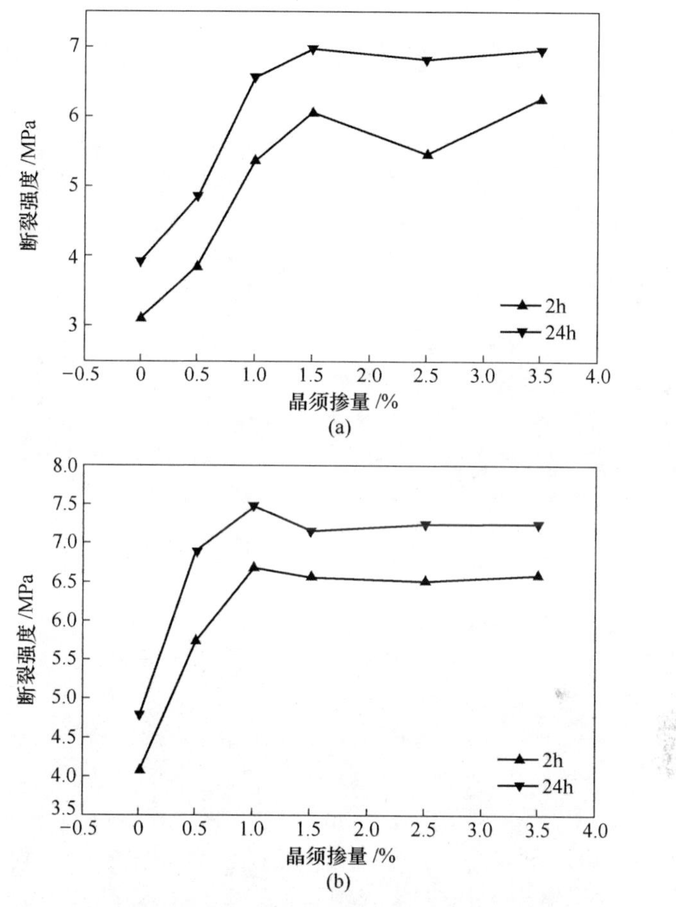

图9.17 不同养护条件下晶须掺量与石膏板断裂强度关系曲线
（a）自然养护；（b）40℃恒温养护

与40℃恒温养护的试样相比，自然养护下的石膏板试样初期强度相对较低，这是因为40℃恒温养护时，石膏结晶硬化速度加快，多余水分通过试样表面和内部的毛细孔很快蒸发，其初期试样的结晶硬化程度优于自然养护试样，故具有较高的强度；但随着龄期的延长，自然养护试样强度发展较快，到24h时，其强度差异与40℃恒温养护试样已明显缩小。

尽管石膏水化速度较快，但随着水化程度的深入，半水石膏不断水化为二水石膏而硬化，导致其水化速度逐渐下降，尤其是在水化后期，随着石膏的硬化，输水孔径逐渐缩小，利用孔隙输水的能力不断下降，石膏的水化速度进一步降低，这是试样在2h后断裂强度仍有缓慢增长的原因所在。由此可见，如对石膏板初期强度要求不高时，采用自然养护即可实现掺入晶须对石膏板强度的增强。

9.4.2.2 晶须掺量对石膏板显微结构的影响

图9.18为硫酸钙晶须不同掺量条件下制备的石膏板经自然养护后的试样的SEM照片。

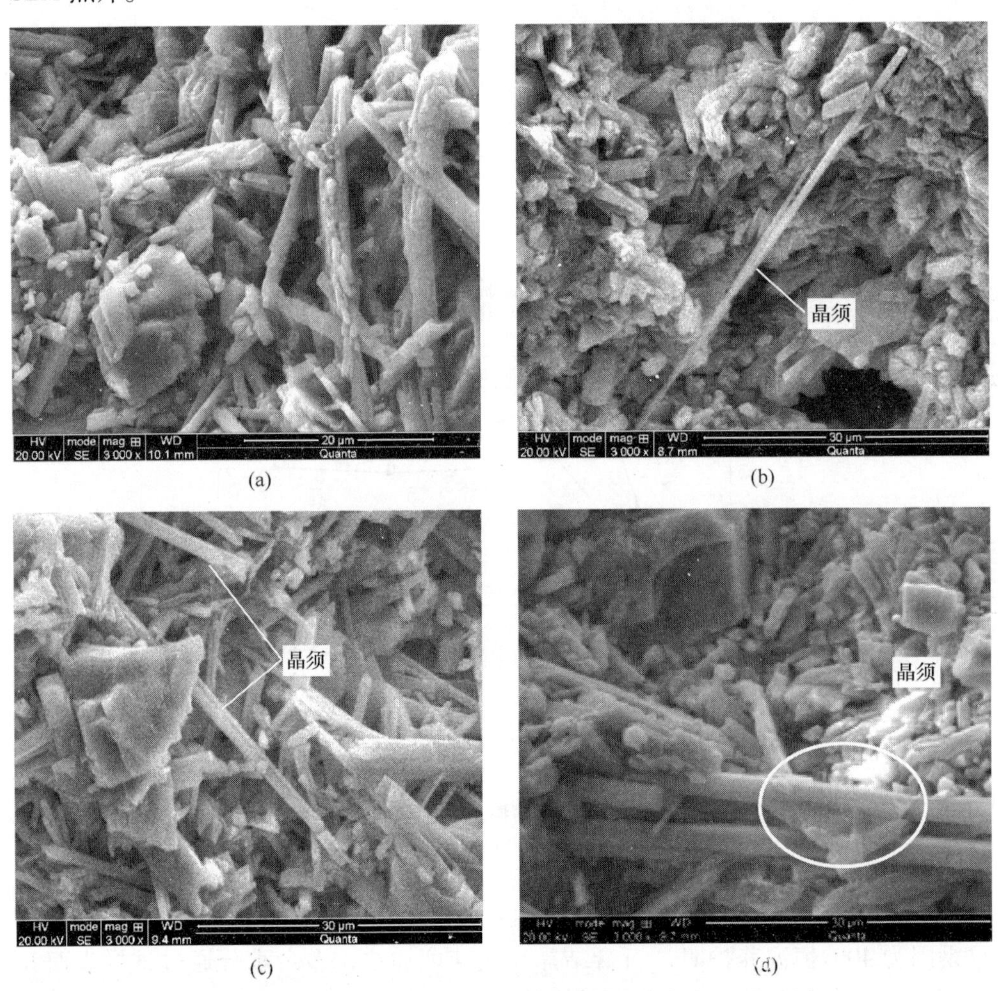

图9.18 不同晶须掺量石膏板自然养护24h试样的SEM照片

(a) 0；(b) 0.5%；(c) 1.0%；(d) 3.5%

当不加入晶须时，石膏板结晶硬化后，形成大量的柱状、颗粒状及少量针状结晶，不同形貌结晶体相互胶结在一起，清晰可见不同形貌结晶体间具有较多的孔洞，尤其是柱状结晶间，其结果如图9.18（a）所示。当加入0.5%的硫酸钙晶须后，较长的柱状结晶有向短柱状和颗粒状转化的趋势，在试样孔洞处，晶须横贯孔洞两侧，起到“桥联”的作用，这可以由图9.18（b）得到证实。随硫酸钙晶须掺量增加到1%，试样中较长的柱状结晶向短柱状和颗粒状转化的趋势更加明显，晶须在石膏板中分布数量增加，其“桥联”的作用得以强化，如图9.18（c）所示。然而，进一步增加硫酸钙晶须的用量到3.5%时，由于晶须掺量较高，很容易出现“团簇”状聚集，反而降低了石膏板的强度。因此，以硫酸钙晶须增强石膏板时，其掺量以1%为宜。

由图9.18还可以发现，当向石膏中加入煅烧处理后的硫酸钙晶须时，即使在自然下养护24h，晶须仍能保持其形貌不发生变化，也不同于石膏结晶硬化后所形成的柱状、针状形貌，但这并不能说明其晶型是否依然保持不变。当半水硫酸钙晶须和水接触时，由于Ca^{2+}的活性较大，易于把水分子吸附在表面发生羟基化反应；同时晶须表面的Ca^{2+}和$SO_4{}^{2-}$也会向水中溶解，使晶须表面由光滑逐渐变得粗糙，最终失去晶须的特性而起不到增强作用，即晶须晶型发生变化也会导致硫酸钙晶须失去原有特性而起不到增强作用。因此，硫酸钙晶须在石膏板中的稳定存在是实现其增强作用的基础。为查明硫酸钙晶须是否能够在石膏板中稳定存在，对图9.18（c）石膏板试样中晶须与基体石膏进行了能谱分析，以其结果如表9.5所示。

表9.5 图9.18（c）中标示部位的EDS分析结果 （%）

位置	化学组成				
	O	Ca	S	Al	Si
基体	56.32	22.63	18.75	0.95	1.35
晶须	47.61	28.63	23.76		

对于二水石膏而言，其理论组成中Ca、S、O的含量分别为23.26%、18.6%和55.81%；而无水石膏（$CaSO_4$）理论组成中Ca、S、O的含量分别为29.41%、23.53%和47.06%。由表9.5的能谱分析结果可知，图9.18（c）SEM照片中所标示的块状结晶，其主要组成与二水石膏相近，而晶须主要组成与无水石膏理论组成几乎完全一致，这表明晶须在石膏浆体硬化过程中晶型并不发生改变，仍呈无水石膏相。结合图9.18和表9.5可知，经一定温度煅烧后的硫酸钙晶须，可以稳定存在于石膏板中而起到增强作用；即使经过长达7d的养护，掺入石膏板中的晶须在形貌和晶型方面均保持了良好的稳定性，并未发生水化破坏现象。

9.4.3 预处理温度对石膏板性能的影响

分别用相同用量的475、500、525、550℃煅烧处理的硫酸钙晶须加入到石膏板中制成试件，在40℃下养护。

将含3%含量、不同煅烧温度硫酸钙晶须的石膏板养护完成后先放在自然条件下静放一段时间，测其表观密度ρ_1，之后放入电热恒温干燥箱中40℃干燥至恒重，测其表观密度 ρ_2，其恒重密度分布见图 9.19。最后算出其各个条件下的吸湿率 α，具体数据见图 9.20。

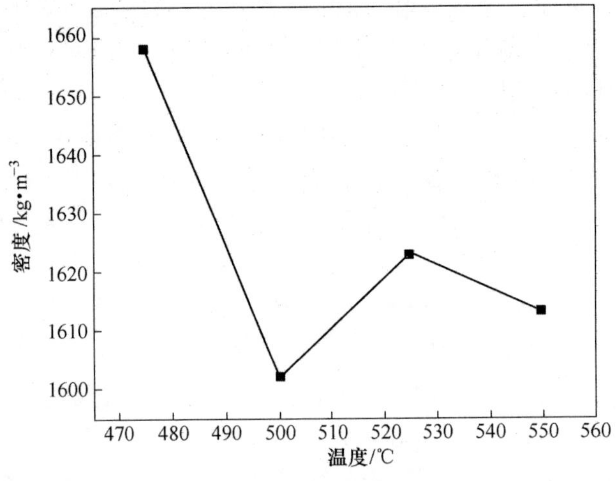

图 9.19　密度分布图

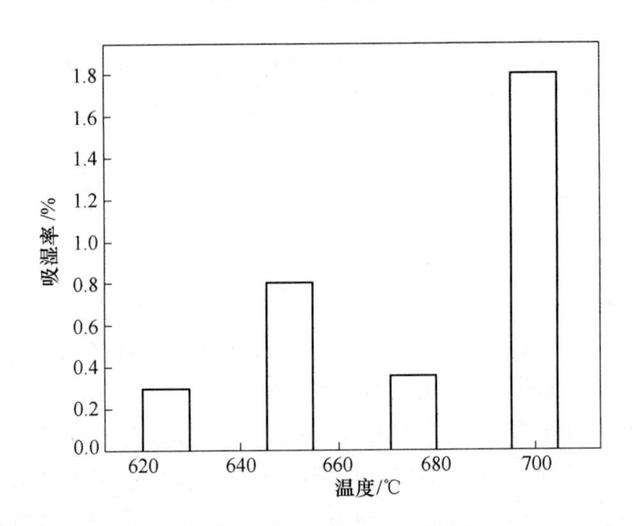

图 9.20　不同温度下的吸湿率

对上述条件下的试件测定 1d 龄期的抗折强度，如图 9.21 所示。

由图 9.19 可知：硫酸钙晶须煅烧温度在 475～550℃内，石膏板的密度随着硫酸钙晶须煅烧温度的增加先减小，后增加，又减小。其中，475℃时密度最大。

由图 9.20 可知 550℃煅烧的硫酸钙晶须加入到石膏板时其吸湿性较好。故 550℃煅烧的硫酸钙晶须加入到石膏板时，石膏板有良好的吸湿性，此时可以较好的调节室内的温湿度，可保持室内良好的生活环境。

由图 9.21 可知：在 475～550℃范围内煅烧硫酸钙晶须，其他条件不变的情

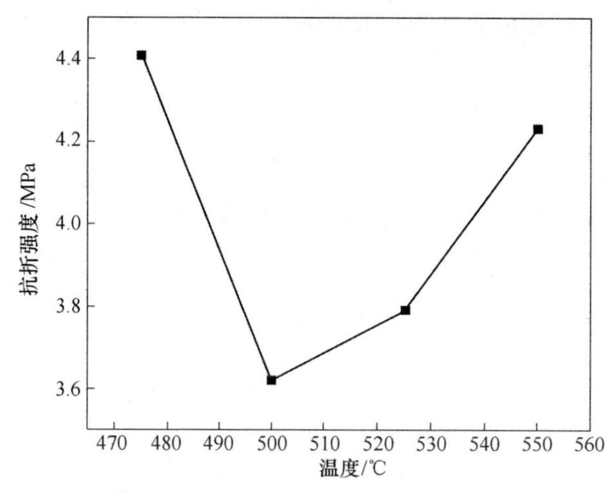

图 9.21 不同温度煅烧的硫酸钙晶须制得的石膏板的抗折强度分布图

况下，随着煅烧温度的升高制得的加晶须石膏板的抗折强度先减小又增加，550℃的抗折强度仍然小于475℃的抗折强度，结合图9.19可知475℃抗折强度大的一部分原因是其干密度较大，内部空隙较少。另外在40℃恒温条件下，石膏板的水化很快，并且475℃时硫酸钙晶须虽为无水硫酸钙晶须，但此时硫酸钙晶须保留了很高的活性，加入石膏板中时料浆将沿着硫酸钙晶须结晶，增加了石膏板的结晶度，增加了石膏板和晶须的结合力。而500℃的硫酸钙晶须中含有相当部分无水死烧硫酸钙晶须，此晶须的活性较低，与石膏结晶的的结合不好，另外在40℃的温度条件下养护又加快了硫酸钙晶须的水化，其优良性能随时较大，故总体强度不高。之后随着温度的升高，晶须水化相对来说比较少，加入石膏板中起到了类似纤维的作用，使得石膏板在抗折过程中硫酸钙晶须在裂缝中起到了桥梁的作用，消除了部分裂缝尖端的断裂能，使得500℃后石膏板随着温度的提高表现为抗折强度逐渐升高的趋势。

由表9.6可知475℃时的比强度较大而650℃时最小，这也是其抗折强度较大的另外一个原因。吸湿性方面，500℃时的吸湿性较大，475℃时石膏板的吸湿性最小。

表 9.6 不同煅烧温度下石膏板的比强度

$CaSO_4$晶须煅烧温度/℃	475	500	525	550
比强度/MPa · kg^{-1}	55.4	47.1	48.7	54.7

注：比强度是抗折强度与质量的比值，能够反映石膏板的轻质高强性能。

综上所述：475℃煅烧的硫酸钙晶须加入石膏板产生的效果最好，500℃的煅烧温度相对来说效果较差。

9.4.4　不同时间下硫酸钙晶须对石膏板的影响

硫酸钙晶须进行500℃处理，用量为0~3%，加入到水灰比为0.4的石膏料浆中制成试件，在40℃下养护1、3、5、7d，测其密度、吸湿性及抗折强度。

对相同3%含量的硫酸钙晶须、不同龄期的石膏板先在空气中防止相同的一定天数，测其表观密度ρ_1，之后将石膏板放入电热恒温干燥箱进行40℃干燥至恒重，测其密度ρ_2，得出其吸潮率α其结果见表9.7及图9.22。

表9.7　自然及恒温条件下所得石膏板的密度

养护天数/d		1	3	5	7	14
自然状态密度ρ_1	空白样	1631	1617	1625	1683	1700
/kg · m^{-3}	3%晶须	1615	1644	1735	1648	1625
恒温密度ρ_2	空白样	1600	1613	1598	1677	1698
/kg · m^{-3}	3%晶须	1602	1640	1733	1642	1621

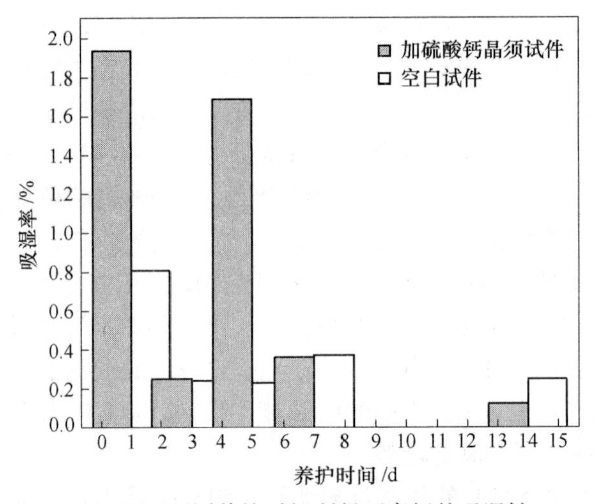

图9.22　不同养护时间所得石膏板的吸湿性

由表9.7可知，养护温度在5d以内时，其加硫酸钙晶须的石膏板的密度较空白试件的大，7d及其以后养护时间的则表现为加硫酸钙晶须的石膏板的密度小。由图9.22可知，石膏板中加入硫酸钙晶须时期1d和5d养护的试件的吸湿性均大于空白试件。此表明加入硫酸钙晶须时养护1d和5d可提高石膏板的吸湿能力，比不加晶须的石膏板更有助于调节室内的湿度。石膏板中硫酸钙晶须掺量为0~3%、养护温度为40℃、龄期为1~7d的抗折强度的试验数据如图9.23所示。

由图9.23可知，除加入3%硫酸钙晶须养护1d的试件抗折强度小于空白试

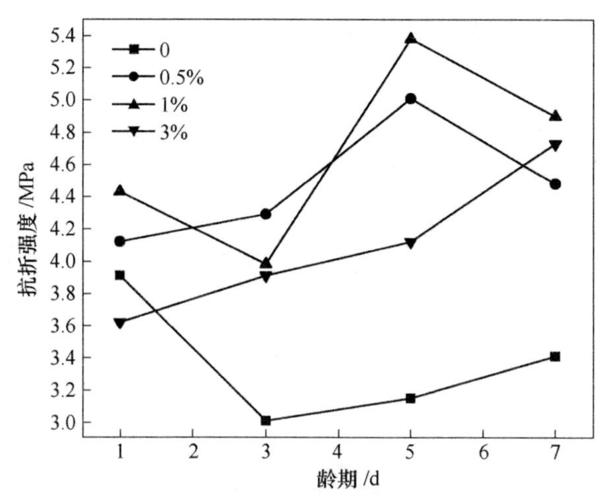

图 9.23　不同龄期所得石膏板的抗折强度分布图

件外，石膏板中晶须含量在 0.5%~3%，养护时间为 1~7d 时均可提高石膏板的抗折强度。在 40℃下，不加晶须的石膏板随着龄期的增长，抗折强度 1d 后有较大的降低，3d 后又逐渐增长，但增长不超过 1d 的抗折强度。含硫酸钙晶须 0.5%、1%时，所有龄期内的抗折强度均大于不含硫酸钙晶须的抗折强度，含 3%硫酸钙晶须的石膏板的抗折强度在 1.5d 左右赶上不含硫酸钙晶须的石膏板，并随着天数的增加超出值逐渐增大。并且可知加晶须石膏板随着养护时间的增长呈现增长的趋势，但长时间的置于相对比较高的温度下其力学性能相对有所降低，这主要是因为石膏板长时间在高温条件下失水变脆，所以石膏板不适合于长时间在相对较高的温度下使用。

总的来说，加硫酸钙晶须的石膏板的总体抗折强度要大于不含硫酸钙晶须的空白样，并且含 1%、5d 养护的条件下抗折强度可达 5.38MPa，比最大的不含硫酸钙晶须的石膏板的抗折强度增强 37.6%，比其他掺量的石膏板抗折强度最小可提高 7.4%。由此可知石膏板中加入硫酸钙晶须对其抗折强度有显著的力学增强作用，并且养护 5d 时石膏板的吸湿性较大，可有效调节室内的湿度，适用于高性能石膏板的开发。

9.4.5　不同硫酸钙晶须含量对石膏板性能的影响

硫酸钙晶须采用 500℃煅烧处理，加入量分别为 0、1%、3%、5%。料浆制备成型后在 40℃下养护 5d，测其密度和抗折强度。

不同晶须含量石膏板的密度如图 9.24 所示。

由图 9.24 可知，含不同晶须掺量的石膏板的密度不相同。其中 5%晶须含量的石膏板密度最小，3%晶须含量的石膏板密度最大。主要是因为 5%晶须含量，

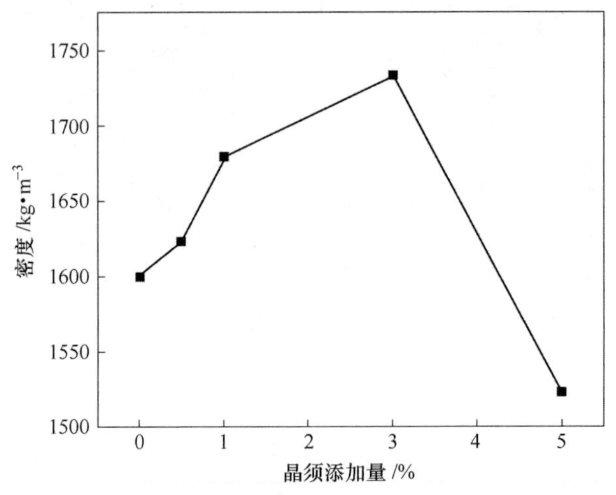

图 9.24 不同晶须添加量对石膏板密度的影响

相对而言料浆比较黏稠，不容易分散开，而且由于黏稠内部有较多的孔洞所致。

将上述料浆倒入试模，测其试件 5d 的抗折强度，试验数据如图 9.25 所示。

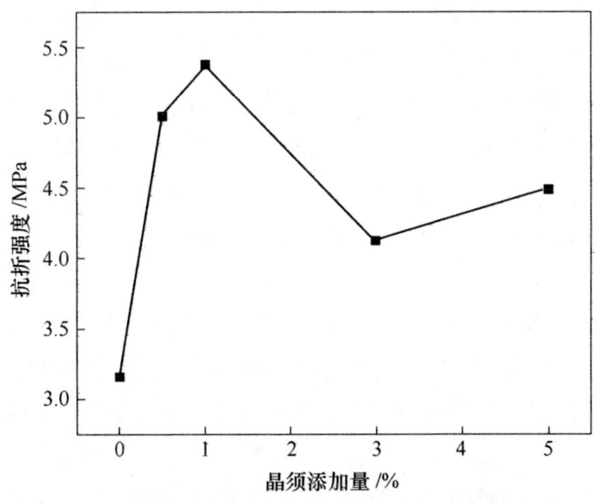

图 9.25 不同晶须掺量对石膏板抗折强度影响图

由图 9.25 可知，石膏板中掺入 0.5%~5%的硫酸钙晶须都有不同程度的增强效果。随着硫酸钙晶须含量的增加石膏板的抗折强度呈现出先增加后减小再略微增加的趋势。1%掺量时其效果最好，为 5.38MPa，相对于不掺硫酸钙晶须的石膏板其 5d 抗折强度可增加 70.8%，可大大提高石膏板材的抗折强度。原因是硫酸钙晶须为纤维状单晶，内部结构完整，可承受较大应变，并且其抗张强度也较大，晶须的加入可大大地增加石膏板的抗拉张能力。另外，晶须与石膏板主要原料同为硫酸钙，硫酸钙晶须加入石膏板后晶须可与石膏板很好地结合，硫酸钙晶须在石膏板中互相交织增加了石膏板的整体性，也使得其抗拉张能力大大增加。

硫酸钙晶须掺量超过 1%继续增大时，随着产量的增加抗折强度逐渐下降，由于晶须含量较高时不易搅拌均匀，易发生团聚，在集体中分散不均匀，受力时石膏板局部会产生局部的内应力，甚至出现裂纹，导致抗折强度降低。另外，硫酸钙晶须掺量较高时料浆较黏稠，不易振捣密实，正如图 9. 24 所示 5%硫酸钙晶须含量的石膏板的干密度最小，其石膏板中存在很多微孔，晶须的增强效能被因微孔而损失的性能所抵消，这也是抗折强度降低的主要原因。因此，硫酸钙晶须只有在一定的用量下才能有效地实现石膏板的补强增韧效果，1%硫酸钙晶须掺量是提高石膏板性能的最优条件。

9.4.6 硫酸钙晶须不同的分散方法对石膏板的影响

硫酸钙晶须经 500℃煅烧处理后，用 3%用量和高强建筑石膏等原料制成料浆，此过程中分散方法分别采用超声分散之后加入石膏中制料浆、与石膏粉混合均匀之后再制成料浆两种方法。试件在 40℃下养护，测其 5d 抗折强度。其试验数据如表 9. 8 所示。

表 9. 8 不同硫酸钙晶须分散方法所得石膏板的抗折强度

分散方法	抗折强度/MPa
超声分散	4. 12
石膏混合	4. 33

首先，不先加晶须再加减水剂的原因是减水剂分子中的羧基和晶须表面的钙离子反应，而疏水基团则通过物理包裹形式，在晶须表面形成一层物理膜层。并且，随着减水剂量的增大，溶液中的聚羧酸盐分子含量也相应增多，其分子通过氢键以物理吸附形式吸附在晶须表面，这些都降低了晶面表面能，故可减少晶须的水化。同样第二种方式的加入也是避免晶须和水长时间的接触而影响了硫酸钙晶须的形态，从而失去其良好性能。

由表 9. 8 可知，在 40℃养护条件下，硫酸钙晶须与石膏混合后制成料浆相对于先与水混合超声分散后制成料浆的强度相对强些。其原因是 500℃下煅烧的硫酸钙晶须含有部分可水化的无水硫酸钙晶须，当先加入水里超声分散时伴随着部分晶须的水化，同时超声分散也使得硫酸钙晶须超声分散时发生了部分的折断，使得硫酸钙晶须的长径比变小，部分硫酸钙晶须的性能损失。另外超声分散增加了与水的接触时间加大，晶须因水化导致其长径比减小，最终强度减小。

9.4.7 石膏板抗压强度分析

将原料按固液比 2∶5 混合，其中 500℃处理的硫酸钙晶须掺加量为 1%将料浆分别做四组试样：掺1%硫酸钙晶须石膏板常温下放置、掺1%硫酸钙晶须石膏板40℃恒温下养护、空白样恒温下养护、空白样常温下放置。分别按规定条件养护至7d龄期，测其抗压强度，其结果见表9.9。

表9.9　石膏制品不同条件下的抗压强度

条件		抗压强度/MPa
常温	空白	4.75
	1%晶须含量	5.01
恒温	空白	6.33
	1%晶须含量	6.69

由表9.9可知，恒温7d养护的石膏板普遍比自然养护的石膏板的强度高，高出范围在26.3%~46.8%。而对于同一养护条件下，常温时加1%硫酸钙晶须的抗折强度增长5.5%，恒温养护的则增长5.7%。总体来说，加晶须可使石膏板的抗压强度略有增加。从抗压后的表征看，加晶须可减小石膏板裂缝的宽度及长度，使得石膏板制品在断裂时不像空白样石膏板那样发生脆断，虽丧失了抗折、抗压等力学性能，会继续保持其结构的完整性。

9.4.8　硫酸钙晶须增强石膏板作用机理分析

通常晶须对复合材料的增强增韧机理一般有3种方式：裂纹桥联、裂纹偏转、拔出效应。由于石膏在结晶硬化过程中，将不可避免的产生一定数量的裂纹、孔隙，甚至空隙。由于界面开裂区域及紧靠裂纹处晶须的位向分布是一定的，使得裂纹很难发生偏转，只能按原来的方向扩展，而位于界面开裂区及裂纹尖端处的晶须因具有较高的抗拉强度而不会发生断裂，使得该微区形成一个压应力，以抵消外加拉应力的作用，从而阻止裂纹的扩展，即晶须在裂纹两侧起到“桥梁”的作用，将裂纹两侧紧密的联系在一起。

当界面开裂区及紧靠裂纹尖端处没有晶须存在时，裂纹将按原来扩展方向前进。扩展到晶须附近时，因晶须具有较高的弹性模量，使基体石膏中产生的裂纹难以穿过晶须而按原来的扩展方向继续前进，使得裂纹发生偏转，尽可能沿着平行晶须的方向扩展。随着裂纹的偏转和扩展路径的增长消耗了更多的能量，其所受到的拉应力逐渐降低，通常低于偏转前的裂纹所受拉应力，这使得裂纹难以继续扩展。

在石膏结晶硬化过程中将不可避免的产生一定量的气孔，气孔周围往往成为裂纹产生、发展，进而导致石膏板破坏的发源地。因此，如果能够对气孔周围进行增强，将减小石膏板的破坏。图9.18（b）表明，硫酸钙晶须不仅可以与基体石膏的紧密结合，还以较大的长径比贯穿整个孔洞而形成空间网络结构，在气孔周围区域内起到“骨架”作用，使得气孔周围区域得以“加固”，从而提高了石膏板的强度。当硫酸钙晶须加入量较小时，由于晶须在石膏板中含量过低，彼此间距较大，以致晶须之间无法通过基体石膏桥连而形成空间网络结构，此时，晶须孤立分布于基体石膏中，只起到类似填料的作用，因而石膏板的强度并没有明显提高。当硫酸钙晶须加入量较大时，晶须之间易于团聚，导致晶须难以均匀分布于基体石膏中，影响其与基体石膏之间的结合，反而降低了石膏板的强度。

此外，在外力的作用下，材料内部将产生一定量的裂纹。裂纹扩展和融汇贯通，将导致材料的破坏。由于晶须强度远高于基体石膏强度，在部分晶须与基体石膏结合不够紧密的区域，外应力的作用将使基体石膏沿着它和晶须的界面滑出而破坏，如图 9. 18（d）所示，即“拔出”破坏。这在利用聚丙烯纤维增强建筑石膏的研究中也得到了证实。因此，拔出效应也是硫酸钙晶须增强石膏板的原因之一。

总之，与不加晶须的空白试样相比，将硫酸钙晶须加入石膏中，在石膏结晶硬化过程中，以稳定纤维状存在的晶须与基体石膏紧密结合，形成较强的黏结力，晶须可以将裂纹、孔隙、空隙桥联起来，并通过裂纹桥联与偏转、拔出效应和形成“骨架”状的空间网络结构而起到增强作用。

9.5 本章小结

（1）稳定剂油酸钠、硬脂酸钠和柠檬酸钠在半水硫酸钙晶须的制备过程中都会对半水硫酸钙晶须的生长造成一定影响，并且影响半水硫酸钙晶须生长的临界用量各不相同。油酸钠、硬脂酸钠和柠檬酸钠的临界用量分别为 0. 025%、0. 05%和 0. 075%。

（2）在不影响半水硫酸钙晶须生长的前提下使用稳定剂，可以使晶须的形貌长期不变（72h 内），但是不能使半水硫酸钙晶须的晶型稳定。通过分阶段加药的方式则可以实现半水硫酸钙晶须在常温常压下稳定。分阶段加药的最佳条件为：半水硫酸钙晶须的制备过程中加入硬脂酸钠 0. 025%、制备后加入油酸钠 0. 15%。和制备后加药相比，药剂的用量有所减少。

（3）硬脂酸钠在半水硫酸钙晶须表面的吸附并不均匀，同时吸附状态也随用量的改变而改变：当用量小于 0. 05%时吸附状态为化学吸附；当用量大于 0. 05%时物理吸附和化学吸附共存；当用量增加到 0. 1%后，物理吸附逐渐占主导地位。

（4）硬脂酸钠对半水硫酸钙晶须的成核速率和生长速度都有影响。硬脂酸钠的用量越大，半水硫酸钙晶须的成核速率和生长速度越慢，这导致半水硫酸钙晶须的直径逐渐增大，同时还会使半水硫酸钙晶须的发育不完全。半水硫酸钙的形貌也随着硬脂酸钠的用量增大逐渐由纤维状变为板状和柱状等。

（5）此外，硬脂酸钠分子内的羧基选择吸附在半水硫酸钙晶须的（111）晶面上，这不仅降低了该晶面的表面能，还阻碍了晶体生长基元向该晶面贴附，从而降低了该方向上的生长速率和发育。半水硫酸钙晶须各个晶面的生长速率接近平衡，产品形貌也接近短柱状。

附录　脱硫石膏溶解度的测试方法

将预处理后的脱硫石膏粉末于40℃干燥至恒重后，参照国家质量技术监督局发布的《石膏化学分析方法》（GB/T 5484—2000）的试验方法，对脱硫石膏在水中、盐溶液中和晶须制备后的滤液中 Ca^{2+} 浓度进行测定，从而计算出以脱硫石膏为原料时 $CaSO_4$ 的溶解度，具体步骤如下：

1. 试剂的准备

（1）KOH 溶液的配置。准确称量 KOH 200g，溶于蒸馏水中，并稀释至 1L，贮存于塑料瓶中待用。

（2）EDTA 标准滴定溶液的配置。准确称量 EDTA（乙二胺四乙酸二钠盐）5.6g 置于烧杯中，加入 200mL 蒸馏水，加热溶解后过滤，并用蒸馏水稀释至 1L。

（3）$CaCO_3$ 标准溶液的配置。准确称量于 105～110℃下烘过 2h 的 $CaCO_3$ 0.6g（精确至 0.0001g），置于 400mL 烧杯中，加入 100mL 蒸馏水，盖上表面皿，延杯口滴入盐酸（1+1）至 $CaCO_3$ 完全溶解，加热沸煮数分钟后，将溶液冷却至室温，移入 250mL 容量瓶中，用蒸馏水稀释至标线，摇匀待用。

（4）CMP 混合指示剂的配置。指示剂采用钙黄绿素-甲基百里香酚蓝-酚酞混合指示剂（简称 CMP）。准确称量钙黄绿素 1.000g、甲基百里酚蓝 1.000g、酚酞 0.200g，将其与在 105℃下烘干过的硝酸钾 50g 混合后，研细成粉末，保存于磨口瓶中。

2. EDTA 标准滴定溶液浓度的测定

（1）取 25mL 的 $CaCO_3$ 标准溶液，置于 400mL 烧杯中，加蒸馏水稀释至 200mL 后，加入适量的 CMP 混合指示剂，在搅拌下加入配置的 KOH 溶液至混合液呈现绿色荧光后，再过量 2～3mL，以 EDTA 标准滴定溶液滴定至绿色荧光消失并呈现红色，读取消耗的 EDTA 溶液体积。

（2）EDTA 标准滴定溶液的浓度按下式计算：

$$c(\mathrm{EDTA}) = \frac{m_1 \times 25 \times 1000}{250 \times V_1 \times 100.09} = \frac{m_1}{V_1} \times \frac{1}{1.0009}$$

式中　$c(\mathrm{EDTA})$——EDTA 标准滴定溶液的浓度，mol/L；

m_1——按照上述方法配置的 $CaCO_3$ 标准溶液的 $CaCO_3$ 的质量，g；

V_1——滴定 $CaCO_3$ 标准溶液时消耗的 EDTA 标准滴定溶液的体积，mL；

100. 09——$CaCO_3$的摩尔质量，g/mol。

3. 溶液中 $CaSO_4$浓度测定

（1）将 1000mL 蒸馏水加入 2L 的烧杯中，置于水浴锅中加热至预定温度（分别为 25、50、75、100℃）；加入一定质量预处理后的脱硫石膏，配制成过饱和石膏溶液（如果需要加入酸或盐，则与脱硫石膏同时加入）。

（2）待溶液达到溶解平衡（约 2h），分别取 2 份体积为 40mL 的溶液置于 300mL 烧杯中，并用与溶液温度相同的蒸馏水稀释至 200mL。

（3）先取一份试样，在搅拌下加入 5mL 三乙醇胺（1+2）掩蔽剂，同时加入少许 CMP 指示剂（0. 12~0. 15g）；继续搅拌并加入 KOH 溶液至混合液呈绿色荧光后，再过量 5~8mL。

（4）用 EDTA 标准滴定溶液滴定至绿色荧光消失并呈酒红色时，立即停止滴定，读取所消耗的 EDTA 溶液的体积。

（5）按照（3）和（4）的操作步骤，对另一份试样进行滴定，读取所消耗的 EDTA 溶液的体积。

（6）根据以下公式计算溶液中 $CaSO_4$的浓度：

$$c_{CaSO_4} = c(\mathrm{EDTA}) \times 136.139 \times \frac{V_2}{40} = c(\mathrm{EDTA}) \times V_2 \times 3.403$$

式中 c_{CaSO_4}——平衡溶液中 $CaSO_4$的浓度，g/L；

$c(\mathrm{EDTA})$——EDTA 标准滴定溶液的浓度，mol/L；

136. 139——$CaSO_4$的摩尔质量，g/mol；

V_2——平衡溶液滴定时消耗的 EDTA 标准滴定溶液的体积，mL；

40——滴定时所取平衡溶液的体积，mL。

两份试样测试后计算结果允许误差为 0. 25%，否则，应重新取样进行测定。

参 考 文 献

[1] 李忠．促进我国资源综合利用对策研究［J］．宏观经济管理，2011（3）：39~41.

[2] 邓琨．固体废弃物综合利用技术的现状分析——对粉煤灰、煤矸石、尾矿、脱硫石膏和秸秆综合利用技术专业化的探析［J］．中国资源综合利用，2011，29（1）：33~42.

[3] Siagi Z, Mbarawa M. Dissolution rate of South African calcium-based materials at constant pH [J]. Journal of Hazardous Materials, 2009, 163 (2): 678~682.

[4] 陈燕，岳文海，董若兰．石膏建筑材料［M］．北京：中国建材工业出版社，2003.

[5] Hesse C, Goetz-Neunhoeffer F, Neubauer J. A new approach in quantitative in-situ XRD of cement pastes: correlation of heat flow curves with early hydration reactions [J]. Cement & Concrete Research, 2011, 41 (1): 123~128.

[6] Brad B. FGD gypsum issues [J]. Power Engineering, 2007, 111 (11): 112~116.

[7] Zdravkov B, Pelovski Y. Thermal behavior of gypsum based composites [J]. Journal of Thermal Analysis & Calorimetry. 2007, 88 (1): 99~102.

[8] Guan B H, Ye Q Q, Zhang J L, et al. Interaction between α-calcium sulfate hemihydrate and superplasticizer from the point of adsorption characteristics, hydration and hardening process [J]. Cement & Concrete Research, 2010, 40 (2): 253~259.

[9] Guan B H, Fu H L, Yu J. Direct transformation of calcium sulfite to a-calcium sulfate hemihydrate in a concentrated Ca-Mg-Mn chloride solution under atmospheric pressure [J]. Fuel, 2011, 90 (1): 36~41.

[10] Ye Q Q, Guan B H, Lou W B, et al. Effect of particle size distribution on the hydration and compressive strength development of α-calcium sulfate hemihydrate paste [J]. Powder Technology, 2011, 20 (7): 208~209.

[11] 王泽红，韩跃新，袁致涛，等．$CaSO_4$ 晶须制备技术及应用研究［J］. 矿冶，2005，14（6）：38~41.

[12] Wang J C, Pan X C, Xue Y, et al. Studies on the application properties of calcium sulfate whisker in silicone rubber composites [J]. Journal of Elastomers & Plastics, 2011, 44 (1): 55~66.

[13] 杨海，张宁，卢翔，等．硫酸钙晶须/PBS 共混物等温结晶动力学研究［J］. 塑料科技，2013，41（5）：48~52.

[14] 王晓丽，朱一民，韩跃新．表面处理剂对硫酸钙晶须/聚丙烯复合材料的增韧［J］. 东北大学学报（自然科学版），2008，29（10）：1494~1497.

[15] 韩跃新，于福家，杨洪毅．硫酸钙晶须增强 EP-热塑性弹性体研究［J］. 非金属矿，1997，6（120）：28~30.

[16] 沈惠玲．硫酸钙晶须对 PP 性能影响的研究［D］．天津：天津轻工业学院，2000.

[17] 马继红．硫酸钙晶须的制备及其在道路沥青改性中的应用研究［D］．泰安：山东科技大学，2005.

[18] 董欣烨，李娜．硫酸钙晶须在阻燃沥青研发中的应用［J］. 交通标准化，2014，42（2）：

24~26.

[19] Zhu Z C, Xu L, Chen G A. Effect of different whiskers on the physical and tribological properties of non-metallic friction materials [J]. Materials & Design, 2011, 32 (1): 54~61.

[20] Liu, J Y, Reni, L, Wei Q, et al. Fabrication and characterization of polycaprolactone/calcium sulfate whisker composites [J]. Express Polymer Letters, 2011, 5 (8): 742~752.

[21] Dumazer G, Smith A, Lemarchand A. Master equation approach to gypsum needle crystallization [J]. Journal of Physics & Chemistry Part C, 2010, 114 (9): 3830~3836.

[22] 杨淼, 陈月辉, 陆铁寅. 改性硫酸钙晶须改善 SBS 胶粘剂粘接性能 [J]. 非金属矿, 2010, 33 (2): 18~20.

[23] 于福家, 王泽红, 韩跃新, 等. 硫酸钙晶须改性环氧胶粘剂的研究 [J]. 金属矿山, 2007, 369 (3): 35~36.

[24] 杨双春, 刘玲, 张洪林. 硫酸钙晶须对镉镍铅离子的吸附性能 [J]. 水处理技术, 2005, 31 (10): 8~10.

[25] 刘玲, 杨双春, 张洪林. 硫酸钙晶须去除废水中乳化油的研究 [J]. 工业水处理, 2005, 25 (11): 34~36.

[26] 袁致涛, 王晓丽, 韩跃新, 等. 水热法合成超细硫酸钙晶须 [J]. 东北大学学报 (自然科学版), 2008, 29 (4): 573~576.

[27] 王力, 马继红, 郭增维, 等. 水热法制备硫酸钙晶须及其结晶形态的研究 [J]. 材料科学与工艺, 2006, 14 (6): 626~629.

[28] Hand R J. Calcium sulphate hydrate: a review [J]. British Ceramic Transactions, 1997, 96 (3): 116~120.

[29] Imahashi M. Miyoshi T. Transformations of gypsum to calcium sulfate hemihydrate and hemihydrate to gypsum in NaCl solutions [J]. Bulletin of the Chemical Society of Japan, 1994, 67 (7): 1961~1964.

[30] MarinkovićS, Kostić-Pulek A, Durić S, et al. Products of hydrothermal treatment of selenite in potassium chloride solution [J]. Journal of Thermal Analysis & Calorimetry, 1999, 57 (2): 559~567.

[31] Öner M, Doğan Ö, Öner G. The influence of polyelectrolyte architecture on calcium sulfate dihydrate growth retardation [J]. Joumal of Crystal Growth, 1998, 186 (3): 427~437.

[32] 袁致涛, 王泽红, 韩跃新, 等. 用石膏合成超细硫酸钙晶须的研究 [J]. 中国矿冶, 2005, 14 (11): 30~33.

[33] 田立朋, 王丽君, 王力. 硫酸钙晶须制备过程中的关键技术研究 [J]. 化学工程师, 2006, 131 (8): 12~14.

[34] 吴晓琴, 裘建军. 常压盐溶液法从烟气脱硫石膏制备硫酸钙晶须研究 [J]. 武汉科技大学学报, 2011, 34 (2): 104~110.

[35] 臧月龙. 硫酸钙制备工艺研究 [D]. 成都: 成都理工大学, 2010.

[36] 李准. 离子交换法制备硫酸钙晶须及其改性 [D]. 大连: 大连交通大学, 2009.

[37] 韩跃新, 于福家, 王泽红. 以生石膏为原料合成的硫酸钙晶须及其应用研究 [J]. 国外金

属矿选矿，1996，(4)：50~52.

[38] 韩跃新，王宇斌，袁致涛，等. 半水硫酸钙晶须水化过程 [J]. 东北大学学报（自然科学版），2008，29 (10)：1490~1493.

[39] 李胜利，张志宏，靳治良，等. 硫酸钙晶须的制备 [J]. 盐湖研究，2004，12 (4)：53~57.

[40] Jalota S, Bhaduri S B, Tas A C, et al. In vitro testing of calcium phosphate (HA, TCP, and biphasic HA-TCP) [J]. Journal of Biomedical Materials Research Part A, 2006, 78 (3): 481~490.

[41] Tas A C. Molten salt synthesis of calcium hydroxyapatite whiskers [J]. Journal of American Ceramic Society, 2001, 84 (2): 295~300.

[42] Aizawa M, Porter A E, Best S M, et al. Ultrastrctural observation of single-crystal apatite fibers [J]. Biomaterials, 2005, 26 (6): 3427~3433.

[43] Abdel-Aal E A. Crystallization of phosphogypsum in continueous phosphoric acid industrial plant [J]. Crystal Research & Technology, 2004, 39 (2): 123~130.

[44] Abdel-Aal E A, Rashad M M, EI-Shall H. Crystallization of calcium sulfate dehydrate at different supersaturation ratios and different free sulfate concentrations [J]. Crystal Research & Technology, 2004, 39 (4): 313~321.

[45] Rashad M M, Mahmoud M H H, Ibrahim I A, et al. Effect of citric acid and 1, 2-dihydroxybenzene 3, 5-disulfonic acid on crystallization of calcium sulfate dehydrate under simulated conditions of phosphoric acid production [J]. Crystal Research & Technology, 2005, 40 (8): 741~747.

[46] EI-Shall H, Rashad M M, Abdel-Aal E A. Effect of cetyl pyridinium chloride additive on crystallization of gypsum in phosphoric and sulfuric acids medium [J]. Crystal Research & Technology, 2005, 40 (9): 860~866.

[47] 邱亮，蔡芳昌，周勤，等. 氯化钙对尼龙6/硫酸钙晶须增强材料结构与力学性能的影响研究 [J]. 胶体与聚合物，2010，28 (2)：81~84.

[48] 葛铁军，杨洪毅，韩跃新. 硫酸钙晶须复合增强聚丙烯性能研究 [J]. 塑料科技，1997 (1)：16~19.

[49] 闵敏，高勇，戴厚益. PPS/$CaSO_4$晶须/GF复合材料的研究 [J]. 塑料工业，2009，37 (9)：13~16.

[50] 马继红，冯传清. 硫酸钙晶须在道路改性沥青中的应用研究 [J]. 石油沥青，2005，19 (6)：21~25.

[51] 孙德亮. 石膏晶须改性沥青混合料路用性能试验评价 [J]. 现代公路，2013 (9)：104~106.

[52] 史培阳，邓志银，袁义义，等. 利用脱硫石膏水热合成硫酸钙晶须 [J]. 东北大学学报（自然科学版），2010，31 (1)：76~79.

[53] 邓志银，袁义义，孙骏，等. 脱硫石膏制备硫酸钙晶须的影响因素研究 [J]. 粉煤灰，2009，21 (6)：25~27.

[54] 邓志银，袁义义，孙骏，等．pH 值对脱硫石膏晶须生长行为的影响［J］．过程工程学报，2009，19（6）：1142~1146.

[55] Xu A Y, Li H P, Luo K B, et al. Formation of calcium sulfate whiskers from $CaCO_3$-bearing desulfurization gypsum [J]. Research on Chemical Intermediates, 2011, 37 (2): 449~455.

[56] 厉伟光，徐玲玲，戴俊．柠檬酸废渣制备硫酸钙晶须的研究［J］．人工晶体学报，2005，34（2）：323~327.

[57] 朱伟长，许苗苗，韩甲兴，等．水热法生产柠檬酸石膏晶须［J］．中国非金属矿工业导刊，2009，78（5）：50~52.

[58] 肖楚民，张永祺，张环华．用卤渣制取硫酸钙晶须纤维的研究［J］．湖南冶金，1998，（4）：7~9.

[59] Gominšek T, Lubej A, Pohar C. Continuous precipitation of calcium sulfate dehydrate from waste sulfuric acid and lime [J]. Journal Chemical Technology & Biotechnology, 2005, 80 (8): 939~947.

[60] Luo K B, Li C M, Xiang L, et al. Influence of temperature and solution composition on the formation of calcium sulfates [J] . Particuology, 2010, 8 (3): 240~244.

[61] Elena Charola A, Puhringer J, Steiger M. Gypsum: a review of its role in the deterioration of building materials [J]. Environmental Geology, 2007, 52 (2): 339~352.

[62] 韩跃新．石膏的应用及其深加工研究［J］．矿产保护与利用，1998（1）：10~13.

[63] 吴士伟．半水硫酸钙晶须的稳定化研究［D］．沈阳：东北大学，2008.

[64] 王宇斌．硫酸钙晶须晶型稳定化研究［D］．沈阳：东北大学，2008.

[65] Shindo H, Seo A, Itasaka M, et al. Stability of surface atomic structures of ionic crystals studied by atomic force microscopy observation of various faces of $CaSO_4$ crystal in solution [J]. Journal of Vacuum Science & Technology B: Microelectronics & Nanometer Structures, 1996, 14 (2): 1365~1368.

[66] Alexander E S, Driessche V, García-Ruiz J M, et al. In situ observation of step dynamics on gypsum crystal [J]. Crystal Research & Technology, 2010, 10 (9): 3909~3916.

[67] Massaro F R, Rubbo M, Aquilano D. Theoretical equilibrium morphology of gypsum ($CaSO_4 \cdot 2H_2O$) . 1. A syncretic strategy to calculate the morphology of crystals [J]. Crystal Growth & Design, 2010, 10 (7): 2870~2878.

[68] Gao X, Huo W, Zhong Y, et al. Effects of magnesium and ferric ions on crystallization of calcium sulfate dihydrate under the simulated conditions of wet flue-gas desulfurization [J]. Chemical Research of Chinese Universities, 2008, 24 (6): 688~693.

[69] Raju K S. Tracking of dislocations in gel-grown gypsum single crystals [J]. Journal of Materials Science, 1985, 20 (2): 756~760.

[70] Raju K S. Iterpeneteration twinning in gel-grown gypsum single crystals [J]. Journal of Materials Science Letters, 1983, 2 (11): 705~709.

[71] Kumareson P, Devanarayanan S. Gypsum crystals grown in silica gel in the presence of citric acid as additive: a study on microhardnes [J]. Journal of Materials Science Letters, 1992, 11

(3)：150~151.

[72] 袁润章．胶凝材料学［M］．武汉：武汉工业大学出版社，1996.

[73] Jones F, Ogden M I. Controlling crystal growth with modifiers [J]. CrystEngComm, 2010, 12 (4): 1016~1023.

[74] 袁致涛，王宇斌，韩跃新，等．半水硫酸钙晶须稳定化［J］．无机化学学报，2008，24 (7)：1062~1067.

[75] Wu X Q, Tong S T, Guan B H, et al. Transformation of flue-gas-desulfurization gypsum to α-hemihydrated gypsum in salt solution at atmospheric pressure [J]. Chinese Journal of Chemical Engineering, 2011, 19 (2): 349~355.

[76] 彭家惠，瞿金东，吴莉，等．柠檬酸对二水石膏晶体生长习性与晶体形貌的影响［J］．东南大学学报，2004，34（3）：356~360.

[77] 白杨，李东旭．用脱硫石膏制备高强石膏粉的转晶剂［J］．硅酸盐学报，2009，37（7）：1142~1146.

[78] Sargut S T, Sayan P, Kiran B. Gypsum crystallization in the presence of Cr^{3+} and citric acid [J]. Chemical Engineering & Technology, 2010, 33 (5): 804~811.

[79] 张宝林，侯翠红．二水硫酸钙晶形改变剂对结晶影响的研究［J］．化工矿物与加工，2005，34（8）：18~24.

[80] 周贵云，张允湘，钟本和，等．改性剂对二水硫酸钙结晶习性及过滤性能的影响［J］．化学世界，1994（12）：632~634.

[81] 岳文海，王志．α-半水石膏晶形转化剂作用机理的探讨［J］．武汉工业大学学报，1996，18（2）：1~4.

[82] 郑万荣，张巨松，杨洪永，等．转晶剂、晶种和分散剂对α石膏晶体粒度、形貌的影响［J］．非金属矿，2006，29（4）：1~4.

[83] 谢占金，石文建，金翠霞，等．晶种及晶型助长剂对磷石膏制备硫酸钙晶须的影响［J］．环境工程学报，2012，6（4）：07~12.

[84] Cölfen H, Antonietti M. Mesocrystals and non classical crystallization [M]. Chichester: John Wiley & Sons, 2008.

[85] Van Driessche A E S, Benning L G, Rodriguez-Blanco J D, et al. The role and implications of bassanite as a stable precursor phase to gypsum precipitation [J]. Science, 2012, 336 (6): 69~72.

[86] Bai M D, Hu J. Oxidization of SO_2 by reactive oxygen species for flue gas desulfurization and H_2SO_4 production [J]. Plasma Chemistry & Plasma Processing, 2012, 32 (1): 141~152.

[87] Luo W B, Guan B H, Wu Z B. Dehydration behavior of FGD gypsum by simultaneous TG and DSC analysis [J]. Journal of Thermal Analysis & Calorimetry, 2011, 104 (2): 661~669.

[88] 马天玲．利用脱硫石膏制备硫酸钙晶须的研究［D］．沈阳：东北大学，2008.

[89] Hosaka M, Taki S. Ramam spectral studies of SiO_2-NaOH-H_2O system solution under hydrothermal conditions [J]. Journal of Crystal Growth, 1990, 100 (3): 343~346.

[90] Yang L S, Wang X, Zhu X F, et al. Preparation of calcium sulfate whisker by hydrothermal

method from flue gas desulfurization (FGD) gypsum [J]. Applied Mechanics & Materials, 2012, (270): 823~826.

[91] Gomba M. Technical description of parameters influencing the pH value of suspension absorbent used in flue gas desulfurization systems [J]. Journal of the Air & Waste Management Association, 2010, 60 (8): 1009~1016.

[92] Villanueva Perales A L, Ollero P, Gutierrez Ortiz F J, et al. Dynamic analysis and identification of a wet limestone flue gas desulfurization pilot plant [J]. Industrial & Engineering Chemistry Research, 2008, 47 (21): 8263~8272.

[93] 冯小平，张正文，赵涛涛，等．晶型控制剂对碳酸钙晶须合成的影响 [J]. 武汉理工大学学报，2011，33 (5)：37~40.

[94] 彭家惠，瞿金东，张建新，等．EDTA 吸附特性及其对 α-半水脱硫石膏晶形的影响 [J]. 材料研究学报，2011，25 (6)：1679~1685.

[95] 彭家惠，张建新，瞿金东，等．有机酸对 α-半水脱硫石膏晶体生长习性的影响与调晶机理 [J]. 硅酸盐学报，2011，39 (10)：339~352.

[96] Zhang H Q, Darvell B W. Synthesis and characterization of hydroxyapatite whiskers by hydrothermal homogeneous precipitation using acetamide [J]. Acta Biomaterialia, 2010, 6 (8): 3216~3222.

[97] Lee K T, Mohamed A R, Bhatia S, et al. Removal of sulfur dioxide by fly ash/CaO/$CaSO_4$ sorbents [J]. Chemical Engineering Journal, 2005, 114 (1): 171~177.

[98] Dantas H F, Mendes R A S, Pinho R D, et al. Characteization of gypsum using TMDSC [J]. Journal of Thermal Analysis & Calorimetry, 2007, 87 (3): 691~695.

[99] 罗康碧，李春梅，向兰，等．石膏性质对半水硫酸钙晶须形貌的影响 [J]. 云南大学学报（自然科学版），2010，32 (2)：213~216.

[100] 秦军，谢占金，于杰，等．磷石膏制备硫酸钙晶须的初步研究 [J]. 无机盐工业，2010，42 (10)：50~53.

[101] 国家环境保护总局《水和废水监测分析方法》编委会．水和废水监测分析方法．4 版. 北京：中国环境科学出版社，2002.

[102] 叶蓓红，谈晓青．我国脱硫石膏与脱硫建筑石膏质量问题及成因分析 [J]. 粉煤灰，2009，21 (6)：38~40.

[103] Rogers, Kevin J, Owens, et al. Purification of FGD gypsum product: US, US5215672 [P]: 1993.

[104] Grone, Dieter. Process of purifying gypsum: US, US5500197 [P], 1996.

[105] 沈晓林，石洪志，石磊，等．一种烧结烟气脱硫石膏的纯化方法：中国，CN101397148 [P]，2009-04-01.

[106] 施利毅，王钢领，冯欣，等．重结晶提纯脱硫石膏的方法：中国，CN101870494A [P]，2010-10-27.

[107] 杨慧，张强．固体废弃物资源化 [M]．北京：化学工业出版社，2004.

[108] 王英，段鹏选，张晔．烟气脱硫石膏的基本性能研究 [J]. 中国水泥，2009 (1)：

60~63.

[109] Tydlitát V, Medved' I, Černý R. Determination of a partial phase composition in calcined gypsum by calorimetric analysis of hydration kinetics [J]. Journal of Thermal Analysis & Calorimetry, 2011, 109 (1): 57~62.

[110] Khayati G R, Janghorban K. Thermodynamic approach to synthesis of silver nanocrystalline by mechanical milling silver oxide [J]. Transactions of Nonferrous Metals Society of China, 2013, 23 (2): 543~547.

[111] 种法力. 球磨工艺对 TiC 增强钨基复合材料的影响 [J]. 特种铸造及有色合金, 2013, 33 (11): 1042~1045.

[112] 许时. 矿石可选性研究 [M]. 北京: 冶金工业出版社, 2008.

[113] 胡为柏. 浮选 [M]. 北京: 冶金工业出版社, 1989.

[114] Demazeau G. A route to the stabilization of new materials [J]. Journal of Materials Chemistry, 1999, 9 (1): 15~18.

[115] Huang L Y, Xu K W, Lu J. A study of the process and kinetics of electrochemical deposition and the hydrothermal synthesis of hydroxyapatite coatings [J]. Journal of Materials Science: Materials in Medicine, 2000, 11 (11): 667~673.

[116] 施尔畏, 陈之战, 元如林, 等. 水热结晶学 [M]. 北京: 科学出版社, 2004.

[117] 刘维良, 喻佑华. 先进陶瓷工艺学 [M]. 武汉: 武汉理工大学出版社, 2004.

[118] Evans C C. Whiskers [M]. London: Mills Boon Limited, 1972.

[119] 袁建军, 方琪, 刘智恩. 晶须的研究进展 [J]. 材料科学与工程, 1996, 14 (4): 1~7.

[120] Ling Y B, Demopoulos George P. Solubility of calcium sulfate hydrates in (0 to 3.5) mol. kg^{-1} sulfuric acid solutions at 100℃ [J]. Journal of Chemical Engineering Data, 2004, 49 (5): 1263~1268.

[121] Azimi G, Papangelakis V G. Thermodynamic modeling and experimental measurement of calcium sulfate in complex aqueous solution [J]. Fluid Phase Equilibria, 2010, 290 (1): 88~94.

[122] Cameron F K, Breazeale J F. Solubility of calcium sulphate in aqueous solution of sulphuric acid [J]. Journal of Physics & Chemistry, 1903, 7 (8): 571~577.

[123] Marshall W L, Jones E V. Second dissociation constant of sulfuric acid from 25 to 350℃ evaluated from solubilities of calcium sulfate in sulfuric acid solution [J]. Journal of Physics & Chemistry, 1966, 70 (12): 4028~4040.

[124] Hamdona S K, Al Hadad U A. Crystallization of calcium sulfate dihydrate in the presence of some metal ions [J]. Journal of Crystal Growth, 2007, 299 (1): 146~151.

[125] Partridge E P, White A H. The solubility of calcium sulfate from 0 to 200℃ [J]. Journal of American Chemical Society, 1929, 51 (2): 360~370.

[126] Azimi G, Papangelakis V G, Dutrizac J E. Modelling of calcium sulphate solubility in concentrated multi-component sulphate solution [J]. Fluid Phase Equilibia, 2007, 260 (2): 300~315.

[127] 浙江大学. 无机及分析化学 [M]. 北京：高等教育出版社，2003.

[128] Kloprogge J T, Hickey L, Duong L V, et al. Synthesis and characterization of $K_2Ca_5(SO_4)_6 \cdot H_2O$, the equivalent of görgeyite, a rare evaporite mineral [J]. American Mineralogist, 2004, 89 (2-3): 266~272.

[129] Yang L C, Guan B H, Wu Z B, et al. Solubility and phase transition of calcium sulfate in KCl solutions between 85 and 100℃ [J]. Industrial Engineering & Chemical Research, 2009, 48 (16): 7773~7779.

[130] Sarpola A, Hietapelto V, Jalonen J, et al. Identification of the hydrolysis products of $AlCl_3 \cdot 6H_2O$ by electrospray ionization mass spectrometry [J]. Journal of Mass Spectrometry, 2004, 39 (4): 423~430.

[131] Guan B H, Yang L C, Wu Z B. Effect of Mg^{2+} ions on the nucleation kinetics of calcium sulfate in concentrated calcium chloride solution [J]. Industrial Engineering & Chemical Research, 2010, 49 (12): 5569~5574.

[132] 常皓，柴立元，王云燕，等. Cu^{2+}-H_2O 系羟合配离子配位平衡研究 [J]. 矿冶研究，2007, 27 (6): 37~40.

[133] 王宇斌，汪潇，杨留栓，等. 低温煅烧硫酸钙晶须的水化性能 [J]. 河南科技大学学报（自然科学版），2010, 31 (4): 5~8.

[134] Guan B H, Yang L, Fu H L, et al. α-calcium sulfate hemihydrate preparation from FGD gypsum in recycling mixed salt solutions [J]. Chemical Engineering Journal, 2011, 174 (1): 296~303.

[135] Farrah H E, Lawrance G A, Wanless E J. Solubility of calcium sulfate salts in acidic manganese sulfate solutions from 30 to 105℃ [J]. Hydrometallurgy, 2007, 86 (1): 13~21.

[136] Prisciandaro M, Lancia A, Musmarra D. Gypsum nucleation into sodium chloride solution [J]. AIChE Journal, 2001. 47 (4): 929~934.

[137] Hamdona S K, Al Hadad O A. Influence of additives on the precipitation of gypsum in sodium chloride solution [J]. Desalination, 2008, 228 (1): 277~286.

[138] Fu H L, Guan B H, Jiang G M, et al. Effect of supersaturation on competitive nucleation of $CaSO_4$ phases in a concentrated $CaCl_2$ solution [J]. Crystal Growth & Design, 2012, 12 (3): 1388~1394.

[139] Bennema P, Söhnel O. Interfacial surface tension for crystallization and precipitation from aqueous solutions [J]. Journal of Crystal Growth, 1990, 102 (3): 547~556.

[140] 罗康碧. 硫酸钙晶须的水热制备工艺及定向生长机理研究 [D]. 昆明：昆明理工大学，2011.

[141] Wang T X, Cölfen H, Antonietti M. Nonclassical presence of a polyelectrolyte additive [J]. Journal of American Chemical Society, 2005, 127 (10): 3246~3247.

[142] Cölfen H, Antonietti M. Mesocrystals: Inorganic superstructures made by highly parallel crystallization and controlled alignment [J]. Angewandte Chemie International Edition, 2005, 44 (35): 5576~5591.

[143] Yu S H, Cölfen H, Tauer K, et al. Tectonic arrangement of $BaCO_3$ nanocrystals into helices induced by a racemic block copolymert [J]. Nature Materials, 2005, 4 (1): 51~55.
[144] 时虎，鲁红典，赵华伟. 晶须的阻燃防火应用 [J]. 化工科技市场，2005，28 (11)：5~10.
[145] 韩跃新. 矿物应用中的晶体化学 [M]. 沈阳：辽宁人民出版社，1998.
[146] 徐兆瑜. 晶须的研究和应用新进展 [J]. 化工技术与开发，2005，34 (2)：11~16.
[147] 孟季茹，赵磊. 无机晶须在聚合物中的应用 [J]. 化工新型材料，2001，29 (12)：1~6.
[148] 李广宇，叶进. 晶须的性能及其应用进展 [J]. 热固性塑脂，2000，15 (2)：48~51.
[149] 金培鹏，周文胜，丁雨田，等. 晶须在复合材料中的应用及其作用机理 [J]. 盐湖研究，2005，13 (2)：1~6.
[150] 毛常明，陈学玺. 石膏晶须制备的研究进展 [J]. 化工矿物与加工，2005，34 (12)：34~36.
[151] 费文丽，李征芳，王珩. 硫酸钙晶须的制备及应用评述 [J]. 化工矿物与加工，2002，31 (9)：31~32.
[152] 韩跃新，印万忠，王泽红，等. 矿物材料 [M]. 北京：科学技术出版社，2006.
[153] 曹海星，刘维泰，曹海田，等. 硫酸钙晶须纤维 [J]. 现代化工，1988，8 (6)：58~59.
[154] Sukimoto S, Hara N, Mukaiyama H. Formation of α-calcium sulfate in aqueous salt solution under the atmospheric and their physical properties [J]. Gypsum & Lime, 1986 (200): 26~31.
[155] Herman R, et al. Production of alpha-calcium sulfate hemiktdrate: US, US3410655 [P], 1965: 11~12.
[156] Gerhard B, et al. Plaster caster: US, US3913571 [P], 1975: 10~21.
[157] 李爱玲. 天然石膏及其开发利用研究进展 [J]. 矿产与地质，2004，18 (5)：30~33.
[158] 王泽红，乔景慧，韩跃新，等. pH 值对硫酸钙晶须直径的影响 [J]. 金属矿山，2004，340 (10)：498~501.
[159] 朱一民，韩跃新. 晶体化学在矿物材料中的应用 [M]. 北京：科学技术出版社，2007.
[160] 胥桂萍，童仕唐. 从 FGD 残渣制备 α 型半水石膏过程晶形的控制 [J]. 吉林化工学院学报，2002，19 (2)：3~6.
[161] 胥桂萍，童仕唐. 从 FGD 残渣中制备 α 型半水石膏结晶机理的研究 [J]. 吉林化工学院学报，2002，19 (1)：9~12.
[162] 胥桂萍，童仕唐，吴高明，等. 从 FGD 残渣制备高强型 α 型半水石膏的研究 [J]. 江汉大学学报，2003，31 (1)：31~33.
[163] 李向清，陈强，张林鄂，等. 微米级硫酸钙晶须的制备 [J]. 应用化学，2007，24 (8)：945~948.
[164] 凤晓华，梁文懂，管晶，等. 硫酸钙晶须的制备工艺研究 [J]. 应用化工，2007，36 (2)：134~139.

[165] 徐贵义，吴芳．氨碱厂废液与卤水制造纤维硫酸钙的方法：中国，CN89102369 [P]，1989-12-20.

[166] 童仕唐，Kirk. 从湿法烟气脱硫残渣制取半水硫酸钙的研究 [J]. 武汉冶金科技大学学报，1996，19 (1)：51~57.

[167] Tomi G，et al. Continuous precipitation of calcium sulfate dehydrate from waste sulfuric acid and lime [J]. Journal of Chemical Technology and Biotechnology，2005，(80)：939~947.

[168] Rashad M M，et al. Effect of citric and 1，2-dihydroxybenzen 3，5-disulfonic acid on crystallization of calcium sulfate dehydrate under simulated conditions of phosphoric acid production [J]. Crystal Research&Technology，2005，40 (8)：741~747.

[169] 许立信，尹进华，刘俊玲，等．高品质磷石膏生产工艺研究 [J]. 化工矿物与加工，2004，33 (5)：28~31.

[170] 陈学玺．在磷酸中制造石膏晶须的方法：中国，CN1584130 [P]，2005-02-23.

[171] Suchanek W，et al. Processing and mechanical properties of hydroxyapatite reinforced with hydroxyapatite whiskers [J]. Biomaterials，1996，17 (17)：1751~1723.

[172] 方健，李广兵，李杰，等．硫酸钙晶体自发沉淀动力学研究 [J]. 工业水处理，2000，10 (10)：1~2.

[173] Hamdona S K，et al. Spontaneous precipitation of calcium sulphate dehydrate in the presence of some metal ions [J]. Desalination，1993，94 (1)：69~80.

[174] Davis RV，Carter P W，et al. The use of modern methods in the development of Calcium carbonate in hibitors for cooling water systems [J]. Mineral Scale Formation and Inhibion，1995 (208)：33~46.

[175] Dalas E，Koutsoukos P G. The Effect of Magnetic Field on Calcium Carbonate Scale Formation [J]. Journal of Crystal Growth，1989，96 (4)：802~806.

[176] Chikara Mitsuki. Crystal Growth of Hemihydrate from Dihydrate Sulfate [J]. Gypsum &Lime，1973 (124)：14~20.

[177] 荒井康夫，安江任．石膏化学动向研究 [J]. Gypsum &Lime，1980 (167)：9~16.

[178] 汤建伟，钟本和，许秀成，等．微波作用下的结晶过程分析 [J]. 化工矿物与加工，2002，31 (11)：7~11.

[179] 周利民，张士宾．二水硫酸钙晶体生长及添加剂对它的影响 [J]. 海湖盐与化工，2001，30 (3)：7~10.

[180] 王光龙，张保林．超声对硫酸钙结晶过程影响的研究 [J]. 应用声学，2003，22 (4)：21~23.

[181] 张沂圭．二水硫酸钙结晶条件与结晶技术 [J]. 硫磷设计与粉体工程，2003，54 (3)：14~18.

[182] 张勇，张保林．活性添加剂对硫酸钙结晶过程的影响 [J]. 磷肥与复肥，2000，29 (12)：16~17.

[183] 任引哲，王晓东，王建英．十二烷基磺酸钠和聚丙烯酸钠对硫酸钙形貌的调控 [J]. 山西师范大学学报，2005，19 (4)：53~56.

[184] 李汶军，施尔畏．晶体的生长习性与配位多面体的形态［J］．人工晶体学报，1999，28（4）：368~372.

[185] 吴佩芝．湿法磷酸［M］．北京：化学工业出版社，1987.

[186] 吴佩芝．$CaSO_4$-H_3PO_4-H_2SO_4-H_2O 四元系统及其应用（上）［J］．磷肥和复肥，1997（5）：31~35.

[187] 江成发，苏裕光．磷酸-硫酸钙-水体系相平衡研究［J］．高校化学工程学报，1992（2）：118~124.

[188] 苏芳，赵宇龙，盖国胜，等．石膏资源应用及其研究进展［J］．山东建材，2003，24（2）：39~42.

[189] Christofferson. The kinetics of calcium sulphate dehydration in water［J］. Journal of Crystal&Growth，1976（35）：79~88.

[190] Yamane S. Cause of acceleration of hardening of gypsum cement in the presence of addedsubstances［J］. Sci. Papers Inst. Phys. Chem. Res. Tokio，1932（18）：101~108.

[191] 向才旺．建筑石膏及其制品［M］．北京：中国建材工业出版社，1998.

[192] 陈雯浩，等．石膏脱水相及其水化的研究［J］．硅酸盐学报，1983，11（4）：414~420.

[193] 彭文世，刘高魁．石膏及其热变产物的红外光谱［J］．矿物学报，1991，11（1）：27~32.

[194] 余红发，姜毅．石膏脱水相陈化动力学机理及物理力学性能［J］．沈阳建筑工程学院学报，1999，15（1）：56~59.

[195] 李国顺，张来存，曹远．石膏的脱水及其有关的动力学［J］．岩矿测试，1987，6（4）：279~282.

[196] 牟国栋．半水石膏水化过程中的物相变化研究［J］．硅酸盐学报，2002，30（4）：530~533.

[197] 王坚，等．提高石膏制品防水性能的措施［J］．科技情报开发与经济，2001，11（5）：70~71.

[198] 杨克锐，刘伟华，魏庆敏．用双电层理论研究不同电价阳离子对 α 半水石膏水化的影响［J］．河北理工学院学报，2005，15（2）：1~6.

[199] 彭家惠，陈明凤，霍金东，等．柠檬酸对建筑石膏水化的影响及其机理研究［J］．建筑材料学报，2005，8（1）：94~99.

[200] Gforg L. Influence of various retarders on the crystallization and strength of Plaster of Paris［J］. Zement-Kalk-Gips，1989，42（5）：292~232.

[201] 彭家惠，张建新，陈明凤，等．三聚磷酸钠对二水石膏晶体生长习性与晶体形貌的影响［J］．硅酸盐学报，2006，34（6）：723~727.

[202] 周峻鹏，彭瑜，柳华实，等．外加剂对石膏性能的影响［J］．建材技术与应用，2005（3）：3~4.

[203] 陈伏红．半水石膏-二水石膏的结晶过程及添加剂的影响机理［J］．佛山陶瓷，1997，（4）：7~9.

[204] Watanabe Kenji. Fireproofed Styrene Polymer Compositions with Calcium Sulfate Whiskers as

Reinforcing Antistatic Agents: Jpn Kokai Tokkyo Koho, JP01278548 [P], 1989.

[205] Nakabayashi Akira, Hayashi Toshiharu, Shibuta Daisuke, et al. Conductive Metal-Coated Anhydrous Calcium Sulfate Whiskers: Jpn Kokai Tokkyo Koho, JP63103900 [P], 1988.

[206] Saito Osamu Suzuki Shigeomi. Reinforcing Component in Fiber-Reinforced Reaction Injection Moldings of Polyurethanes: Jpn Kokai Tokkyo Koho, JP62207315 [P], 1987.

[207] Miura Shinichi. Styrene Resin Compositions with Hign Mechanical Strength and Reflecting Mirrors for Illuminators: Jpn Kokai Tokkyo Koho, JP05279530 [P], 1993.

[208] Yamamoto Yasuaki, Tanmachi Masami, Yagyu Hideki. Polyolefin Wire Insulation Fireproofed with Inorganic Compounds and Calcium Sulfate Whiskers: Jpn Kokai Tokkyo Koho, JP63343208 [P], 1988.

[209] 张立群，杨洪毅. 晶须增强聚合物及硫酸改晶须/聚合物复合材料 [J]. 合成橡胶工业，1998，21 (5)：261~265.

[210] 沈惠玲，赵梓年，倪丽琴. 界面改性剂及硫酸钙晶须对 PP 复合材料结晶性能的影响 [J]. 塑料，2001 (4)：59~62.

[211] 李广宇，付丽华，何红波，等. 硫酸钙晶须对环氧胶粘剂性能的影响 [J]. 热固性树脂，1998 (4)：24~26.

[212] 刘玲，张军营，孟庆函，等. $CaSO_4$晶须/聚氨酯弹性体复合材料性能的研究 [J]. 科研开发，200313 (4)：22~25.

[213] 冯威，张立群，杨金才，等. 硫酸钙晶须/PP/EPDM 复合材料的流变行为 [J]. 工程塑料应用，1998，26 (7)：21~24.

[214] 韩跃新，田泽峰，袁志涛，等. $CaSO_4$晶须改性沥青工艺研究 [J]. 金属矿山，2005 (2)：68~72.

[215] 邱孜学，贺飞峰. 晶须增强聚酰亚胺塑料研究 [J]. 工程塑料应用，2000，28 (8)：1~3.

[216] 李鸿魁，李新平，王惠琴，等. 石膏纤维用于纸张增强 [J]. 纸和造纸，2005 (6)：58~59.

[217] 魏福祥. β-$CaSO_4 \cdot 0.5H_2O$ 在美容护肤中的应用研究 [J]. 河北工业科技，1999，16 (4)：4~6.

[218] 王锦华. 硬石膏特点及资源的开发应用前景 [J]. 建材发展导向，2006，4 (6)：41~44.

[219] 朱瀛波，张翼，张小伟，等. 我国石膏工业技术现状及发展前景 [J]. 中国非金属矿工业导刊，2006：32~35.

[220] 宗培新. 我国现代非金属矿深加工技术浅析 [J]. 中国建材，2005 (6)：37~39.

[221] 顾惕人. 表面化学 [M]. 北京：科学出版社，2001.

[222] 周公度. 结构化学 [M]. 北京：北京大学出版社，1989.

[223] 周曦亚，毕舒. 无机材料显微结构分析 [M]. 北京：化学工业出版社，2007.

[224] 张叔良. 红外光谱分析与新技术 [M]. 北京：中国医药科技出版社，1993.

[225] 吴刚. 材料结构表征及应用 [M]. 北京：化学工业出版社，2002.

[226] 李武．无机晶须［M］．北京：化工工业出版社，2005.

[227] 吴大清，刁桂仪，袁鹏，等．矿物表面活性及其量度［J］. 矿物学报，2001，21（3）：307~310.

[228] Cappellen P. V. A surface complexation model of the carbonate mineral-aqueous solution interface [J]. Goechim. Cosmochim. Acta, 1993, 57 (17): 3505~3518.

[229] Lewry A. J. The setting of gypsum plaster part Ⅰ: The hydration of calcium sulphate hemihydrate [J]. Journal of Materials Science, 1994 (29): 5279~5284

[230] Вайштеин Ъ К．现代结晶学［M］．合肥：中国科学技术大学出版社，1990.

[231] Hochella Jr M. F. Mineral-water interface geochemistry, an overview. In: Mineral-water interface Geochemistry Review in Mineralogy 23 [M]. Washington D. C. Min Society of Am, 1990, 1~16.

[232] Santaren J, Alvaraz A F. Assessment of the health effects of mineral dusts [M]. Industrial Minerals, 1994, 101~109.

[233] 刘世宏．X 射线光电子能谱分析［M］. 北京：科学出版社，1988.

[234] Follner S. The setting behaviour of α-and β-$CaSO_4$0. $5H_2O$ as a function of crystal structure and morphology [J]. Crystal Research&Technology, 2002, 37 (10): 1075~1087.

[235] Wearstad K R. Crystal data for calcium sulfate hemihydrate [J]. Appl. Crystallogr, 1974, 7 (4): 447~448.

[236] Schnepfev L. Crystal structure of calcium sulfate hemihydrate [J]. Z Anorg. Allg Chem, 1973, 40 (7): 1~14.

[237] Ernest M Levin. Phase diagrams for ceramists [J]. The American Ceramic Society, USA, 1989.

[238] Kuen-Shan Jaw. The thermal decomposition behaviors of satiric acid, paraffin wax and polyvinyl butyric [J]. Thermochimical Acta, 2001, (367): 165~168.

[239] 王淀佐，胡岳华．浮选溶液化学［M］．长沙：湖南科学技术出版社，1998.

[240] SINGH N. B. Effect of citric acid on the hydration of plaster of Paris [J]. Gypsum & Lime, 1990, (224): 21~25.

[241] Henningo B. The optimum retard action of citric acid on the hydration of gypsum [J]. Zement-Kalk-Gips, 1990, 43 (9): 218~220.

[242] Badense. Crystallization of gypsum from hemihydrate in presence of additives [J]. Journal of Crystal Growth, 1999, (198): 704~709.

[243] 叶春暖，范智勇，杨剑，等．Ag（TCNQ）纳米晶须的生长机理［J］. 真空科学与技术学报，2004，24（2）：129~132.

[244] 许小云，刘瑾，樊建明，等．二水硫酸钙结晶过程研究进展［J］. 应用化工，2005，34（9）：326~331.

[245] 吴佩芝．湿法磷酸生产中硫酸钙的结晶过程［J］. 磷肥与氮肥，1993（4）：16~21.

[246] 魏钟晴，马培华．溶液系统中的晶须生长机理［J］. 盐湖研究，1995，13（4）：57~65.

[247] Liu S T. Linear crystallization and induction-period studies of the growth of calcium sulfate dehydrate crystals [J]. Talanta, 1973, (20): 211~216.

[248] Brandse W P, et al. The influence of sodium choride on the crystallization rate of gypsum [J]. Inorg Nucl Chem, 1977 (39): 2007~2010.

[249] 高晓钦，谢吉民. 用正交试验研究磷酸中杂质对 $CaSO_4 \cdot 2H_2O$ 结晶过程的影响 [J]. 镇江医学院学报, 1998, 8 (4): 453~454.

[250] 涂敏瑞. 杂质对硫酸钙结晶习性的影响 [J]. 成都科技大学学报, 1988 (6): 47~52.

[251] Luo K B, Li C M, Xiang L, et al. Influence of the Temperature and Solution Composition on the Formation of Calcium Sulfates [J]. Particuology, 2010 (8): 240~244.

[252] 徐宏建，潘卫国，郭瑞堂，等. 石灰石/石膏湿法脱硫中温度和金属离子对石膏结晶特性的影响 [J]. 中国电机工程学报, 2010, 30 (26): 29~34.

[253] 李国忠，高子栋，马庆宇. 聚丙烯纤维和有机乳液复合改性脱硫建筑石膏 [J]. 建筑材料学报, 2010, 13 (4): 430~434.

[254] 李国忠，刘民荣，高子栋，等. 聚乙烯醇包覆玉米秸秆纤维对石膏性能的影响 [J]. 建筑材料学报, 2011, 14 (2): 278~281.

[255] 汪潇，杨留栓，朱新峰，等. K_2SO_4/KCl 添加剂对脱硫石膏晶须结晶的影响 [J]. 人工晶体学报, 2013, 42 (12): 2661~2668.

[256] Zebarjad S M, Tahani M, Sajjadi S A. Influence of filler particles on deformation and fracture mechanism of isotactic polypropylene [J]. Journal of Materials Processing Technology, 2004, 155-156 (1): 1459~1464.

[257] Zuiderduin W C J, Westzaan C, Huétink J, et al. Toughening of polypropylene with calcium carbonate particles [J]. Polymer, 2003, 44 (1): 261~275.

18.7